Günther Rose

MODERNISIERUNGSTHEORIEN UND BÜRGERLICHE SOZIALWISSENSCHAFTEN

Diese Ausgabe ist Bestandteil der internationalen Reihe
Beiträge
ZUR KRITIK DER BÜRGERLICHEN IDEOLOGIE
UND DES REVISIONISMUS

Günther Rose

Modernisierungs- theorien und bürgerliche Sozialwissenschaften

Eine Studie
zur bürgerlichen Gesellschaftstheorie
und Geschichtsideologie
der Gegenwart

Akademie-Verlag
Berlin
1981

Erschienen im Akademie-Verlag, 1080 Berlin, Leipziger Str. 3–4

Lizenznummer: 202 · 100/9/81
Lektor: Udo Rößling
Umschlaggestaltung: Nina Striewski
Gesamtherstellung: IV/2/14 Druckerei »Gottfried Wilhelm Leibniz«,
4450 Gräfenhainichen · 5772
Bestellnummer: 753 907 0 (2179/8) · LSV 0165
Printed in GDR
DDR 9,80 M

Inhalt

Einleitung

Seit Mitte der fünfziger Jahre existiert in den bürgerlichen Sozialwissenschaften eine ständig breiter und differenzierter werdende Strömung von Modernisierungstheorien und Modernisierungsforschung. Sie brachte eine umfangreiche gesellschaftstheoretische Literatur[1] und eine kaum noch zu überblickende und

1 Vgl. wichtige Titel aus den USA: The Politics of Developing Areas, hg. von G. A. Almond/J. S. Coleman, Princeton 1960; D. Apter, The Politics of Modernization, Chicago 1965; ders., Some Conceptual Approaches to the Study of Modernization, Englewood Cliffs N. J. 1968; R. Bendix, Embattled Reason, New York 1970; C. E. Black, The Dynamics of Modernization. A Study in Comparative History, New York 1967; Comparative Modernization, hg. von C. E. Black, New York 1976; S. N. Eisenstadt, Modernization: Protest and Change, New York 1966; ders., Tradition, Change and Modernity, New York–London–Sydney–Toronto 1973; ders., Studies of Modernization and Sociological Theory, in: History and Theory, 3/1974, S. 225 bis 252; A. Gerschenkron, Economic Backwardness in Historical Perspective, Cambridge Mass. 1962; S. P. Huntington, Political Order in Changing Societies, New Haven 1968; D. Lerner, The Passing of Traditional Society, New York 1958; D. Lerner/J. S. Coleman/R. P. Dore, Modernization, in: International Encyclopaedia of Social Sciences, (im folgenden IESS) Bd. 10, New York 1968, S. 386–409; M. J. Levy, Modernization and the Structure of Society, Princeton 1966; B. Moore jr., Social Origins of Dictatorship and Democracy, Boston 1966 (dt.: Soziale Ursprünge von Diktatur und Demokratie. Die Rolle der Grundbesitzer und Bauern bei der Entstehung der modernen Welt, Frankfurt a. M. 1969); A. F. K. Organski, The Stages of Political Development, New York 1965; D. A. Rustow, A World of Nations. Problems of Political Modernization, Washington D. C. 1967; I. Weinberg, The Concept of Modernization: an Unfinished Chapter in Sociological Theory, in: Perspectives on Modernization. Essays in Memory of Ian Weinberg, Toronto/Buffalo 1972. Wichtige Titel aus der BRD: I. Geiss, Prometheus und Pandora. Zur Stellung der industriellen Revolution in der Weltgeschichte, in: Industrielle Gesellschaft und politisches System. Beiträge zur politischen Sozialgeschichte. Festschrift für Fritz Fischer zum 70. Geburtstag, hg. von D. Stegmann/B.-J. Wendt/P.-Ch. Witt, Bonn 1978; S. 21–36; P. Flora, Modernisierungsforschung. Zur empirischen Analyse der gesellschaftlichen Entwicklung, Opladen 1974; ders., Indikatoren der Modernisierung. Ein historisches Datenhandbuch, Opladen 1975; R. Lepsius, Soziologische Theoreme über die Sozialstruktur der „Moderne" und die

weiter anwachsende Flut von Fallstudien der Modernisierungsforschung[2] hervor. Das Modernisierungskonzept entstand in den USA und blieb mehr als ein Jahrzehnt auf die USA beschränkt. In der Entwicklung der US-amerikanischen Modernisierungstheorien und -forschung heben sich drei Phasen ab.

1. Von Mitte der fünfziger bis Mitte der sechziger Jahre bildeten die Entwicklungsländer ihren Hauptgegenstand: Modernisierungsforschung war ursprünglich Entwicklungsländerforschung und zunächst eine Domäne der bürgerlichen Ökonomie. Ihre hauptsächliche Funktion bestand darin, dem USA-Imperialismus Ideen und praktische Vorschläge für die neokolonialistische Politik gegenüber den Entwicklungsländern bereitzustellen.

2. Mitte der sechziger Jahre setzte eine soziologisch-politologische „Reform" der Modernisierungstheorien ein, und ihr Gegenstand wurde durch allgemeinsoziologische Theorien ausgedehnt. Damit trat neben die Politikberatung als zweite Funktion die gesellschaftstheoretische und weltanschauliche Konzeptionsbildung.

3. Ende der sechziger Jahre kam es zu einer weiteren Auffächerung durch die historisch-komparative Modernisierungsforschung. Inzwischen hat sich diese weitgehend von der Entwicklungsländerforschung und der soziologischen Theorienbildung gelöst und als neue Richtung der bürgerlichen Historiographie etabliert. Auf der Grundlage der historisch-komparativen Modernisierungsforschung soll eine Neuinterpretation der Weltgeschichte sowie der Geschichte entwickelter kapitalistischer und sozialistischer Länder vorgenommen werden.

Seit Ende der sechziger Jahre wurden die „reformierten" Modernisierungstheorien durch bürgerliche Sozialwissenschaftler anderer kapitalistischer Länder, besonders der BRD, rezipiert. Dabei entstanden z. T. erhebliche theoretisch-methodologische und gesellschaftspolitische Differenzierungen. Eine kleine, jedoch sichtlich an Einfluß gewinnende Gruppe von Historikern und Soziologen in der BRD hat sich aus dem anfänglichen Abhängigkeitsverhältnis von den

„Modernisierung", in: Studien zum Beginn der modernen Welt, hg. von R. Koselleck, Stuttgart 1977, S. 10–29; H.-U. Wehler, Modernisierungstheorie und Geschichte, Göttingen 1975; ders., Vorüberlegungen zu einer modernen deutschen Gesellschaftsgeschichte, in: Industrielle Gesellschaft und politisches System, S. 3–20; Theorien des sozialen Wandels, hg. von W. Zapf, Köln 1969; W. Zapf, Modernisierungstheorien, in: Prismata, Dank an B. Hanssler, hg. von D. Grimm u. a., Pullach b. München 1974, S. 302–317; Theorien in der Praxis des Historikers, Geschichte und Gesellschaft, Göttingen Sonderheft 3, 1977 (darin bes. H. Matzerath/H. Volkmann, Modernisierungstheorie und Nationalsozialismus, S. 86–112). Kritisch zur Modernisierungstheorie: C. Schuhler, Zur politischen Ökonomie der armen Welt, München 1968; W. Bühl, Evolution und Revolution. Kritik der symmetrischen Soziologie, München 1970; ders., Theorien sozialer Konflikte, Darmstadt 1976.

2 Vgl. The Process of Modernization. An Annoted Bibliography on the Sociocultural Aspects of Development, hg. von J. Brode, Cambridge/Mass. 1969. Die Bibliographie verzeichnet in vier Abteilungen (Allgemeine Theorie, Industrialisierung, Urbanisierung, Modernisierung agrarischer Gebiete) über 3000 Titel.

US-amerikanischen Modernisierungstheorien weitgehend gelöst und schickt sich an, in Distanz zu diesen wie auch zur Industriegesellschaftslehre eine Modernisierungskonzeption *sui generis* als theoretische Grundlage einer politisch zum Sozialreformismus tendierenden „historisch-kritischen Sozialwissenschaft" auszuarbeiten. Diese Gruppe kann als derzeit federführend bei der weiteren Profilierung der Modernisierungskonzeption angesehen werden. Sie ist bestrebt, über die Anwendung der Modernisierungskonzeption auf die Geschichtsschreibung hinauszugehen und mit ihrer Hilfe nicht nur die historische Methodologie zu erneuern, sondern auch eine tragfähige Theorie des universalhistorischen Prozesses seit Entstehung des Kapitalismus auszuarbeiten. Die historische Modernisierungsmethode beansprucht tendenziell, „die moderne Epoche allmählich auf eine adäquate historische Theorie zu bringen."[3]

Die gegenwärtigen Modernisierungstheorien stellen sich mithin als Gebilde sehr verschiedener Herkunft, Disziplin und gesellschaftspolitischer Absicht dar. Auf internationaler Ebene zeichnen sich drei Hauptrichtungen ab, die sich teils ergänzen, teils miteinander konkurrieren und zwischen denen sich objektiv eine Arbeitsteilung herausgebildet hat:

1. Die auf die Entwicklungsländer bezogenen Modernisierungstheorien und eine entsprechende Modernisierungsforschung, die von der Politologie, der Entwicklungsländersoziologie und der Ökonomie getragen werden, und deren Aufgabe darin besteht, Entscheidungshilfen für die neokolonialistische Politik bereitzustellen.

2. Eine makro-soziologische Richtung, deren Ziel es ist, allgemeine Theorien des sozialen Wandels und des Funktionierens sozialer Systeme auszuarbeiten und damit die Jahrzehnte alte Vorherrschaft der empirischen Soziologie und der sog. Mikrosoziologie zu überwinden.

3. Die historisch-komparativen Modernisierungstheorien und die historische Modernisierungsforschung, deren Ziel die Neuinterpretation der Geschichte entwickelter kapitalistischer und sozialistischer Länder sowie die Erneuerung der historischen Theorie und Methodologie ist. Diese Richtung wird durch Historiker, Vertreter der historischen Soziologie und Politologen repräsentiert.

Die gegenwärtigen Modernisierungstheorien stellen keine einheitliche, in sich geschlossene Konzeption dar. Die konzeptionelle Konfusion, die Inflation konkurrierender Auffassungen und der definitorische Wirrwarr der älteren Modernisierungstheorien sind zwar zugunsten eines stärker gewordenen theoretisch-methodologischen Konsensus abgebaut, aber noch nicht entscheidend überwunden worden. Charakteristisch dafür ist der schillernde, vieldeutige und irreführende Inhalt des Begriffs „Modernisierung": Es soll die Assoziation geweckt werden, daß „Modernisierung" dem Kapitalismus in seinem historischen Untergangsstadium die Attribute der „Modernität" und Fortschrittlichkeit verleiht. So besagt der Modernisierungsbegriff, bezogen auf die Entwicklungsländer, die

3 H.-U. Wehler, Modernisierungstheorie und Geschichte, a. a. O. S. 59.

Überwindung „traditioneller" gesellschaftlicher Strukturen und der ökonomischen Rückständigkeit. Eine nähere Untersuchung zeigt jedoch, daß damit eine bürgerliche Umgestaltung von oben zur Verhinderung der nichtkapitalistischen bzw. sozialistischen Orientierung gemeint ist. Das bedeutet aber die Schaffung eines historisch überlebten Gesellschaftssystems zur Verhinderung des historisch fortschrittlichen Gesellschaftssystems.

In der historischen Modernisierungsforschung beinhaltet der Modernisierungsbegriff im wesentlichen die Entstehung des einstmals fortschrittlichen Kapitalismus, die jedoch in einen quasi-normativen Prozeß verwandelt und zum historischen Maßstab erhoben wird. Dabei ist zwischen einer älteren Variante des Modernisierungsbegriffs, die in der bürgerlichen Historiographie bereits Ende der sechziger Jahre auftaucht, und einer neueren Variante zu unterscheiden. In der älteren Variante wird „Modernisierung" als Entstehung der „modernen Industriegesellschaft" im Sinne der Lehre von der „atlantischen" bzw. der „modernen Weltrevolution" begriffen, wesentlich auf den Industrialisierungsprozeß bezogen und in der Regel mehr oder weniger offen mit konvergenztheoretischen Implikationen befrachtet.[4] Die neuere Variante rückt von einer Reihe gesellschaftspolitischer, gesellschaftstheoretischer und methodologischer Prämissen und Aussagen der traditionellen Industriegesellschaftslehre ab und füllt den Modernisierungsbegriff mit einem komplexen sozialwissenschaftlichen Kategorienapparat auf. Beiden Varianten ist jedoch die geschichtsphilosophische Gesamtperspektive gemeinsam. In der imperialistischen Kommunismusforschung wird der Begriff Modernisierung in zweifacher Bedeutung verwendet: Zur Kennzeichnung der Entstehung sozialistischer „Industriegesellschaften" (in der Regel durch eine „Revolution von oben") und zur Charakterisierung von Entwicklungsprozessen *innerhalb* sozialistischer „Industriegesellschaften". Unter letzterem wird die Überwindung angeblich dogmatischer Verhältnisse und bürokratischer Strukturen, deren Anpassung an die „Sachzwänge" und Erfordernisse der „modernen Industriegesellschaft" im Sinne der imperialistischen Evolutionskonzeption verstanden. Dem stünden jedoch die marxistisch-leninistischen „Wunschbilder" einer klassenlosen Gesellschaft entgegen. Daher seien die sozialistischen Regime gezwungen, die Gesellschaft immer von neuem gewaltsam von ihrem „natürlichen" Entwicklungsgang abzubringen.[5]

4 Vgl. D. Geyer, Die russische Revolution. Historische Probleme und Perspektiven, Stuttgart–Berlin(West)–Köln–Mainz 1968; W. Conze, Das deutsch-russische Verhältnis im Wandel der modernen Welt, Göttingen 1967. Dazu: W. Küttler, Die Konzeption der „Industriegesellschaft" und die russische Geschichte bis 1917, in: Zeitschrift für Geschichtswissenschaft (im folgenden ZFG), Berlin 8/1971, S. 981 bis 1015; G. Rose, „Industriegesellschaft" und Konvergenztheorie Genesis-Strukturen-Funktionen, Berlin 1974, S. 82 f., 123 ff.

5 Vgl. dazu exemplarisch: R. Löwenthal, Development vs. Utopia in Communist Policy, in: Change in Communist Systems, hg. von Ch. Johnson, Stanford Cal. 1970, S. 33–116. In ähnlichem Sinne behauptet P. Ch. Ludz einen der DDR immanenten

Über den Stand der Profilierung der Modernisierungskonzeption äußern sich die Modernisierungstheoretiker zurückhaltend. Sie werden nicht müde, in der Auseinandersetzung mit konkurrierenden Theoremen den unvollkommenen, unfertigen und z. T. heuristischen Charakter der Modernisierungstheorien herauszustellen. So bestimmte W. Zapf 1969 ihren Charakter als Modelle im Sinne „stilisierender Rekonstruktionen von Realitätsausschnitten, die den Zusammenhang oder Ablauf beobachtbarer Phänomene stark vereinfacht wiedergeben",[6] 1974 in Anlehnung von C. G. Hempel[7] als „historisch-genetische Erklärungsskizzen", nämlich „unvollständige Systeme von Gesetzen und Antecedensbedingungen, bei denen in jedem Schritt zusätzlich empirisch gehaltvolle Informationen eingeschoben werden müssen, um eine hinreichend umfassende Klasse von Antecedensdaten für die Ableitung des nächsten Zustandes zu erhalten. Erklärungsskizzen sind mit anderen Worten unvollständige Erklärungen."[8] P. Flora beklagt die im Vergleich zur marxistischen Theoriebildung „geringere theoretische Geschlossenheit" der Modernisierungsforschung, deren Spektrum von „neo-evolutionistischen Theorien über systemtheoretisch orientierte Analysen bis zu historisch-soziologischen Studien reicht", was sie „widersprüchlich aber auch entwicklungsfähiger" mache.[9] H. Matzerath/H. Volkmann stellen fest, daß es noch keine umfassende Modernisierungstheorie, sondern nur konkurrierende Ansätze unterschiedlicher Reichweite, Operationalisierbarkeit, Herkunft und Absicht, vor allem keinen „integrativen Gesamtrahmen" gäbe, daß daher von einer Theorie im strengen Sinne des Wortes noch nicht gesprochen werden könne.[10] H.-U. Wehler hält den älteren Modernisierungstheorien ein ganzes Sündenregister wissenschaftlicher und politischer Schwächen vor,[11] räumt ebenfalls die Unausgereiftheit der neueren Modernisierungstheorien ein, die im gegenwärtigen Entwicklungsstadium „kein geschlossenes theoretisches System", sondern einen „Bereich von Problemen und Lösungsvorschlägen" darstellen,[12] erblickt jedoch zur historischen Modernisierungstheorie und differenzierten historischen Modernisierungsforschung „keine überlegene Gegenposition."[13] Trotz

Grundkonflikt zwischen der wirtschaftlichen und der technologischen „Modernisierung" und dem „dogmatisch-bürokratischen" politisch-ideologischen System (vgl. P. Ch. Ludz, Deutschlands doppelte Zukunft. Bundesrepublik und DDR in der Welt von morgen, München 1974, insbes. S. 86–91).

6 Theorien des sozialen Wandels, a. a. O., S. 14.

7 Vgl. C. G. Hempel, Aspects of Scientific Explanation, New York 1965.

8 W. Zapf, Modernisierungstheorien, a. a. O., S. 312.

9 P. Flora, Modernisierungsforschung, a. a. O., S. 16.

10 H. Matzerath/H. Volkmann, Modernisierungstheorie und Nationalsozialismus, a. a. O., S. 101, 116.

11 H.-U. Wehler, Modernisierungstheorie und Geschichte, a. a. O., S. 18–33.

12 Ebenda, S. 5; ders., Vorüberlegungen zu einer modernen deutschen Gesellschaftsgeschichte, a. a. O., S. 9 f.

13 Ders., Modernisierungstheorie und Geschichte, a. a. O., S. 60.

ihres eklektizistischen Charakters, ihrer Widerspüchlichkeit und fehlenden inneren Geschlossenheit – Eigenschaften, die mehr oder weniger die gesamte spätbürgerliche Theorienbildung kennzeichnen – der Unterschiedlichkeit der erkenntnisleitenden Interessen sowie ihrer Unausgereiftheit sind die neueren Modernisierungstheorien durch eine Anzahl gemeinsamer theoretisch-methodologischer Merkmale gekennzeichnet, die sie deutlich von der traditionellen Industriegesellschaftslehre unterscheiden.

Mit Hilfe der historisch-soziologischen Modernisierungstheorien soll

1. eine Theorie des universalhistorischen Prozesses seit Entstehung des Kapitalismus und darüber hinaus eine historisch und empirisch fundierte Theorie der gesamtgesellschaftlichen Entwicklung ausgearbeitet werden, die die für eine Makroanalyse zu engen Theorien „mittlerer Reichweite" ersetzen und über die geschichtsphilosophische Deutung von Entwicklungsprozessen mittels industriegesellschaftstheoretischer Denkschemata hinausgehen soll. „Wenn nicht alles täuscht", schrieb der Frankfurter Soziologe G. Brandt, „hat das Konzept der Modernisierung alle Aussicht, sich gegen konkurrierende Titel durchzusetzen, und in der Tat scheint es am ehesten geeignet, das zu erfassen, worauf es bei gesamtgesellschaftlichen Analysen ankommt, hält es doch die Mitte zwischen einer völlig inhaltslosen Klassifizierung und allzu spezifischen Charakterisierungen"[14];

2. soll ein „operationalisierbares", d. h. durch Zerlegung des Konzepts in bestimmte Fragestellungen und Teilaussagen für die Forschung anwendbar gemachtes methodologisches Instrumentarium geschaffen werden, das die Industriegesellschaftslehre bisher nicht hervorgebracht habe;

3. soll durch Erneuerung von Theorie und Methodologie, nicht zuletzt vermittels teilweiser Rezeption der Methodologie des historischen Materialismus bei gleichzeitiger Ablehnung des Marxismus-Leninismus, eine flexible Gegenposition zum historischen Materialismus aufgebaut werden.

4. wird beabsichtigt, einen historisch und empirisch gesättigten theoretischen Vorlauf für die Reformierung des kapitalistischen Systems zu einem „massendemokratischen Sozialstaat" (H.-U. Wehler) zu schaffen.

Die marxistisch-leninistischen Gesellschaftswissenschaften haben sich im Rahmen von Arbeiten zu verschiedenen Themen mit einzelnen Aspekten des Modernisierungskonzepts auseinandergesetzt,[15] Modernisierungstheorien und Moder-

14 G. Brandt, Industrialisierung, Modernisierung, gesellschaftliche Entwicklung. Anmerkungen zum gegenwärtigen Stand gesamtgesellschaftlicher Analysen, in: Zeitschrift für Soziologie, Stuttgart, 1/1972, S. 5.

15 Vgl. J. Krassin, Die soziale Revolution im Zerrbild der bürgerlichen Ideologie, in: Probleme des Friedens und des Sozialismus, Prag, 2/1972, S. 254–264; R. Richter, Historisch-politische Grundprobleme der Faschismusinterpretation der dominierenden bürgerlichen US-Historiographie (unter besonderer Berücksichtigung) von Gemeinsamkeiten und Unterschieden zur bürgerlichen BRD-Historiographie), Phil. Diss. A Berlin 1974; ders., Zur Faschismusinterpretation in der bürgerlichen

nisierungsforschung als Ganzes jedoch noch nicht zum Gegenstand spezieller Untersuchungen gemacht. Keine der bisherigen Arbeiten erfaßt das Modernisierungskonzept in seinen Metamorphosen, d. h. die Unterschiede zwischen dem ursprünglichen Modernisierungsmodell, den „reformierten" Modernisierungstheorien der sechziger Jahre und den gegenwärtigen Modernisierungstheorien. Wie auch die allmählich in Gang kommende Diskussion zeigt, befindet sich die marxistisch-leninistische Auseinandersetzung mit der Modernisierungskonzeption noch in den Anfängen. Die Diskussion berührte bisher zwei Hauptfragen: das Verhältnis der traditionellen Industriegesellschaftslehre und der Modernisierungskonzeption und den Stellenwert der Modernisierungskonzeption in der bürgerlichen Ideologie. Die Standpunkte sind kontrovers: sie reichen in der ersten Frage von einer weitgehenden Identifizierung von Industriegesellschaftslehre und Modernisierungskonzeption über die Auffassung daß die Modernisierungskonzeption eine modifizierte Variante bzw. Weiterentwicklung der Industriegesellschaftslehre sei bis zu ihrer Kennzeichnung als Alternative zur Industriegesellschaftslehre; in der zweiten Frage von der Auffassung, daß sie eine über kurz oder lang im Meer der Pluralität versinkende Modeerscheinung sei bis zur Auffassung, daß sie eine neue Phase der gesellschaftlichen Theorienbildung darstelle. Substantiell ist die Modernisierungskonzeption bisher noch nicht ernsthaft thematisiert und diskutiert worden.

Beide Fragen stellen zentrale Problemstellungen der vorliegenden Arbeit dar. Mit ihr ist beabsichtigt, durch die Analyse der Entstehung, der Entwicklung, der theoretisch-methodologischen Struktur, der Funktionen und der bisherigen Anwendung der Modernisierungskonzeption auf die Theorie- und Methodologiediskussion einen Beitrag zur Auseinandersetzung mit der bürgerlichen Gesellschafts- und Geschichtstheorie der Gegenwart zu leisten.

Gegenstand der Arbeit sind die Modernisierungstheorien und die Modernisierungsforschung in den USA und der BRD. Die Konzentration auf diese Länder ergibt sich daraus, daß die Modernisierungskonzeption in ihnen ihre stärkste Profilierung erfahren hat. Ihre Rezeption in anderen kapitalistischen Ländern wurde in Umrissen einbezogen; die Rezeption bzw. Auseinandersetzung mit ihr

Historiographie der USA, in: ZfG, 8/1974, S. 789–800; J. Herzog, Das Traditionsproblem und der Neokolonialismus. Bemerkungen zur „Modernisierungskonzeption" der amerikanischen politischen Soziologie, in: Asien. Afrika. Lateinamerika, Berlin (im folgenden AAL), Bd. 3, 1/1975, S. 19–36; B. I. Marushkin, History and Politics. American Historiography on Soviet Society, Moskau 1975; G. Rose, Grundpositionen und Tendenzen bürgerlicher Weltgeschichtsschreibung in der BRD, in: ZfG, 2/1976, S. 133–149; A. Bauer, Bürgerliche Modernisierungstheorie und moderne Epoche, MS 1977; H. Schleier, Zu den Theorien über die Entwicklung der Gesellschaft im spätbürgerlichen deutschen Geschichtsdenken, in: Formationstheorie und Geschichte. Studien zur historischen Untersuchung von Gesellschaftsformationen im Werk von Marx, Engels und Lenin, hg. von E. Engelberg/W.Küttler, Berlin 1978, S. 713/714.

in den Entwicklungsländern konnte im Rahmen der Arbeit nur gestreift werden.[16]

Desgleichen konnte im Rahmen dieser Arbeit die bisherige Anwendung der Modernisierungskonzeption auf die Geschichtsschreibung nur in den konzeptionellen Leitlinien erfaßt, auf eine detaillierte Untersuchung der hauptsächlichen Anwendungsbereiche (Weltgeschichte, Geschichte der entwickelten kapitalistischen Länder seit dem 17./18. Jahrhundert, Imperialismus-Problematik, Faschismus-Forschung, „Kommunismusforschung" und Geschichte der Entwicklungsländer) mußte verzichtet werden.

16 Zum marxistischen Forschungsstand vgl. J. Herzog, Das Traditionsproblem und der Neokolonialismus, a. a. O.; K. Ernst, Charakter und Entwicklung der sozialökonomischen Verhältnisse und der Klassenbeziehungen im subsaharischen Afrika unter den Bedingungen kolonialer und neokolonialer Abhängigkeit und Ausbeutung sowie des Kampfes um deren Überwindung, Theoretische und methodologische Probleme ihrer sozialhistorischen und soziologischen Untersuchung, Diss. B Leipzig 1977.

KAPITEL 1

Genesis der Modernisierungstheorien und der Modernisierungsforschung

1. Historische und gesellschaftliche Entstehungsbedingungen

Der Entstehung der Modernisierungstheorien und der Modernisierungsforschung in den USA nach dem zweiten Weltkrieg lagen außenpolitische und ideologische, spezifisch amerikanische und allgemein-imperialistische Bedürfnisse im Übergang von der zweiten zur dritten Etappe der allgemeinen Krise des Kapitalismus zugrunde. Es handelte sich einerseits um die durch den Zusammenbruch des imperialistischen Kolonialsystems und die wachsende Stärke des sozialistischen Weltsystems erzwungene Wendung vom „klassischen" Kolonialismus zum Neokolonialismus, andererseits um die durch die Entwicklungsländerforschung und die weltanschauliche Herausforderung des Imperialismus durch den Sozialismus hervorgerufene theoretische Umorientierung in den bürgerlichen Sozialwissenschaften. Nach jahrzehntelanger Vorherrschaft der empirischen Soziologie, der sog. Mikrosoziologie, kam es Anfang der sechziger Jahre zur Wiederbelebung des Interesses an gesamtgesellschaftlichen Prozessen und Systemen. Unter dem Schlagwort „Return to Generality" wurde eine Renaissance globaler Gesellschafts- und Wandlungstheorien eingeleitet. Der Zusammenbruch des imperialistischen Kolonialsystems, in der Periode unmittelbar nach dem zweiten Weltkrieg zunächst in Asien, nach 1949 im Nahen Osten und im Maghreb, seit Mitte der fünfziger Jahre auch im subsaharischen Afrika, führte bis Mitte der sechziger Jahre zur Gründung von mehr als 70 unabhängigen Staaten in Asien und Afrika. Der Verlust der politischen Herrschaft in den ehemaligen Kolonien und die Konfrontation mit ihrer Eigenstaatlichkeit unter den Bedingungen der weiteren Veränderung des Kräfteverhältnisses zugunsten des Sozialismus machten es zunehmend unmöglich, die koloniale Ausbeutung mittels der direkten staatlichen Beherrschung der Völker zu betreiben. An die Stelle des „klassischen" Kolonialismus trat der Neokolonialismus.[1] Neben der Sicherung der neokolonialistischen Ausbeutung gewann die Verhinderung des nichtkapitalistischen Entwicklungswegs bzw. der sozialistischen Orientierung der Entwicklungsländer wachsende Bedeutung. Die Wahl des Entwicklungsweges der Länder der „Dritten Welt" wurde zu einer entscheidenden Frage in der Auseinandersetzung zwischen Sozialismus und Imperialismus.

1 Vgl. hierzu K. Ernst, Charakter und Entwicklung der sozial-ökonomischen Verhältnisse und der Klassenbeziehungen im subsaharischen Afrika a. a. O., S. 11.

Bei der Wendung zum Neokolonialismus und der Umorientierung der Entwicklungsländerforschung spielten die USA bis in die sechziger Jahre die dominierende Rolle. Bereits 1949 hatte Präsident Truman in einer anläßlich seines Amtsantritts nach seiner Wiederwahl gehaltenen Rede die „Erschließung der unterentwickelten Weltgegenden" durch die USA angekündigt, da es den älteren europäischen Kolonialmächten nicht mehr gelinge, ihre Kolonialherrschaft, die sie zu ihrem ausschließlichen Vorteil ausnützten, aufrechtzuerhalten. Dieses „Punkt-Vier-Programm" zielte auf einen massiven Kapitalexport zur Ankurbelung der kapitalistischen Entwicklung in den jungen Nationalstaaten. Es kann als das erste programmatische Dokument des Neokolonialismus angesehen werden. Die USA schickten sich an, das Erbe der alten Kolonialmächte anzutreten, damit neokolonialistische Methoden vorwegnehmend, die freilich erst in den sechziger Jahren zur vollen Wirksamkeit gelangten. Im Jahre 1952, gegen Ende der Präsidentschaft Trumans, erstreckte sich der Wirkungsradius des 1950 als „Gesetz für internationale Entwicklung" in Kraft getretenen „Punkt-Vier-Programms" auf 35 Länder.

Bis zum Ende der fünfziger Jahre stellten die USA eine Vielzahl von Auslandshilfeprogrammen für die Entwicklungsländer auf. Diese waren während der Eisenhower-Administration jedoch weitgehend den bündnis- und militärpolitischen Erfordernissen der roll-back-Strategie untergeordnet gewesen. Die jungen Nationalstaaten erhielten nur dann amerikanische Wirtschaftshilfe, wenn sie sich in den antikommunistischen Kreuzzug einreihten und aggressiven Militärpakten anschlossen. Zudem entfiel der Löwenanteil der Wirtschaftshilfe auf militärische Ausgaben. Angesichts des Zerfalls des imperialistischen Kolonialsystems und der wachsenden Zahl junger Nationalstaaten wurde diese Praxis um so mehr zu einem Hemmnis für die neokolonialistische Einflußnahme auf die Entwicklungsländer, als die sozialistischen Länder den jungen Staaten eine vielseitige wirksame ökonomische, politische und militärische Hilfe zu leisten begannen und sich eine Anzahl von Entwicklungsländern auf den nichtkapitalistischen Weg orientierte. Die doppelte Herausforderung durch die sozialistische Welt und die nationale Befreiungsbewegung im Stadium des völligen Zusammenbruchs des imperialistischen Kolonialsystems veranlaßte die Kennedy-Regierung zu einer Umorientierung ihrer Politik gegenüber den Entwicklungsländern. In einer mit militärischen Mitteln abgesicherten bürgerlichen Umgestaltung von oben erblickte sie die sicherste Gewähr, die jungen Nationalstaaten daran zu hindern, den nichtkapitalistischen Entwicklungsweg einzuschlagen.

Kennedy proklamierte zu Beginn seiner Amtszeit ein weitgespanntes Programm der Auslandshilfe, das den Völkern der „zurückgebliebenen Staaten den Übergang zu einem aus eigenen Impulsen unterhaltenen wirtschaftlichen Wachstum" ermöglichen und „vor der Weltgeschichte den Beweis erbringen (sollte), daß auch im zwanzigsten Jahrhundert, wie schon im neunzehnten, und auf der südlichen Erdhälfte nicht anders als im Norden wirtschaftliches Wachstum und politische Demokratie sich Hand in Hand entwickeln können." Falls die Entwicklungsländer bereit seien, „mit der notwendigen inneren Reform und Selbsthilfe zu beginnen", dann würden die USA beabsichtigen, „während dieses kommenden ‚Jahrzehnts der Entwicklung' eine entscheidende Umwälzung im Schicksal der unterentwickelten Länder zustande zu bringen".[2]

Zur Verwirklichung dieses Programms wurde während der Kennedy- und Johnson-Administration ein System neuer politischer, ökonomischer und instrumenteller Elemente entwickelt.[3] Dazu gehörten die Erforschung der ökonomischen, sozialen und politischen Wachstumsprozesse in den Entwicklungsländern, der Bedingungen und der Wirkungsweise der Auslandshilfe und ihrer Folgen, die Schaffung eines praktikablen Instrumentariums für eine wirksame prokapitalistische Entwicklungspolitik und nicht zuletzt die Ausarbeitung und Propagierung bürgerlicher Entwicklungstheorien, die als Alternativen zum nichtkapitalistischen Entwicklungsmodell fungieren konnten und geeignet erschienen, den zunehmenden Einfluß sozialistischer Ideen auf die nationale Befreiungsbewegung zurückzudrängen. „Wegen der Furcht vor der Anziehungskraft des Kommunismus auf die Völker der unterentwickelten Länder war die Situation für die westlichen Regierungen dringend."[4]

Als Ergebnis dieser Entwicklung erhielt die Entwicklungsländerforschung entsprechend der neokolonialistischen Zielsetzung die Aufgabe, die Gesellschaft der Entwicklungsländer allseitig und umfassend zu analysieren und nach Ansätzen und Triebkräften einer kapitalistischen Entwicklung zu durchleuchten sowie zugleich lang-, mittel- und kurzfristige Strategien, Konzeptionen und Programme für Einleitung, Förderung, Steuerung und Stabilisierung einer abhängigen kapitalistischen Entwicklung und die Überwindung der sie hemmenden sozialen Strukturen, Erscheinungen und Verhaltensweisen zu entwerfen. Das erforderte eine stärkere makrosoziologische Fundierung.[5] Diesen Anforderungen war die traditionelle bürgerliche Ethnologie als Trägerin der traditionellen Kolonialforschung weder konzeptionell noch methodologisch gewachsen.[6] Ihre

2 J. F. Kennedy, Botschaft an den amerikanischen Kongreß v. 22. 3. 1961, in: Europa-Archiv, Bonn, 14/1961, D. 235 ff. Tatsächlich stützten sich die USA auf die reaktionärsten und korruptesten Kräfte, setzten antinationale Regime ein (Südkorea, Südvietnam) und führten Strafexpeditionen im Stile der Kanonenbootpolitik des 19. Jh. durch, ohne daß es gelang, die nationale Befreiungsbewegung dauerhaft einzudämmen.

3 Vgl. G. Hinkel, Die „Auslandshilfe" der USA. Ihre politischen und ökonomischen Aspekte, insbesondere während der Kennedy- und Johnson-Administration, Berlin 1972, S. 71 ff.

4 I. Weinberg, The Concept of Modernization: an Unfinished Chapter in Sociological Theory, a. a. O., S. 7.

5 K. Ernst, Charakter und Entwicklung der sozialökonomischen Verhältnisse und der Klassenbeziehungen im subsaharischen Afrika, a. a. O., S. 11.

6 Zur Kritik der reaktionären bürgerlichen Ethnologie vgl. D. I. Olderogge/I. I. Potechin, Die Völker Afrikas. Ihre Vergangenheit und Gegenwart. Bd. 1, Berlin 1961, S. 32–40.

auf Sicherung der Integration der kolonialen und halbkolonialen Völker in das System kolonialer Abhängigkeit und Ausbeutung gerichtete Erforschung der ursprünglichen sozialen Organisation in Dörfern und Stämmen, der materiellen und geistigen Kultur, der Struktur und der Funktion autochthoner politischer Institutionen, ihre offene Rechtfertigung kolonialer Ausbeutung und Unterdrückung sowie ihr offener oder versteckter Rassismus entsprachen nicht mehr den Bedürfnissen der neokolonialistischen Strategie. Sie konnte damit weder neue ökonomische, soziale und politische Erscheinungen wie Parteien und Gewerkschaften erfassen noch Alternativen zum nichtkapitalistischen Entwicklungsweg anbieten. Daher wurde die bürgerliche Entwicklungsländerforschung mehr und mehr zur Domäne der Politologie und der auf theoretische Erfassung gesellschaftlicher Strukturen und historischer Prozesse orientierten Makrosoziologie.[7]

Vor diesem Hintergrund begann sich Ende der fünfziger Jahre der Begriff *modernization* als *raincheck-term*[8] in der US-amerikanischen sozialwissenschaftlichen Literatur einzubürgern. Er löste die bis dahin für die Entwicklungsprozesse in der „Dritten Welt" gängigen, aber mit dem Makel des Kolonialismus versehenen diskriminierenden und diskriminierten Begriffe „Europäisierung", „Amerikanisierung", „Verwestlichung" und „Zivilisierung" ab. Damit sollte der imperialistische Charakter der amerikanischen Politik gegenüber den Entwicklungsländern verschleiert und eine sozialökonomische und politische Neutralität des von den USA angestrebten kapitalistischen Entwicklungsweges vorgetäuscht werden. Nach Ansicht der Modernisierungstheoretiker sei „Modernisierung" nicht notwendigerweise als „gut", „positiv" oder „progressiv" zu werten, sie sei einfach „ethisch neutral"[9]. Der Vorteil dieses Begriffs bestünde nicht nur darin, daß er breiter gefaßt sei als die bisher gebrauchten, sondern auch darin, daß er weniger mit irgendeiner Bedeutung belastet sei.[10]

Gerade aufgrund seiner amorphen und schillernden Vieldeutigkeit erwies sich dieser Begriff als geeignet, der beabsichtigten Übertragung des gesellschaftlichen und des politischen Systems der kapitalistischen Länder auf die Entwicklungsländer Attribute der Gesetzmäßigkeit und der Fortschrittlichkeit zu verleihen. „Modernisierung ist ein neuer Name für einen alten Vorgang – den Vorgang des sozialen Wandels, durch den weniger entwickelte Gesellschaften die allgemeinen Merkmale entwickelter Gesellschaften annehmen."[11] Die Flucht in die „ethische Neutralität" ist die Folge der Ablehnung des Kapitalismus und des Kolonialismus in den Entwicklungsländern. Die imperialistischen Ideologen sind daher gezwungen, ihren Entwicklungsmodellen den Anschein der Neutralität

7 Vgl. J. Herzog. Das Traditionsproblem und der Neokolonialismus, a. a. O., S. 22 ff.
8 Umgangssprachlich: Ersatzbegriff.
9 D. A. Rustow, A World of Nations, Washington D. C. 1970, S. 5.
10 C. E. Black. The Dynamics of Modernization, a. a. O., S. 7 f.
11 International Encyclopaedia of Social Sciences, Bd. 10, a. a. O., Stichwort Modernization, S. 386.

zu geben.[12] Unter staatlicher und privater Förderung entstand in den USA alsbald eine große Zahl z. T. miteinander konkurrierender Modernisierungstheorien und kam es zu einer raschen und enormen Ausbreitung der Modernisierungsforschung, die sich zunächst weitgehend auf die Entwicklungsländerforschung richtete. Modernisierungstheorien und Modernisierungsforschung stellten dem USA-Imperialismus Ideen und praktische Vorschläge für eine Politik gegenüber den Entwicklungsländern bereit, die im Sinne des USA-Imperialismus erfolgreicher sein sollte als die bisher praktizierte. Es sollte der „Übergang bisher weniger entwickelter Länder in die moderne industrielle Staatenwelt sowohl systematisch als auch konkret" erfaßt werden, „nicht zuletzt deshalb, um auf dem Wege der Politikberatung diesen Übergang in die Richtung des westlichen Gesellschaftstyps möglichst effektiv steuern zu helfen."[13] Unter dem Dach des neuen Schlagworts „Modernisierung" fand sich „fortab eine Modernisierungstheorie nach der andern ein und wurde ein Interpretationsraster für die Entwicklung zur ‚modernen' Welt entwickelt, der sich bis in die Mitte der 60er Jahre weithin durchgesetzt hatte und schließlich dem Anspruch nach als universeller Kategorierahmen aufgefaßt wurde."[14]

Das Bedürfnis nach einer stärkeren theoretischen, makrosoziologischen Fundierung der Entwicklungsländerforschung konnte indessen durch die zeitgenössische bürgerliche Soziologie nicht befriedigt werden. Diese war in den letzten Jahrzehnten des 19. und in den ersten Jahrzehnten des 20. Jahrhunderts durch das Auseinanderklaffen der besonders in Deutschland vorherrschenden theoretischen oder formalen (auch allgemeinen) Soziologie und der in den zwanziger Jahren in den USA entstandenen und dort zu großem Einfluß gelangten atheoretisch-empiristisch „speziellen" Soziologien gekennzeichnet. Waren die Vertreter der „theoretischen" Soziologie (G. Simmel, M. Weber, L. v. Wiese) um die Konstruktion enthistorisierter, zeitloser und abstrakter Kategorien und Schemata bemüht, so beschränkte sich die „empirische" Soziologie (E. Mayo, P. Lazarsfeld) weitgehend auf die Analyse relativer kleiner, enger und isolierter Bereiche, Prozesse und Erscheinungen. Nach dem zweiten Weltkrieg setzte sich in der bürgerlichen Soziologie für fast zwei Jahrzehnte die Ablehnung einer allgemeinen Gesellschaftstheorie und die Orientierung auf die Mikrosoziologie durch.[15] Die empirische Soziologie beschäftigte sich unter weitgehendem Verzicht auf die gesamtgesellschaftliche Bezugsbasis und auf die historische Einordnung der untersuchten Phänomene mit der Analyse ausgewählter Teil- und

12 J. Herzog, Das Traditionsproblem und der Neokolonialismus, a. a. O., S. 25.

13 H.-U. Wehler, Vorüberlegungen für eine moderne deutsche Gesellschaftsgeschichte, a. a. O., S. 4/5.

14 Ders., Modernisierungstheorie und Geschichte, a. a. O., S. 11.

15 Zur Rezeption der US-amerikanischen Soziologie in der BRD vgl. Bürgerliche Ökonomie im modernen Kapitalismus, hg. von H. Meißner, Berlin 1967, S. 205/206; K. Braunreuther, Probleme der Geschichte der bürgerlichen Soziologie, Berlin 1975, S. 43.

Einzelbereiche der Gesellschaft. Es bestand eine Anzahl von Zweig- oder „Bindestrich"-Soziologien wie die Industrie-, Betriebs- und die Familiensoziologie.[16] 1958 erklärte René König, „daß sich die deutsche Soziologie heute teilweise in einem völlig hilflosen Empirismus bewegt, dem auf der anderen Seite ein totaler Mangel an Theorie gegenübersteht."[17]

Das Auseinanderfallen von Gesellschaftstheorie und Soziologie wurzelte in der traditionellen Trennung der bürgerlichen Soziologie von der Geschichtsphilosophie und entsprach in den vierziger und fünfziger Jahren der Arbeitsteilung zwischen diesen Disziplinen bei der ideologischen und praktischen Absicherung des kapitalistischen Systems. Während die bürgerliche Geschichtsphilosophie in spekulativen Dankgebilden die Grundsituation der Bourgeoisie zu erfassen und deuten versuchte (und als eine Theorie dieses Typs stellte sich bis Mitte der fünfziger Jahre die Industriegesellschaftslehre dar) und es ihre primäre Funktion zunächst vor allem war, weltanschauliche Pseudoperspektiven für das Selbstverständnis der Bourgeoisie hervorzubringen, wurde die zur Vorherrschaft gelangte empirische Soziologie „direkt in die Optimierung sozialer Strukturen und Funktionen einbezogen, sie begann auf ihre Weise, kapitalistische Produktionsverhältnisse zu realisieren. Ein unerwünschter Nebeneffekt dieser durchaus erwünschten Funktion der empirischen Soziologie bestand nun darin, daß die ideologisch-gesellschaftstheoretische Funktion der Soziologie zurückging."[18]

Mit der Beschränkung auf die Erarbeitung von Grundlagen für rationelle kapitalistische Leitungs- und Herrschaftstechniken und -methoden für die Ausübung von Manager- und Regierungsfunktionen geriet der Aspekt gesellschaftlicher und historischer Entwicklung für mehr als zwanzig Jahre aus dem Blickfeld der vorherrschenden Richtungen der bürgerlichen Soziologie. Ihrer Orientierung entsprach die strukturell-funktionalistische Theorie und Methodologie, die in den dreißiger Jahren in den USA ausgearbeitet worden war und in Talcott Parsons ihren bedeutendsten Vertreter hervorbrachte. Auf sie griffen die Modernisierungstheoretiker als eine theoriegeschichtliche Quelle zurück, doch ließ sich damit weder eine Alternative zur nichtkapitalistischen bzw. sozialistischen Orientierung von Entwicklungsländern geschweige denn zur marxistisch-leninistischen Formationstheorie begründen.

Die Ausarbeitung gesellschaftstheoretischer Alternativkonzeptionen zur Ge-

16 Für die BRD konstatiert R. Dahrendorf 1959: „Somit ist die gegenwärtige deutsche Soziologie durch den fast völligen Verzicht auf ein umfassendes Gesellschaftsbild gekennzeichnet – eine ebenso erstaunliche wie beunruhigende Tatsache." R. Dahrendorf, Betrachtungen zu einigen Aspekten der gegenwärtigen deutschen Soziologie, in: Kölner Zeitschrift für Soziologie und Sozialpsychologie, 1/1959, S. 143.

17 Fischer-Lexikon Soziologie, Frankfurt a. M. 1958, S. 13.

18 D. Bergner/R. Mocek, Bürgerliche Gesellschaftstheorien. Studien zu den weltanschaulichen Grundlagen und ideologischen Funktionen bürgerlicher Gesellschaftsauffassungen, Berlin 1976, S. 41.

setzmäßigkeit der gegenwärtigen Epoche, dem Übergang vom Kapitalismus zum Sozialismus im Weltmaßstab, wurde für die US-amerikanische Bourgeoisie erst an der Wende der fünfziger zu den sechziger Jahren zu einem zwingenden ideologischen Bedürfnis. Bis dahin war die Auseinandersetzung mit dem Sozialismus im bürgerlichen politischen und sozialtheoretischen Denken der USA weniger als eine gesellschaftliche Herausforderung denn als ein macht- und militärpolitischer Konflikt mit der Sowjetunion reflektiert worden. Dies ist ein wesentlicher Unterschied zur Ideologieentwicklung in Westeuropa, dem die Unterschiedlichkeit der bourgeoisen Existenzbedingungen in Westeuropa und in den USA zugrunde lagen und der durch die unterschiedlichen Klassenkampferfahrungen und ideologischen Traditionen noch verstärkt wurde.

Der USA-Imperialismus war nicht nur intakt, sondern relativ gestärkt aus dem zweiten Weltkrieg hervorgegangen, und das kapitalistische System in den USA war – anders als in Westeuropa – zu keiner Zeit von einer revolutionären Arbeiterbewegung bedroht. Der Einfluß des marxistischen Denkens war lange Zeit minimal.[19] Erst Mitte der sechziger Jahre, nicht zuletzt unter dem Einfluß der Studentenbewegung, begann eine Auseinandersetzung mit dem Marxismus in größerem Umfang.[20]

Im Unterschied dazu war die Bourgeoisie Westeuropas nach 1945 direkt mit dem sich gesetzmäßig vollziehenden Übergang vom Kapitalismus zum Sozialismus konfrontiert und war die Existenz des kapitalistischen Systems in Westeuropa ernstlich gefährdet. Die westeuropäische Bourgeoisie war daher gezwungen, in der Periode des Aufschwungs der demokratischen und sozialistischen Bewegung in der Nachkriegsperiode, der volksdemokratischen Revolution in den Ländern Osteuropas und der antifaschistisch-demokratischen Umwälzung in der sowjetischen Besatzungszone Deutschlands ein System defensiver und offensiver ideologischer Manöver zu entwickeln: der Kommunismus wurde verteufelt (Totalitarismus – Doktrin), der Sozialismus als Tagesaufgabe dekla-

19 Sowjetsystem und demokratische Gesellschaft, Eine vergleichende Enzyklopädie, hg. von C. D. Kernig u. a., 6 Bde., Freiburg i. Br.–Basel–Wien 1968–1972, Bd. II, Stichwort Geschichtswissenschaft, Sp. 924.

20 Die Jahreskonferenz der Amerikanischen Soziologischen Gesellschaft im September 1965 behandelte auf einer Plenartagung das Thema „Marx und Amerika". Zur gleichen Zeit fand an der Columbia-Universität eine Konferenz statt, auf der u. a. das Thema „Perspektiven für den Sozialismus in den USA" die höchste Teilnehmerzahl aufwies. Die Universität von Indiana organisierte im April 1966 ein internationales Symposium „Marx und die westliche Welt" (vgl. A. Loesdau, Globalstrategie und Geschichtsideologie. Zur Analyse der bürgerlichen Historiographie der USA in der Klassenauseinandersetzung zwischen Sozialismus und Imperialismus, Berlin 1974, S. 152). Auffallend ist die unverhältnismäßig große Beteiligung westeuropäischer Immigranten an der Auseinandersetzung mit dem Marxismus in den USA, besonders von Deutsch- und Austro-Amerikanern wie R. Bendix, K. W. Deutsch, B. F. Hoselitz, Th. van Laue, H. Marcuse, J. A. Schumpeter.

riert, was jeder realen Basis entbehrte, und man war bemüht, das Bündnis der kapitalistischen Länder ideologisch zu fundieren (Abendlandideologie), insbesondere arbeitete man Gesellschaftskonzeptionen und -theorien aus, die als Alternativen zum Sozialismus fungieren konnten. Dabei kam ihr die im Vergleich mit den USA weit stärkere Tradition in der Auseinandersetzung mit dem Marxismus und die größere Erfahrung im Kampf mit der revolutionären Arbeiterbewegung zugute.

Als die wichtigste bürgerliche gesellschaftstheoretische Alternativkonzeption der Nachkriegsperiode erwies sich die Industriegesellschaftslehre. Sie ist im wesentlichen ein westeuropäisches Produkt. US-amerikanische Ideologen steuerten wichtige Bausteine bei, vor allem auf ökonomischem und sozialpsychologischem Gebiet,[21] jedoch die entscheidenden philosophischen, geschichtstheoretischen und soziologischen Grundlagen wurden hauptsächlich von deutschen und französischen Ideologen entwickelt und zur Synthese gebracht: H. Freyers „Theorie des gegenwärtigen Zeitalters" (1955) und R. Arons 1955/56 an der Sorbonne gehaltenen Vorlesungen über die industrielle Gesellschaft[22] enthielten alle wesentlichen theoretischen Elemente der Industriegesellschaftslehre. Dies verschaffte der Bourgeoisie Westeuropas in den fünfziger Jahren einen zeitweiligen Vorsprung in der ideologischen Konzeptionsbildung.[23] Auf dieser Grundlage konnte ein Interpretationsrahmen für verwissenschaftliche und verfeinerte Varianten des Antikommunismus vorbereitet werden. Das herrschende politische und sozialtheoretische Denken in den USA dagegen verharrte bis Ende der fünfziger Jahre in grob diffamierenden antikommunistischen Klischeevorstellungen im Sinne der Totalitarismusdoktrin traditioneller Ausprägung.[24]

Der Gegensatz zwischen Sozialismus und Imperialismus wurde in moralischen,

21 Insbesondere durch J. Burnham The Managerial Revolution (1941, dt.: Die Revolution der Manager, Frankfurt a. M. 1949); P. F. Drucker The New Society. The Anatomy of the Industrial Order, (1949, dt: Gesellschaft am Fließband. Eine Anatomie der industriellen Ordnung, Frankfurt a. M. o. J.); D. Riesman The Lonely Crowd (1950, dt: Die einsame Masse. Eine Untersuchung der Wandlungen des amerikanischen Charakters, Hamburg 1958).

22 1962 in Buchform erschienen unter dem Titel „Dix-huit Leçons sur la Société Industrielle" (dt.: Die industrielle Gesellschaft, Frankfurt a. M.–Hamburg 1964).

23 Die in der marxistischen Literatur bisher wenig erforschte Problematik von Nationalem und Internationalem in der bürgerlichen Ideologieentwicklung nach dem zweiten Weltkrieg kann im Rahmen dieser Arbeit nicht näher untersucht werden. Vorliegende Einschätzungen erscheinen korrekturbedürftig. Vgl. in diesem Zusammenhang: D. Bergner/ B. P. Löwe, Philosophische Probleme des Kampfes gegen die Globalstrategie, in: Dt. Z. Philos., Berlin 9/1970, S. 1030.

24 Vgl. K. Zeisler, Genesis und Funktionen der gegenwärtigen imperialistischen „Kommunismusforschung", in: ZfG, 10/1973, S. 1023. Vgl. auch die Kritik an den irrationalistischen Grundlagen der US-amerikanischen Kommunismusforschung bis Ende der fünfziger Jahre in: D. Bell, The End of Ideology, New York 1961, S. 317 ff.

irrationalen und häufig religiösen Kategorien reflektiert, die Ausbreitung des Sozialismus als Ergebnis „sowjetischer Expansionspolitik" diffamiert und diese wiederum vielfach in eine direkte Kontinuitätslinie mit der Außenpolitik des Zarismus gestellt oder gar aus einem besonderen „ur-russischen Charakter" abgeleitet.[25] Eine andere, auf J. Burnhams Theorie von der „Revolution der Manager" fußende Variante des politischen Denkens begriff die Weltpolitik als einen zum Krieg führenden Machtkampf zweier gigantischer Managerstaaten, den USA und der UdSSR. Die Traditionen des US-amerikanischen Ethnozentrismus wirkten noch ungebrochen. Die Hauptlinie der Apologetik des Kapitalismus war die direkte Apologetik.[26]

Diese Situation änderte sich grundlegend mit dem Übergang von der zweiten zur dritten Etappe der allgemeinen Krise des Kapitalismus an der Wende von den fünfziger zu den sechziger Jahren. Zum einen ging von den Bedürfnissen der neokolonialistischen Strategie gegenüber den Entwicklungsländern ein mächtiger Impuls auf die bürgerliche Theorienbildung aus. Zum anderen wurde infolge der Herausbildung des sozialistischen Weltsystems, des erfolgreichen Aufbaus der Grundlagen des Sozialismus in den meisten sozialistischen Ländern, der grundlegenden Veränderung des Kräfteverhältnisses zwischen Sozialismus und Imperialismus und der wachsenden Festigung der Einheit der internationalen revolutionären Arbeiterbewegung die Auseinandersetzung mit dem Sozialismus zunehmend als globale gesellschaftspolitische Herausforderung begriffen. Der Glaube an die Unerschütterlichkeit des Kapitalismus wurde auch in den USA ausgehöhlt. Vor allem die enormen Erfolge der Sowjetunion auf dem Gebiet der Weltraum- und Militärtechnik (erfolgreiche Erprobung der ersten Interkontinentalrakete im August 1957, Start des ersten Sputnik am 4. Oktober 1957, erster Weltraumflug Juri Gagarins am 12. April 1961) übten auf das politische Denken der USA einen nachhaltigen und dauerhaft alle anderen ideologischen Bereiche erfassenden Einfluß aus. Das trifft auch auf die soziologische und historische Theorienbildung zu. Angesichts der nun als globale und permanente Herausforderung begriffenen Auseinandersetzung mit der sozialistischen Welt, der revolutionären Arbeiterbewegung und der antikolonialen Befreiungsbewegung geriet die strukturell-funktionalistische Soziologie in eine Krise. Es wurde offenbar, daß sie außerstande war, die Dynamik des revolutionären Weltprozesses zu erfassen und die Entwicklungsrichtung der Gesellschaft zu bestimmen. Es ergab sich die Notwendigkeit einer Wiederbelebung bzw. Verstärkung der ideologischen Funktionen der bürgerlichen Sozialwissenschaften, deren Re-Ideologisierung. In der Auseinandersetzung mit dem historischen Materialismus, dessen Ideen seit dem Zusammenbruch des traditionellen militanten Antikommunismus und dem sich abzeichnenden Ende des kalten Krieges besonders auf

25 Exemplarisch: L. Halle, Der Kalte Krieg. Ursachen–Verlauf–Abschluß, Frankfurt a. M. 1973, S. 25 ff.

26 Exemplarisch: L. O. Kelso/M. J. Adler, The Capitalist Manifesto, New York 1958.

die nach einer Alternative zum kapitalistischen System suchenden Studenten und Wissenschaftler eine wachsende Anziehungskraft ausübten, erwies sich spätestens Anfang der sechziger Jahre die gesellschaftstheoretische Armseligkeit der bürgerlichen Sozialwissenschaften für die Bourgeoisie als gefährlich. Es entstand für die bürgerliche Ideologie das zwingende Bedürfnis, die bislang geübte gesellschaftstheoretische Abstinenz zu überwinden und das Vakuum im Perspektivdenken aufzufüllen, um den Ideen des historischen Materialismus mit tragfähigen gesamtgesellschaftlich-universal-historischen Entwicklungstheorien entgegentreten zu können.

Seit Beginn der sechziger Jahre wandte sich deshalb die bürgerliche Soziologie in den USA der Erklärung gesamtgesellschaftlicher Wandlungen zu. Die Tatsache, daß sich 1961 eine Gruppe von Wissenschaftlern der Northwestern University (Illinois) zusammenfand, um die Nützlichkeit der Evolutionstheorien des 19. Jahrhunderts für die gegenwärtige Sozialwissenschaft zu analysieren, schreibt W. F. Wertheim, war ein Anzeichen für die „Wiederbelebung des Interesses an Entwicklungskonzeptionen unter den Wissenschaftlern beim Studium der gegenwärtigen Gesellschaften".[27] Schließlich bemühte sich das Oberhaupt der strukturell-funktionalistischen Schule, Talcott Parsons, seit Mitte der sechziger Jahre selbst um die Konstruktion der „großen Theorie"[28] und versuchte, auf den längst totgeglaubten Evolutionismus des 19. Jahrhunderts zurückgreifend, den begrenzten soziologischen Empirismus zu überwinden.[29] Eine Wendung zur „Analyse gesamtgesellschaftlicher Veränderungen" konstatiert der Frankfurter Soziologe G. Brandt 1972, „nachdem die Beschäftigung mit solchen Prozessen über Jahrzehnte hinweg als unverantwortlich galt, ja als unehrliches Gewerbe aus den inneren Bezirken der Disziplin ausgeschlossen war."[30]

Daß diese Veränderungen im bürgerlichen sozialtheoretischen Denken durch die Bedürfnisse des Neokolonialismus, die Herausforderung des Sozialismus und den Einfluß des historischen Materialismus verursacht wurden, wird auch in der bürgerlichen Literatur verschiedener Couleur mehr oder weniger deutlich ausgesprochen.[31]

Unter den seit den sechziger Jahren in den USA entstehenden Entwicklungstheorien gewannen die der Modernisierung bald die dominierende Stellung. Ähnlich wie die etwa gleichzeitig entstehende, auf die sozialistische Welt bezo-

27 W. F. Wertheim, Evolution and Revolution. The Rising Waves of Emancipation, Harmondsworth 1974, S. 18.

28 C. W. Mills, Kritik der soziologischen Denkweise, Neuwied–Berlin(West) 1963, S. 64.

29 Vgl. T. Parsons, Societies, Evolutionary and Comparative Perspectives, Englewood Cliffs 1966; ders., The System of Modern Societies, Englewood Cliffs 1971.

30 G. Brandt, Industrialisierung, Modernisierung, gesellschaftliche Entwicklung, a. a. O., S. 5.

31 H. Schissler, Theorien des sozialen Wandels, in: Neue Politische Literatur, 2/1974, S. 155.

gene Konvergenztheorie, wurden auch sie nicht aus der geschichtsphilosophischen Spekulation, sondern aus den Bedürfnissen imperialistischer Strategieplanung und der ideologischen Auseinandersetzung abgeleitet. „Die Modernisierungstheorien stellen eine Reaktion der intellektuellen Eliten Amerikas auf die Weltmachtrolle der Vereinigten Staaten nach 1945, die West-Ost-Rivalität und Entwicklungen in der Dritten Welt dar."[32] Sie waren das Produkt einer „Verbindung von Entwicklungen in der soziologischen Theorie mit der ‚Dritte-Welt-Forschung'."[33]

Die Modernisierungstheorien entstanden nicht als Ergebnis einer Rezeption der Industriegesellschaftslehre westeuropäischer Provenienz, sondern weitgehend unabhängig davon, auf der Grundlage spezifischer Bedürfnisse des USA-Imperialismus und in der Nachfolge hauptsächlich angelsächsischer gesellschaftstheoretischer Denktraditionen. Ein äußeres Zeichen dafür ist die mit der Ausnahme Max Webers außerordentlich seltene Beziehung auf bürgerliche Ideologen Westeuropas in der einschlägigen Literatur.[34]

Daß es dennoch zur Herausbildung wesentlicher gemeinsamer gesellschaftstheoretischer Grundauffassungen kommt, ist das Ergebnis der wachsenden Internationalisierung des Klassenkampfes in der dritten Etappe der allgemeinen Krise des Kapitalismus. Dieser Prozeß führt auf der Grundlage des gleichen Klasseninteresses zur Nivellierung nationaler Besonderheiten der imperialistischen Ideologie, die auf eine relative Vereinheitlichung, besonders gegenüber dem Sozialismus tendiert.

2. Theoriegeschichtliche Quellen

Die Herausbildung der Modernisierungskonzeption war mit dem Rückgriff auf ältere bürgerliche Gesellschaftstheorien verbunden.[35] Dies ist, wie z. B. die Tocqueville-, Lorenz von Stein- und Max Weber-Renaissance zeigt, ein generelles Merkmal spätbürgerlicher Theorienbildung. Unter anderem offenbart sich darin die Krise der bürgerlichen Ideologie: Da diese im Endstadium des Kapitalismus immer weniger imstande ist, qualitativ neue, wirksame Gesellschaftskonzeptionen und originelle Gesellschaftstheorien hervorzubringen, werden in wachsendem Maße tote Geister der bürgerlichen Sozialtheorie wiederbelebt, um deren intellektuelles Potential der Gegenwart nutzbar zu machen. Auf welches geistige Erbe greift die Modernisierungskonzeption zurück? Auch in dieser Beziehung wird ein

32 H.-U. Wehler, Modernisierungstheorie und Geschichte, a. a. O., S. 11.

33 S. N. Eisenstadt, Studies of Modernization and Sociological Theory, a. a. O., S. 227.

34 Exemplarisch dafür W. W. Rostow, der sich in seinem Buch „Stadien wirtschaftlichen Wachstums", außer auf britische Autoren, lediglich je einmal auf B. Croce, Th. Mann, S. de Maderiaga und R. Aron bezieht, wovon die ersten drei mit der Industriegesellschaftslehre nichts zu tun haben.

35 Vgl. H. Schissler, Theorien des sozialen Wandels, a. a. O.; Theorien des sozialen Wandels, Einleitung, 2. Aufl. Köln–Berlin(West) 1970, S. 13.

Unterschied zur Industriegesellschaftslehre deutlich. Diese rechnet eine Vielzahl von weltanschaulich und politisch sehr verschiedenartigen Denkern zu ihren Ahnherren, darunter auch progressive Denker wie Hegel,[36] Saint-Simon und Fourier, jene beruft sich fast ausschließlich auf bürgerliche Sozialtheoretiker des 19. Jahrhunderts, die selbst bereits den Verfall der bürgerlichen Ideologie verkörperten und das progressive bürgerliche ideologische Erbe zu liquidiren begannen.

Das unterschiedliche Verhältnis zum ideologischen Erbe ist allerdings nicht Ausdruck einer größeren Progressivität der Industriegesellschaftslehre gegenüber der Modernisierungskonzeption, sondern hängt mit der unterschiedlichen Funktion beider Theorien und den unterschiedlichen ideologischen Traditionen in den USA und in Westeuropa zusammen. Im Rahmen der Zielsetzung der ursprünglichen Modernisierungstheorien stellten Elemente des progressiven und revolutionären Erbes wie die Hegelsche Dialektik oder die über den Kapitalismus hinausweisenden utopisch-sozialistischen Visionen Saint Simons für die imperialistische Bourgeoisie gefährliche Fremdkörper dar. Dagegen erschien den westeuropäischen geistigen Vätern der Industriegesellschaftslehre die Berufung auf bestimmte progressive bürgerliche Denker (deren Ideen man entweder verstümmelte oder als in der kapitalistischen Welt verwirklichte Utopien ausgab) im Rahmen einer geschichtsphilosophischen Epochendeutung vertretbar, zumal sie damit ihre Konzeption als kontinuierliche Leistung „abendländischen" Denkens aufwerten konnten, dessen Traditionen sie ohnehin in weit stärkerem Maße berücksichtigen mußten als die am US-amerikanischen Pragmatismus orientierten Autoren der Modernisierungskonzeption.

Somit greifen die Modernisierungstheoretiker weder auf den Materialismus der französischen Aufklärung und die englische klassische bürgerliche Ökonomie noch auf die Dialektik der klassischen deutschen Philosophie zurück. Ihr geistiges Erbe besteht nicht in der revolutionären, antifeudalen Ideologie der aufsteigenden Bourgeoisie des 17. und 18. Jahrhunderts, sondern in der konservativen, antiproletarischen Ideologie der Bourgeoisie seit dem vierten Jahrzehnt des 19. Jahrhunderts, die die politische Macht erobert hatte und sich in wachsendem Maße durch die revolutionäre Arbeiterbewegung herausgefordert fand. Damit wurde der Antagonismus zwischen Bourgeoisie und Proletariat trat an die Stelle des Kampfes zwischen Bourgeoisie und Feudaladel. Für die bürgerlichen Sozialwissenschaften trifft seitdem

36 So ist für die Hegel-Rezeption in der dritten Etappe der allgemeinen Krise des Kapitalismus der Versuch charakteristisch, „Hegel für die Theorie der ‚Industriegesellschaft' in Anspruch zu nehmen ... Hegel, so heißt es nun, hätte als erster noch heute gültige Antworten auf das mit der französischen Revolution eingeleitete ‚industrielle' Zeitalter gegeben" (J. Streisand, Kritische Studien zum Erbe der deutschen Klassik. Fichte–W. v. Humboldt–Hegel, Berlin 1971 (Zur Kritik der bürgerlichen Ideologie, Bd. 7) S. 119).

zu, was Marx zur bürgerlichen politischen Ökonomie feststellte: „Mit dem Jahr 1830 trat die ein für allemal entscheidende Krise ein. Die Bourgeoisie hatte in Frankreich und England politische Macht erobert. Von da an gewann der Klassenkampf, praktisch und theoretisch, mehr und mehr ausgesprochene und drohende Formen. Er läutete die Totenglocke der wissenschaftlichen bürgerlichen Ökonomie. Es handelte sich jetzt nicht mehr darum, ob dies oder jenes Theorem wahr sei, sondern ob es dem Kapital nützlich oder schädlich, bequem oder unbequem, ob polizeiwidrig oder nicht. An die Stelle der uneigennützigen Forschung trat bezahlte Klopffechterei, an die Stelle unbefangener wissenschaftlicher Untersuchung das böse Gewissen und die schlechte Absicht der Apologetik."[37]

Die hauptsächlichen theoriegeschichtlichen Quellen der Modernisierungskonzeption sind erstens die bürgerlichen Entwicklungstheorien vornehmlich angelsächsischer Provenienz, die in England während der Blütezeit des Kapitalismus der freien Konkurrenz den Höhepunkt ihres Einflusses erreichten; zweitens die dichotomischen Gesellschaftsmodelle, mit denen bürgerliche Soziologen und Ethnologen seit dem letzten Drittel des 19. Jahrhunderts die qualitativen Unterschiede zwischen den vorkapitalistischen Gesellschaftsformationen und der kapitalistischen Gesellschaftsformation zu bestimmen und damit die kapitalistische Formation gedanklich zu verewigen suchten; drittens die historisch-soziologischen Auffassungen Max Webers; viertens der Funktionalismus der bürgerlichen Soziologie und der Ethnographie des 20. Jahrhunderts.

2.1. Bürgerliche Evolutionstheorien des 19. Jahrhunderts

Unter den Vertretern des Evolutionismus wird neben Auguste Comte (1798 bis 1857), dem Begründer der bürgerlichen Soziologie, insbesondere Herbert Spencer (1820–1903) als geistiger Ahnherr der Modernisierungskonzeption in Anspruch genommen.[38] Die gesellschaftstheoretischen Auffassungen des Evolutionismus im allgemeinen wie Comtes und Spencers im besonderen sind in doppelter Hinsicht Produkte des Verfalls der bürgerlichen Ideologie: sie sind bar jedes Materialismus und jeder Dialektik. Zwar hatte das Bürgertum Ansätze materialistischen und dialektischen Denkens hervorgebracht, während seiner gesamten Existenz jedoch weder den Materialismus noch die Dialektik konsequent

37 K. Marx, Das Kapital. Erster Band, in: Karl Marx/Friedrich Engels, Werke (im folgenden MEW), Bd. 23, Berlin 1969, S. 21.

38 „Obwohl ihre Terminologie etwas neuartig sein mag, ist die Art, in der die Modernisierungstheoretiker die Erforschung des sozialen Wandels in nichtwestlichen Gesellschaften betreiben, tief in der Perspektive des Evolutionismus verwurzelt, die in der konventionellen Weisheit der westlichen Sozialwissenschaften vor dem Ende des 19. Jh. begründet wurde" (D. C. Tipps, Modernization Theory and the Comparative Study of Societies: A Critical Perspective, in: Comparative Studies in Society and History, 15/1973, S. 200/201.)

zu Ende gedacht. Als das Proletariat als politischer Hauptgegner auf den Plan trat und dem Bürgertum die Frage nach der Perspektive des Kapitalismus aufzwang, versiegte das Interesse an einer Aufdeckung gesellschaftlicher Widersprüche. Aus dem Gesellschaftsbild wurde der Widerspruch als konstitutives Prinzip und verändernde Kraft verbannt. Gesellschaft wurde fortan unhistorisch als unveränderlicher, sich selbst erhaltender Organismus begriffen. Entwicklung wurde nicht mehr als Kampf der Widersprüche und als Umschlagen in neue Qualitäten, sondern als kontinuierlicher quantitativer Wachstumsprozeß aufgefaßt. Die einstmals progressive Idee der geschichtlichen Entwicklung als revolutionäres Werden *zum* Kapitalismus verflachte zur apologetischen Auffassung von der Entwicklung als evolutionärer Wandel *im* Kapitalismus. Gesellschaftsgeschichte wurde auf die „Geschichte der Herkunft und Zukunft einer sich perfektionierenden kapitalistischen Welt" reduziert.[39] Das führte notwendig zur Enthistorisierung der Soziologie, die in der zweiten Hälfte des 19. Jahrhunderts in Anspruch nahm, wesentlich historische Soziologie zu sein, die versuchte, die Gesellschaft historisch zu erfassen, doch war sie ihrem Inhalt nach zutiefst antihistorisch und positivistisch. Die dialektische Auffassung von der Widersprüchlichkeit des Fortschritts wurde aufgegeben, der Entwicklungsbegriff verwandelte sich in eine quantitative Kategorie.

Die Gesellschafts- und die Geschichtsauffassungen Comtes und Spencers sind für die Abkehr von der Dialektik charakteristisch.[40] Auguste Comte, Schüler und zeitweiliger Sekretär Saint-Simons, waren der Sozialismus wie auch die spontane Dialektik seines Lehrers fremd. Seine Soziologie war zugleich eine Kritik an der spekulativen bürgerlichen Geschichtsphilosophie wie eine „konservative Antwort auf den Sozialismus."[41] In ihr stellen Konsensus und Harmonie die konstituierenden Prinzipien dar, alles was Harmonie und Identität des Systems stört, gilt als pathologisch. Die Evolutionstheorie Spencers beinhaltet einen kontinuierlichen Fortschritt vom „Militarismus", worunter die vorkapitalistischen Gesellschaften, insbesondere der Feudalismus, verstanden wurden, zum „Industrialismus", worunter die idealisierte kapitalistische Gesellschaft verstanden wurde. In der „industriellen Gesellschaft" werde der soziale Zusammenhalt nicht mehr durch Gewalt, sondern durch „Sympathie" und Wissen garantiert. Die soziale Harmonie stelle sich um so vollkommener ein, je langsamer und behutsamer die Evolution voranschreitet.

Abkehr vom Materialismus bedeutet im sozialtheoretischen Denken den Verzicht auf die Erklärung der Gesellschaft aus ihren eigenen Zusammenhängen,

39 Soziale Systeme, Materialien zur Dokumentation und Kritik sozialogischer Theorie, hg. von K.-H. Tjaden, Neuwied–Berlin(West) 1971, S. 16.

40 Vgl. dazu I. S. Kon, Der Positivismus in der Soziologie, Geschichtlicher Abriß, Berlin 1968, Kap. 1, 2.

41 D. Martindale, The Nature and Types of Sociological Theory, Cambridge/Mass. 1960, S. 62.

vor allem durch Loslösung der Gesellschaft von ihrer ökonomischen Basis. Es entstand auf der einen Seite die bürgerliche Vulgärökonomie, die darauf verzichtet, die gesellschaftliche Entwicklung zu erklären und die es als ihre Hauptaufgabe betrachtet, die Mehrwertfrage aus der Ökonomie verschwinden zu lassen. Auf der anderen Seite entstand die bürgerliche Soziologie als reine „Geisteswissenschaft". Indem sie im 19. Jahrhundert mit dem Anspruch einer Universalwissenschaft der Gesellschaft auftrat und den wissenschaftlichen Nachweis des Fortschritts zu einer idealisierten kapitalistischen Gesellschaft als Gipfel der Menschheitsentwicklung führen wollte, dieser Nachweis aber mit den Mitteln der Ökonomie nicht mehr zu erbringen war, versuchte sie eine andere Basis zu finden.[42] Da die entökonomisierte bürgerliche Soziologie die Gesellschaft nicht aus ihren eigenen Zusammenhängen erklären konnte, mußte sie zu außergesellschaftlichen Erklärungen greifen. Angesichts des stürmischen Aufschwungs der Naturwissenschaften, namentlich der Physik und der Biologie, entlehnte sie diesen ihre Interpretationsmuster. Die gesellschaftliche Entwicklung wurde als Analogie zur Entwicklung in der Natur oder als Anpassung an diese aufgefaßt.

So verbanden Comte wie Spencer Naturgeschichte mit Gesellschaftsgeschichte. Comte betrachtete die Naturwissenschaft als rationelle Grundlage der gesellschaftlichen Entwicklung und wollte die Soziologie in eine „soziale Physik" verwandeln, die das Zusammenleben der Individuen und der Gruppen mit quantitativ-naturwissenschaftlichen Methoden untersucht und regelt. Die Quintessenz seiner gesellschaftstheoretischen Auffassungen legte er in seinem „Drei-Stadien-Gesetz" dar: mit finaler Notwendigkeit durchlaufe der menschliche Geist nacheinander das theologische oder fiktive, das metaphysische oder abstrakte und erreiche schließlich das wissenschaftliche oder positive Stadium. Diesen Stadien der geistigen Evolution entsprächen der Übergang vom priesterlich-militärischen Sozialsystem über eine Periode abendländischer Revolutionen zur modernen industriellen Gesellschaft, der rationalen Menschheitsgesellschaft. Spencer faßte die Gesellschaft als biologischen Organismus auf. Er erklärte die Ursachen der gesellschaftlichen Entwicklung mit der sozialdarwinistischen Theorie der natürlichen Auslese und dem biologischen Gedanken der Anpassung an die natürliche Umwelt. Er versuchte, Naturgeschichte und menschliche Geschichte unter einem gemeinsamen Gesetz zu erfassen, wonach die gesellschaftliche Entwicklung als Teil des kosmischen Differenzierungsprozesses von der „unzusammenhängenden Gleichartigkeit" zur „zusammenhängenden Ungleichartigkeit" verlaufe.[43]

42 Vgl. G. Lukács, Die Zerstörung der Vernunft, Berlin 1954, S. 461/462.

43 1868 schrieb Marx an Engels: „Wenn Du, wie ich, gezwungen gewesen wärst, die ökonomischen Artikel der Herren Lalor, Spencer Herbert, Macleod etc. in der Westminster Review etc. zu lesen, so würdest Du sehn, daß alle die ökonomischen Trivialitäten so zum Hals dick haben . . ., daß sie durch pseudophilosophical oder pseudoscientific slang die Schmiere zu würzen suchen. Der Pseudocharakter macht

2.2. Dichotomische Gesellschaftsmodelle im 19. Jahrhundert

Die Evolutionstheorie Spencers war bis zur Industriegesellschaftslehre der letzte bürgerliche Versuch einer dem Anspruch nach komplex angelegten, umfassenden Erklärung der gesellschaftlichen Entwicklung. Der Kontinuitätsbruch, der sich mit der Entstehung des modernen Industriekapitalismus vollzog, wurde von den meisten bürgerlichen Denkern als so kraß empfunden, daß sie die gesellschaftliche Entwicklung vom Feudalismus zum Kapitalismus in Form scharfer Gegensätze zwischen „Traditionalität" und „Modernität" reflektierten. Daraus folgte für die Theorienbildung die Vorstellung von sich ausschießenden Gesellschaftstypen mit eigenen funktionalen Beziehungen. An die Stelle der Evolutionstheorien des 19. Jahrhunderts traten seit dem letzten Drittel des 19. Jahrhunderts dichotomische Konstruktionen eindimensionalen Charakters. Ihr Prinzip bestand in der Kontrastierung von Strukturmerkmalen, die Anfangs- und Endpunkte der „Modernisierung" und damit „traditionelle" und „moderne" Gesellschaften kennzeichnen sollten.[44]

Bürgerliche Sozialtheoretiker griffen besonders hervorstechende Merkmale der kapitalistischen Gesellschaft heraus und gingen auf die Suche nach entsprechenden komplementären und zugleich kontrastierenden Merkmalen in den vorkapitalistischen Gesellschaften. Durch eine Gegenüberstellung dieser Merkmale wollten sie die Unterschiede zwischen den vorkapitalistischen Gesellschaften und dem Kapitalismus bestimmen und damit die Gesetzmäßigkeit der weltgeschichtlichen Entwicklung auf den Begriff bringen. Diese Methode mußte notwendig zu einer Verstärkung des Europazentrismus führen. Die Geschichte der entwickelten bürgerlichen Nationen Europas diente als Ausgangspunkt. Im Vergleich dazu erschien die Geschichte der weniger entwickelten Völker nur als eine „vorbereitende Etappe" oder als Abweichung von der Norm.[45]

Auf diese Weise wurde der geschichtliche Prozeß in symmetrische Dichotomien aufgespalten, deren eine Seite den (meist unbekannten) Ausgangspunkt, die andere den bekannten Endpunkt verkörperte. Die „symmetrische Soziologie"[46] löste die geschichtliche Entwicklung in unhistorische lineare Schemata auf, in denen die Geschichte einer einzigen Ursache zu entspringen schien und teleologisch einem einzigen Ziel, der bürgerlichen Gesellschaft, zustrebte. Er-

die Sache (die an sich = 0) keineswegs leicht verständlich. Umgekehrt. Die Kunst besteht darin, den Leser so zu mystifizieren und ihm Kopfbrechen zu verursachen, damit er schließlich zu seiner Beruhigung entdeckt, daß diese hard words nur Maskeraden von loci communes sind." Karl Marx, Brief an Friedrich Engels vom 23. Mai 1868, in: MEW, Bd. 32, Berlin 1974, S. 91.

44 P. Flora, Modernisierungsforschung, a. a. O., S. 21.

45 Vgl. I. S. Kon, Die Geschichtsphilosophie des 20. Jahrhunderts. Kritischer Abriß, Bd. II, Berlin 1964, S. 221 ff.

46 Vgl. W. Bühl, Evolution und Revolution. Kritik der symmetrischen Soziologie, München 1970.

kenntnistheoretisch handelte es sich dabei um antihistorische Überspannungen einzelner Seiten des gesellschaftlichen Gesamtprozesses. Niemand versuchte die gesellschaftliche Entwicklung von ihren wirklichen materiellen Ursachen komplex zu fassen, jeder schien einen anderen Trend zu beschreiben. In Wirklichkeit wurde jedoch der Dichotomien-Katalog einschließlich der Wertimplikationen von Denker zu Denker mit mehr oder weniger großen Modifikationen weitergegeben, bis er schließlich von den Modernisierungstheoretikern aufgegriffen und für die Bedürfnisse der Gegenwart zurechtgestutzt wurde. Durch „idealtypische" Überhöhung der jeweiligen Trends wurde ein System von abstrakten Kontrastbegriffen begründet, das an die Stelle der Analyse des wirklichen Geschichtsprozesses trat.[47] Aus der Vielzahl dichotomischer Denkfiguren[48] seien folgende als die einflußreichsten skizziert. Spencers Dichotomien „Militarismus-Industrialismus" und „Homogenität-Differenzierung" übten einen nachhaltigen Einfluß auf die spätbürgerliche, insbesondere anglo-amerikanische Soziologie aus.

Der englische Ethnologe Henry Sumner Maine (1822–1888) erblickte den grundlegenden Unterschied zwischen der kapitalistischen und den vorkapitalistischen Gesellschaften im Unterschied der sozialen Bindungen: während die vorkapitalistischen Gesellschaften vorwiegend auf Standesbeziehungen beruhten, bestehe die primäre soziale Bindung der kapitalistischen Gesellschaft in vertraglichen Beziehungen. Die gesellschaftliche Entwicklung verlaufe demnach vom „Status" zum „Kontrakt". Diese Entwicklungsauffassung, zuerst in dem Werk „Ancient Law" (1861)[49] formuliert, lag auch den „Lectures on the Early History of Institutions" (1875) zugrunde, die Marx in den Jahren 1880/82 neben anderen ethnographischen Werken[50] exzerpierte. Maines Interpretation des Gemeindeeigentums als despotische Macht über die Persönlichkeit, bemerkte Marx, entspreche dem bürgerlichen Individualismus und diene dem Bestreben, den urgesellschaftlichen Gemeindeverhältnissen die moderne bürgerliche Gesellschaft als Verkörperung individueller Freiheit gegenüberzustellen. „Das ganze Primitive fasst d. englische Philister Maine auf as 'the despotism of groups over the members composing them' (p. 327)! Damals hatte Bentham – nämlich in d. Urzeiten – noch nicht die nach Maine merkwürdig die Neuzeit repräsentierende Formel u. Treibwerk d. 'modernen' Gesetzgebung erfunden: 'The

47 Gegen diese rigorose Dichotomisierung wandten sich bürgerliche Historiker aus ihrer Ablehnung jeder Gesetzmäßigkeit im gesellschaftlichen Leben (vgl. G. v. Below, Probleme der Wirtschaftsgeschichte, Berlin 1926, S. 411, 491; F. Lütge, Deutsche Wirtschafts- und Sozialgeschichte, Berlin 1952, S. 126 ff.; Vgl. auch: Handwörterbuch der Staatswissenschaften, 4. Aufl., Jena 1924, Artikel „Kapitalismus"; M. Weber, Gesammelte Aufsätze zur Wissenschaftslehre, Tübingen 1922, S. 204.

48 Vgl. den Überblick bei H.-P. Dreitzel, Sozialer Wandel. Zivilisation und Fortschritt als Kategorien der soziologischen Theorie, Neuwied–Berlin(West) 1967, S. 58/59.

49 H. S. Maine, Ancient Law, hg. von F. Pollok, New York 1906.

50 Vgl. Karl Marx. Biographie, Berlin 1975, S. 707.

greatest happiness of the greatest number'. O Du Pecksniff!"[51] Marx kritisierte die „einstige Herausarbeitung der Individualität" durch „blockhead Maine", d. h. ihre von den Bindungen an Klasseninteressen und deren ökonomische Basis isolierte Betrachtung. „Was aber die wahre Natur der letzteren zeigt sich erst wenn wir d. Inhalt – d. Interessen dieser ‚letzteren' analysiren. Wir finden dann, dass diese Interessen selbst wieder gewissen gesellschaftlichen Gruppen gemeinsame u. sie charakterisirende Interessen, Klasseninteressen etc. sind, also diese Individualität selbst Klassen – etc. Individualität ist u. diese in letzter Instanz haben alle ökonomischen Bedingungen zur Basis."[52]

Marx setzte sich auch mit der Auffassung Maines auseinander, den Staat als eine unabhängige und ewige gesellschatfliche Macht darzustellen. „Maine ignores ..., dass d. scheinbare supreme selbständige Existenz des Staates selbst nur scheinbar u. dass er in allen seinen Formen eine excrescence of society is; wie seine Erscheinung selbst erst auf eine gewisse Stufe der gesellschaftlichen Entwicklung vorkömmt, so verschwindet sie wieder, sobald d. Gesellschaft eine bisher noch nicht erreichte Stufe erreicht hat."[53]

Der französische Soziologe Émile Durkheim (1858–1917) verallgemeinerte seine Untersuchung der Arbeitsteilung von den Frühformen der Gesellschaft bis zur Gegenwart zu der Schlußfolgerung, daß die gesellschaftliche Entwicklung von der „mechanischen Solidarität" der primitiven Gesellschaften zur „organischen Solidarität" in Gesellschaften mit entwickelter Arbeitsteilung verlaufe. Unter „mechanischer Solidarität" verstand er – ähnlich wie Maine – die Unterwerfung der Individuen unter Tradition und Sitte der Gemeinschaft, die keine Veränderungen der auf Erbschaft beruhenden Herrschaftsverhältnisse zulasse. Mit „organischer Solidarität" bezeichnete er die wechselseitige Abhängigkeit der Individuen in der modernen bürgerlichen Gesellschaft.[54] Durkheim hielt den Übergang von der „mechanischen" zur „organischen Solidarität" für ein Geschichtsgesetz und für den Hauptfaktor des Fortschritts. Es ist unschwer zu erkennen, daß Durkheims „organische Solidarität" nichts anderes war als ein idealisiertes Bild der kapitalistischen Gesellschaft, die dem feudalen außerökonomischen Zwang gegenübergestellt wurde, verschleiert durch den „freiwilligen" Vertrag zwischen rechtlich freien Lohnarbeitern und kapitalistischen Unternehmern.[55]

51 The Ethnological Notebooks of Karl Marx (Studies of Morgan, Phear, Maine, Lubbock). Transcribed and edited with an Indroduction by L. Krader, Assen 1972, S. 326. (Pecksniff, Name eines Charakters in „Martin Chuzzlewit" von Charles Dickens, danach umgangssprachliche Bezeichnung für einen salbungsvollen Heuchler, der ständig von Wohltätigkeit schwätzt).

52 Ebenda, S. 329

53 Ebenda.

54 É. Durkheim, De la division du travail social. Etude sur l'organisation des societés supérieures, Paris 1893.

55 Vgl. I. S. Kon, Der Positivismus in der Soziologie, a. a. O., S. 85.

Der deutsche Soziologe Ferdinand Tönnies (1899–1936) griff den von Maine konstruierten Gegensatz von „ständischer" und „kontraktueller" Gesellschaft auf und stellte in seinem 1887 erschienenen, für lange Zeit einflußreichsten Buch der bürgerlichen deutschen Soziologie „Gemeinschaft und Gesellschaft"[56] den Gegensatz zwischen der klassenlosen Urgesellschaft und der kapitalistischen Gesellschaft in den Mittelpunkt seiner Gesellschaftstheorie. Diese von Marx entlehnten Kategorien zur Kennzeichnung konkret-historischer Gesellschaftsformationen wurden enthistorisiert und zu überhistorischen Wesenheiten verflüchtigt. Mit seiner Unterscheidung der romantisch verklärten „Gemeinschaft" und der „mit den Augen des romantischen Antikapitalismus"[57] gesehenen „Gesellschaft" (nach seiner Auffassung Kapitalismus und Sozialismus als rationale, technisierte Zivilisationen), die zur Zerstörung der menschlichen Solidarität und aller organischen Bindungen führe, entwickelte er eine „reaktionäre Sehnsuchtsutopie" (W. Heise), an die später reformistische Konzeptionen eines „dritten Weges" kulturpessimistische Ideen mit ihrer Verabsolutierung des falschen Gegensatzes zwischen Kultur und Zivilisation wie auch – trotz Tönnies' überzeugtem Antifaschismus[58] – die präfaschistische Soziologie (Kapitalismus als Dekadenz – H. Freyer) und die faschistische antikapitalistische Demagogie anknüpfen konnten. T. Parsons ordnete den Begriffen „Gemeinschaft" und „Gesellschaft" ein komplexes Alternativschema von Orientierungsweisen (pattern variables) zu.[59]

Weitere dichotomische oder trichotomische Entwicklungsmodelle stammen von A. Bogdanow (1873–1928), der die Gentilgemeinde und den Feudalismus als Spielarten des „Naturaltyps" der Wirtschaft, Sklaverei und Kapitalismus als verschiedene Epochen der „Tauschwirtschaft" darstellte[60]; A. Small (1864–1926) und G. Ratzenhofer (1824–1904), die eine Entwicklung vom „Erobererstaat" zum „Kulturstaat" annahmen; L. T. Hobhouse (1864–1929), der einem Trend von einer Gesellschaft das Wort redete, die auf Verwandtschaftsverhältnissen beruhte, über ein Stadium, in dem die Gesellschaft auf Autorität gebaut sei bis zum Endstadium der „freien Staatsbürgerschaft"; F. H. Giddings (1855–1931), der zoogene, anthropogene, ethnogene und demogene Stadien der soziokulturellen Entwicklung unterschied; K. Polanyi, der Anfang der fünfziger Jahre des 20. Jahrhunderts zwei Wirtschaftstypen unterschied: die primitive Subsistenz- und die Marktwirtschaft bzw. markt- und nicht-marktwirtschaftliche Verhältnisse; C. Lévy-Strauss (geb. 1908), der in der Entwicklung der Menschheit „kalte" und „warme" Gesellschaften unterschied: die ersteren seien die „stationären" Ur- und

56 F. Tönnies, Gemeinschaft und Gesellschaft. Grundbegriffe der reinen Soziologie, 6. und 7. Aufl., Berlin 1926.

57 G. Lukács, Die Zerstörung der Vernunft, a. a. O., S. 468.

58 Vgl. G. Rudolph, Ferdinand Tönnies und der Faschismus, in: Wiss. Z. Humboldt-Univ. Berlin, Ges.- u. Sprachwiss. R., 3/1965, S. 339 ff.

59 Fischer-Lexikon. Soziologie, Frankfurt a. M. 1958, S. 88.

60 Geschichte der Philosophie, Bd. VI, Berlin 1967, S. 206.

Gentilgesellschaften sowie die sog. asiatischen Klassengesellschaften ohne Dynamik, die zweiten die europäischen und amerikanischen „Industriegesellschaften".

Diese bei weitem nicht vollständige Aufzählung belegt eine besonders in den angelsächsischen bürgerlichen Sozialtheorien bis in die Gegenwart wirkende Tradition dichotomischen Denkens, auf der die Modernisierungstheorien aufbauen konnten.

2.3. Historisch-soziologische Auffassungen Max Webers

Der volle Sieg des Kapitalismus im Weltmaßstab[61] und die geschichtliche Tatsache der Pariser Kommune 1871 stellen für das bürgerliche sozialtheoretische Denken einschneidende Zäsuren dar. In der Auseinandersetzung mit der ersten proletarischen Revolution der Weltgeschichte wurde es unumgänglich, sich mit der Perspektive des Kapitalismus auseinanderzusetzen. Mit dem Übergang vom historischen Aufstiegsstadium der kapitalistischen Gesellschaftsordnung, dem Kapitalismus der freien Konkurrenz, zu seiner historischen Niedergangsperiode, dem Imperialismus, dem „Vorabend der proletarischen Revolution" (W. I. Lenin), drängte sich bei der historisch-gesellschaftstheoretischen Legitimierung des Kapitalismus unausweichlich die Auseinandersetzung mit dem Sozialismus auf. Dieser Epochenwechsel spiegelt sich im Argumentationswechsel der bürgerlichen Gesellschaftstheorien wider. Die bürgerlichen Gesellschaftstheorien sowie die dichotomischen Gesellschaftsmodelle des 19. Jahrhunderts hatten noch im wesentlichen die Unterschiede zwischen der feudalen und der kapitalistischen Arbeitsorganisation, der feudalen politischen Struktur und dem bürgerlich-liberalen Herrschaftssystem des Kapitalismus der freien Konkurrenz in den Mittelpunkt gestellt und zugeich den Kapitalismus als die beste aller Welten gegen Feudaladel und Proletariat verteidigt.

Nunmehr setzt sich endgültig eine Argumentationslinie durch, die erstmals mit der industriellen Revolution aufkam: die kapitalistische Gesellschaftsordnung wird zunehmend mit der industriellen Produktion an sich identifiziert, und ihre Wesenszüge werden als der industriellen Produktion entspringende und daher „ewige" Wesenszüge der „Maschinen-Zivilisation" begriffen. Dieser Argumentationswechsel hatte seine reale Basis in den Veränderungen der Produkions--technik. Während z. B. dem Werk von Adam Smith Manufaktur und Kleinindu-

61 Der Prozeß der vollen Durchsetzung des Kapitalismus im Weltmaßstab umfaßt den Zeitraum von 1789 bis 1871. Diese „Epoche von der großen französischen Revolution bis zum deutsch-französischen Krieg", schrieb Lenin, „ist die Epoche des Aufstiegs und des vollen Sieges der Bourgeoisie. Es ist dies die aufsteigende Linie der Bourgeoisie, die Epoche der bürgerlich-demokratischen Bewegungen im allgemeinen und der bürgerlich-nationalen Bewegungen im besonderen, die Epoche, in der die überlebten feudal-absolutistischen Institutionen rasch zerbrochen werden." W. I. Lenin, Unter fremder Flagge, in: Werke, Bd. 21, Berlin 1972, S. 135.

strie zugrunde lagen, David Ricardo, obwohl er sich der Bedeutung des Maschinensystems bewußt war, der maschinellen Großproduktion dennoch eine verhältnismäßig untergeordnete Bedeutung beimaß, gingen die ökonomischen und soziologischen Theorien seit dem letzten Drittel des 19. Jahrhunderts von der irreversiblen Existenz der maschinellen Großindustrie als Produktions- und technologische Grundlage des modernen Kapitalismus und der auf ihr beruhenden Vergesellschaftung aus. Dabei wurde die maschinelle Revolution der Produktivkräfte, die bis dahin fundamentalste Wende in der Geschichte der Produktivkräfte, in wachsendem Maße allein unter dem Aspekt der Auseinandersetzung des Menschen mit der Natur gesehen. Daß sie aufgrund ihres gesellschaftlichen Charakters die Vergesellschaftung der Produktionsmittel erfordert – im Unterschied zu den bis dahin vorherrschenden Handinstrumenten, die individuellen Charakter trugen und denen der individuelle Arbeitsprozeß und das Privateigentum an Produktionsmitteln entsprachen –, daß also der gesellschaftliche Charakter der maschinellen Großproduktion und des Arbeitsprozesses dem Privateigentum an den Produktionsmitteln die frühere geschichtliche Notwendigkeit entzieht und damit die Grundlage für den gesetzmäßigen Übergang zum Kommunismus darstellt,[62] blieb außerhalb dieser Betrachtungsweise. Damit versperrte sich das bürgerliche Geschichtsdenken zugleich den Ansatz für das historische Verständnis des Kapitalismus. Denn die kapitalistische Produktionsweise stellt nicht nur schlechthin ein Durchgangsstadium zu einer neuen Gesellschaftsordnung dar. Ihre historische Aufgabe besteht vielmehr darin, durch die Revolutionierung der Produktivkräfte die materiellen Voraussetzungen für den Sozialismus zu schaffen. „Diese zersplitterten, engen Produktionsmittel zu konzentrieren, auszuweiten, sie in die mächtig wirkenden Produktionshebel der Gegenwart umzuwandeln, war gerade die historische Rolle der kapitalistischen Produktionsweise und ihrer Trägerin, der Bourgeoisie."[63]

Statt dessen wurde die Produkivkraftentwicklung von den Produktionsverhältnissen getrennt und zum hauptsächlichen Klassifizierungsmerkmal von Gesellschaften erhoben: die Länder der Welt wurden fortan in „entwickelte" und „unentwickelte" Gesellschaften eingeteilt.

Mit der Großen Sozialistischen Oktoberrevolution 1917 entstand eine grundlegend neue Situation für die Zukunftserwartung des kapitalistischen Systems. Bis dahin negierte die bürgerliche Ideologie den Sozalismus als Möglichkeit und drohende Gefahr, von nun an wurde sie mit der Praxis des siegreichen Sozialismus konfrontiert. Der praktische Beweis für die Überlebtheit des Kapitalismus durch den Aufbau des Sozialismus zunächst in einem Land zerstörte endgültig die bürgerlichen Illusionen von der Ewigkeit, der Normalität und der Selbst-

62 Vgl. E. Hoffmann, Stellung, Gegenstand und Gliederung der Geschichtswissenschaft Berlin, 1974, S. 102/103 (MS).

63 F. Engels, Herrn Eugen Dührings Umwälzung der Wissenschaft (Anti-Dühring), in: MEW, Bd. 20, Berlin 1973, S. 250.

verständlichkeit des Kapitalismus. Das traf den „Lebensnerv der bürgerlichen Ideologie. Sie muß nun ihre eigene geschichtliche Negation als objektive Realität spiegeln."[64] Die Auseinandersetzung mit dem realen Sozialismus wird fortan zum Hauptinhalt bürgerlicher Gesellschaftstheorien.

Der Argumentationswechsel bei der Legitimierung des Kapitalismus erforderte allerdings entgegengesetzte Begründungen: während die Unterschiede zu den vorkapitalistischen Gesellschaften in jeder Beziehung scharf kontrastierend betont werden konnten, ist dies gegenüber dem Sozialismus von der produktionstechnischen Basis her nicht möglich. Der Sozialismus basiert auf der vom Kapitalismus hervorgebrachten maschinellen Großindustrie; diese und die Vergesellschaftung stellen seine objektiven Voraussetzungen dar. „Die einzige materielle Grundlage des Sozialismus", schreibt Lenin, „kann nur die maschinelle Großindustrie sein."[65] Dadurch wird es im Unterschied zur Abgrenzung von den vorkapitalistischen Gesellschaftsformationen mögich, den Sozialismus als Gesellschaft des gleichen Typs aufzufassen. Er erscheint in der bürgerlichen Ideologie ebenfalls als „Maschinen-Zivilisation" und *insofern* als vom Kapitalismus nicht grundsätzlich verschieden. Das ermöglicht einerseits industriegesellschaftstheoretische und konvergenztheoretische Deutungen des Sozialismus. Andererseits benötigt die Bourgeoisie gegenüber dem Sozialismus eine andere Legitimierung als gegenüber den vorkapitalistischen Gesellschaftsformationen. Alle antisozialistischen Argumentationen der spätbürgerlichen Ideologie laufen entweder auf den Nachweis der ökonomischen und sozialen Unmöglichkeit des Sozialismus, d. h. seiner Unfähigkeit zur rationellen Handhabung der maschinellen Großindustrie oder – im Falle der Anerkennung der Möglichkeit des Sozialismus – auf die Prognose einer „totalitären" Übersteigerung und Perfektionierung der dem Kapitalismus innewohnenden, in ihm jedoch durch Gewaltenteilung, Dezentralisierung der Macht und pluralistische Vielfalt der Privateigentümer-Interessen gebremsten und gemilderten Tendenzen zur Bürokratisierung, „Verapparatlichung", Vermassung usw. hinaus. Stets kulminieren sie darin, den Kapitalismus als notwendiges, nicht mehr wesentlich veränderbares System zu legitimieren.

Das historisch-soziologische Denken Max Webers (1864–1920) vollzog die Wendung in der klassenmäßigen Stoßrichtung und in der Argumentation am konsequentesten. In dieser verkörperte er die zweite Variante: Bereits vor der Großen Sozialistischen Oktoberrevolution hielt er die Errichtung einer sozialistischen Gesellschaftsformation für real möglich, erblickte in ihr jedoch keine Lösung der Widersprüche des Kapitalismus, sondern eine Verschärfung.

Max Weber war der wohl konzeptionell bedeutendste wie folgenreichste bürgerliche Gesellschaftstheoretiker in der Epoche des Imperialismus, obwohl zwischen seinem Werk und seiner Wirkung fast ein halbes Jahrhundert liegt – eine

64 W. Heise, Aufbruch in die Illusion, Berlin 1964, S. 243.

65 W. I. Lenin, Thesen zum Referat auf dem III. Kongreß der Kommunistischen Internationale über die Taktik der KPR (ursprünglicher Entwurf), in: Werke, Bd. 32, Berlin 1972, S. 481.

ideologiegeschichtlich keineswegs selten anzutreffende Erscheinung. „Die Hegelsche Eule der Minerva beginnt mitunter erst in der Nacht, die auf den nächsten weltgeschichtlichen Tag folgt, ihren Flug."[66] Die verspätete, dafür aber um so nachhaltigere Wirkung Webers beruht in der Hauptsache darauf, daß er bereits um die Jahrhundertwende bestimmte Momente der allgemeinen Krise, in die der Kapitalismus in der Epoche des Übergangs vom Kapitalismus zum Sozialismus eintrat, theoretisch vorwegnahm. Die eigentliche Wirkungsgeschichte Webers beginnt erst nach dem zweiten Weltkrieg. Den Anstoß zu seiner Rezeption in der US-amerikanischen Soziologie gaben die „weltgeschichtlichen Probleme Amerikas nach dem zweiten Weltkrieg", die zu einer „geistigen Neuorientierung" anregten.[67] Seitdem erlebten Webers Ideen im gesellschaftstheoretischen Denken der kapitalistischen Welt eine Renaissance.[68] Von Weber, dem „bürgerlichen Marx",[69] der neben Marx „anregendsten Figur einer Historischen Sozialwissenschaft",[70] sind alle bürgerlichen Gesellschaftstheoretiker in der zweiten Hälfte unseres Jahrhunderts, teils ihn direkt rezipierend, teils gegen ihn polemisierend, in jedem Falle aber von ihm inspiriert, nachhaltig beeinflußt worden.

In Webers außerordentlich vielschichtigem, weitgehend fragmentarischem und z. T. widerspruchsvollem Werk stellen Genese und Struktur des okzidentalen Kapitalismus die zentralen Themen dar. Im Mittelpunkt steht die Frage nach der Entstehung des modernen Kapitalismus oder nach den Gründen seines Ausblei-

66 K. Braunreuther, Probleme der Geschichte der bürgerlichen Soziologie, Berlin 1975, S. 38.

67 G. Roth/R. Bendix, Max Webers Einfluß auf die amerikanische Soziologie, in: Kölner Zeitschrift für Soziologie und Sozialpsychologie. 1/1959, S. 49/50.

68 Während Webers Werk in Deutschland in der Weimarer Republik verhältnismäßig wenig beachtet und während der faschistischen Diktatur faktisch totgeschwiegen wurde, erlebte es in den USA eine nachhaltige Rezeption. T. Parsons promovierte 1927 in Heidelberg mit dem Thema „Der Begriff des Kapitalismus in den Theorien von Max Weber und Werner Sombart". ("Capitalism" in Recent German Literature: Sombart and Weber, in: The Journal of Political Economy, Chicago/Ill., 36/1928, S. 641–661, 37/1929, S. 31–51). Parsons übersetzte 1931 Webers Schrift „Die protestantische Ethik und der Geist des Kapitalismus". C. W. Mills legte 1946 eine Übersetzung wichtiger Aufsätze Max Webers vor. (H. Gerth/C. W. Mills, From Max Weber: Essays in Sociology, New York 1946.) 1947 veröffentlichte Parsons Auszüge aus „Wirtschaft und Gesellschaft" (The Theory of Social and Economic Organisation, New York 1947). Eine marxistische Untersuchung der Wirkungsgeschichte Max Webers steht noch aus. Vgl. dazu von bürgerlicher Seite G. Roth/R. Bendix, Max Webers Einfluß auf die amerikanische Soziologie a. a. O.; R. Bendix, Max Weber – Das Werk. Darstellung – Analyse – Ergebnisse, München 1964; R. Bendix/G. Roth, Scholarship and Partisanship. Essays on Max Weber, Berkeley 1971.

69 A. Salamon, Max Weber, in: Die Gesellschaft, Berlin, 2/1926, S. 144.

70 H.-U. Wehler, Vorüberlegungen zu einer modernen deutschen Gesellschaftsgeschichte, a. a. O., S. 20.

bens. Ihrem stofflichen Gehalt und ihrer Form nach wirtschaftshistorisch und soziologisch angelegt, sind seine Studien Auseinandersetzungen um die Perspektive des Kapitalismus in Frontstellung zur revolutionären Arbeiterbewegung und zum Marxismus. Webers Hauptanliegen war es, der bürgerlichen Gesellschaft unter den Bedingungen des Imperialismus und der auf der Tagesordnung stehenden proletarischen Revolution eine neue historisch-theoretische Legitimierung zu verschaffen. In den Modernisierungstheorien werden vor allem Webers Erklärung des Kapitalismus aus der Ideologie, die Wesensbestimmung des Kapitalismus als Rationalität und die Sozialismus-Interpretation aufgegriffen und in allgemeingültige Interpretationsraster verwandelt.

1. *Die Erklärung des Kapitalismus aus der Ideologie*

Weber gab zwar „keine eindeutige kausaldeterminierte Ableitung der Entstehungsursachen des Kapitalismus aus religiösem Geist", legte jedoch den Sachverhalt so geschickt dar, daß der Leser „auf seine eigene Verantwortung philosophisch-idealistische Schlüsse zieht und den historischen Materialismus als erledigt betrachtet."[71] So wird faktisch eine Umstülpung des Verhältnisses von Basis und Überbau, insbesondere von Ökonomie und Ideologie, vorgenommen, das Primat der Ökonomie bestritten und das Wechselverhältnis von Ökonomie und Religion auf den Kopf gestellt, da die Entstehung des modernen Kapitalismus aus der Herausbildung des Calvinismus und des Puritanismus in einigen Ländern Westeuropas abgeleitet wird. Um dies zu beweisen, entwarf Weber eine Weltgeschichte der Religionen, die in der These kulminierte, daß nur der Protestantismus in Westeuropa eine kapitalistische Wirtschaftsethik der Akkumulation, der Rationalisierung und der Kalkulierbarkeit hervorgebracht habe, während alle asiatischen und antiken Religionen die Entfaltung einer kapitalistischen Wirtschaftsethik gehemmt hätten bzw. ausschlössen. Die Ignorierung der ursprünglichen Akkumulation als wesentliche Konstitutionsbedingung des Kapitalismus wird von den Modernisierungstheoretikern nicht nur deshalb aufgegriffen, um den Kolonialismus der Kritik aus der „Dritten Welt" zu entziehen, sondern um dieser die Übertragung und die Nachahmung der im Okzident so erfolgreichen kapitalistischen Wirtschaftsethik anzuempfehlen und einen Wandel durch die Macht der Idee zu suggerieren. Dabei gehen sie insofern über Weber hinaus, als sie die historisch entstandenen kapitalistischen Ideen und Institutionen aus ihren Entstehungsbedingungen herauslösen und zu normativen Entwicklungsbedingungen mit universeller Gültigkeit für alle Gesellschaften in der „Modernisierung" erheben. So hebt Parsons aus dem gesellschaftlichen Entwicklungsprozeß „Universalien" heraus (Religion, Sprache, differenzierte gesellschaftliche Funktionen, eine Bürokratie, die größere Zielprojekte der Gesellschaft verwirklichen kann, Geld- und Marktorganisation, die Ausbildung demokratischer Nor-

71 K. Braunreuther, Ökonomie und Gesellschaft in der deutschen bürgerlichen Soziologie, in: Fragen der marxistischen Soziologie (Teil II), Berlin 1964 (Sonderband der Wiss. Z. der Humboldt-Univ. zu Berlin), S. 87/88

men, die den Konsensus herstellen, u. a.), deren Ausbildung einen Wandel des Wertesystems und damit eine strukturelle Wandlung auslöse. Max Weber folgend, stellt er die Untersuchung der Religionen und ihrer Auswirkungen auf das gesellschaftliche Wertesystem in das Zentrum der Betrachtung. Mit den zentralen Begriffen Norminstitutionalisierung, Handlungsorientierung, Differenzierung, Integration und Stabilisierung beschreibt er die Anpassungskapazitäten einer Gesellschaft im Hinblick auf ihre Modernisierung. Sein Maßstab ist der gegenwärtige Kapitalismus, dessen Strukturen in die Gechichte zurückprojiziert und damit als verbindlich und unausweichlich erklärt werden. Abweichungen von dieser Norm erscheinen als mißratene Anpassungsleistungen von Gesellschaften, alternative Entwicklungsmöglichkeiten haben in diesem Denken keinen Platz.[72] Der amerikanische Soziologe Daniel Lerner leitet die „soziale Mobilisierung" aus der „psychischen Mobilisierung" ab: diejenigen Personen, die am schnellsten „moderne", d. h. kapitalistische Werte und Verhaltensweisen übernehmen, unterscheiden sich von den traditionsverhafteten Personen durch einen hohen Grad von „Empathie", d. h. einer psychischen Mobilität, die rationale Kalkulation, Planung und Mobilität als Voraussetzung für die Ingangsetzung des Modernisierungsprozesses ermöglichen.[73]

2. *Die Reduzierung des Kapitalismus auf Rationalität*

Als Wesen des Kapitalismus erscheinen bei Weber die Rationalisierung der Ökonomie und die Kalkulierbarkeit aller ökonomisch sozialen Prozesse. Rationalität und Kalkulierbarkeit werden von ihren sozialökonomischen Grundlagen, der Mehrwertproduktion und der Kapitalakkumulation gelöst und *in ihrer kapitalistischen Form* in überhistorische, zeitlose Kategorien der „modernen" Gesellschaft verwandelt. Damit war der Ansatz gegeben, die kapitalistische Rationalität auch zum Wesen der sozialistischen Gesellschaft zu erheben und die sozialökonomischen und politisch-ideologischen Unterschiede zwischen Kapitalismus und Sozialismus für sekundär zu erklären. So erblickte Weber in der marxistischen Theorie nichts weiter als einen Seitentrieb der bürgerlichen Rationalität. Durch Rezeption des Weberschen Rationalitätsbegriffs erscheint in den Modernisierungstheorien der postulierte kapitalistische Entwicklungsweg in der „dritten Welt" als klassenindifferenter Prozeß. Einige Modernisierungstheoretiker identifizieren einfach Entwicklung mit Zunahme an Rationalität,[74] andere erblicken im Sinne der von Weber aufgestellten vier Typen des sozialen Handelns (zweckrationales, wertrationales, affektuelles und traditionales Handeln) Entwicklung als Lösung vom traditionellen und affektuellen Handeln bei Hinwendung zum

72 T. Parsons, Evolutionäre Universalien der Gesellschaft, in: Theorien des sozialen Wandels, a. a. O., S. 55 ff. Vgl. H. Schissler, Theorien des sozialen Wandels, a. a. O., S. 162/163.

73 D. Lerner, The Passing of Traditional Society, Glencoe 1958.

74 Vgl. M. Ginsberg, Towards a Theory of Social Development: „The Growth of Rationality", in: R. Aron/B. F. Hoselitz, Social Development, Paris 1965, S. 27 ff.

wert- und zweckrationalen Handeln,[75] andere wiederum versuchen ein Zwecke und Werte vermittelndes Modell zu konstruieren.[76]

Tatsächlich gibt es keine von der jeweiligen Gesellschaftsformation unabhängige Rationalität. Wie Marx 1847 in seiner Schrift „Das Elend der Philosophie" herausarbeitete, sind alle gesellschaftlichen Kategorien konkret-historisch bestimmt. Sie sind „ebensowenig ewig wie die Verhältnisse, die sie ausdrücken. Sie sind *historische, vergängliche, vorübergehende Produkte*".[77] Das gilt auch in vollem Maße für die Kategorie „Rationalität", deren Inhalt stets durch eine konkret-historische Gesellschaftsformation geprägt und durch bestimmte Klasseninteressen determiniert wird.[78]

3. *Die Sozialismus-Interpretation*

Weber legte seiner Sozialismus-Auffassung einen verstümmelten Sozialismus-Begriff zugrunde.[79] Er verstand darunter einseitig die Ausschaltung des Privatkapitalismus und die Sozialisierung, die er wesentlich mit der Bürokratisierung gleichsetzte. Das Problem der Bürokratisierung spielte eine zentrale Rolle in seinem Denken. Weber sah die Bürokratisierung als unausweichliche Folge der Rationalisierung an und prognostizierte eine allen industriellen Gesellschaften entsprechende immanente Tendenz: Der industrielle Produktionsapparat unterwerfe sich den Menschen; seinen Zwängen und Apparaturen sei die Menschheit unentrinnbar ausgeliefert. Die Ausschaltung des Privatkapitalismus brächte keine Überwindung des Bürokratisierungsprozesses, sondern seine Verstärkung: „Zunehmende ‚Sozialisierung' bedeutet heute unausweichlich zugleich zunehmende Bürokratisierung," denn diese sei die „formal *rationalste* Form der Herrschaftsausübung" und als solche „ist sie für die Bedürfnisse der *Massen*verwaltung ... heute schlechthin unentrinnbar".[80]

Die Ableitung der Bürokratisierung aus der Rationalisierung verknüpfte Weber mit seiner falschen Auffassung vom sozialistischen Staat. Da er in der Diktatur des Proletariats nur Konzentration von Macht und Anwendung von Gewalt, nicht aber die Organisierung einer neuen Gesellschaft, nur ihre zerstörende, nicht aber ihre aufbauende Seite sah[81] und das Wesen der sozialistischen Demokratie

75 Vgl. M. Levy, The Structure of Society, Princeton 1952; D. Apter, The Politics of Modernization, Chicago 1965.

76 Vgl. G. A. Almond/J. S. Coleman, The Politics of Developing Areas, Princeton 1960.

77 K. Marx, Das Elend der Philosophie, in: MEW, Bd. 4, Berlin 1974, S. 130.

78 Vgl. dazu ausführlich: R. Sieber/G. Söder, Ideologie und wirtschaftliche Rationalität im sozialistischen Gesellschaftssystem, in: Dt. Z. Philos., 7/1968, S. 787 ff.

79 Zur Sozialismus-Auffassung Max Webers vgl. G. Korf, Ausbruch aus dem „Gehäuse der Hörigkeit", Berlin 1971 (Zur Kritik der bürgerlichen Ideologie, Bd. 5), S. 35 ff.

80 M. Weber, Wirtschaft und Gesellschaft, Tübingen 1922, S. 141.

81 „Aber nicht in der Gewalt allein und nicht hauptsächlich in der Gewalt besteht das Wesen der proletarischen Diktatur. Ihr Hauptwesen besteht in der Organisation und Disziplin der fortgeschrittensten Abteilung der Werktätigen, ihrer Avantgarde,

nie begriff,[82] sah er im Sozialismus die perfektionierte Vollendung der auch in der kapitalistischen Rationalisierung angelegten Tendenz zur Zerstörung der Freiheit. „Die staatliche Bürokratie herrschte, wenn der Privatkapitalismus ausgeschaltet würde, *allein.* Die jetzt neben und, wenigstens der Möglichkeit nach, gegeneinander arbeitenden, sich also immerhin einigermaßen noch gegenseitig in Schach haltenden privaten und öffentlichen Bürokratien wären in einzige Hierarchie zusammengeschmolzen. Etwa wie in Ägypten und im Altertum, nur in ganz unvergleichlich rationalerer und deshalb: unentrinnbarerer Form".[83]

Die Rezeption der Sozialismus-Auffassung Webers unterlag den wechselnden Bedürfnissen der internationalen Klassenauseinandersetzung seit dem zweiten Weltkrieg und wies von Land zu Land sowie in bezug auf die jeweilige Stoßrichtung gewisse Unterschiede auf. So spielte die Auffassung des Sozialismus als Variante des universalhistorischen Rationalisierungsprozesses während der Vorherrschaft des traditionellen militanten Antikommunismus in der Zeit des kalten Krieges nur eine geringe Rolle, im Gegensatz zur Bürokratie-Auffassung, die einen Eckpfeiler der Totalitarismus-Doktrin bildete.[84] Sie wurde für die bürgerliche Ideologie erst mit dem Übergang zur Strategie der Aufweichung und der neuen historischen Einordnung des Sozialismus durch die Industriegesellschafts- und die Konvergenztheorie interessant. Damit konnten die qualitativen sozialökonomischen und politischen Unterschiede zwischen den Gesellschaftssystemen in dem einen übergreifenden Vorgang der Entstehung der „industriellen" Gesellschaft aufgelöst werden. In den sechziger Jahren verknüpfte der moderne Revisionismus beide Elemente der Weberschen Sozialismus-Auffassung zur Verleumdung des Sozialismus als eines zwar ökonomisch-rational erfolgreichen, jedoch bürokratisch-entarteten Systems.[85] Die Max Weber-Rezeption in den USA verschaffte dem amerikanischen sozialtheoretischen Denken eine historische Pseudoperspektive und trug so dazu bei, es von seiner ethnozentristischen Begrenztheit und in der Befangenheit in den Evolutionstheorien der Victorianischen Epoche zu befreien. Sie ermöglichte eine Relativierung des Marxismus zu einer Zeit, in der dieser einen größeren Einfluß auf die amerikanischen Sozialwissenschaften auszuüben begann. „Diese Werke lieferten analytische Instrumente, die kaum weniger bedeutend waren als die von Karl Marx geschaffenen ...

ihres einzigen Führers, des Proletariats. Sein Ziel ist es, den Sozialismus zu errichten, die Teilung der Gesellschaft in Klassen aufzuheben, alle Mitglieder der Gesellschaft zu Werktätigen zu machen, jeglicher Ausbeutung des Menschen durch den Menschen den Boden zu entziehen" (W. I. Lenin, Gruß an die ungarischen Arbeiter, in: Werke, Bd. 29, Berlin 1973, S. 377).

82 So charakterisierte er 1918 den Staat Sowjetrußlands als die „reine Militärdiktatur der Korporäle", deren Herrschaftsdauer „nur nach Monaten zählt" (M. Weber, Gesammelte Politische Schriften, Tübingen 1958, S. 280).

83 M. Weber, Gesammelte Politische Schriften, a. a. O., S. 151.

84 Vgl. P. M. Blau, The Dynamics of Bureaucracy, Chicago 1955.

85 Vgl. A. Kosing. Ernst Fischer – ein moderner Marxist? Berlin 1970.

Die marxistische und die Webersche Analyse wetteiferten im Denken einer ganzen Generation amerikanischer Wissenschaftler."[86]

Bei der Formulierung der neueren Modernisierungstheorien erwies sich die historisch-vergleichende Methode Webers als der entscheidende methodologische Ansatz.

2.4. Funktionalismus der bürgerlichen Soziologie und Ethnographie des 20. Jahrhunderts

Obwohl sich weder mit dem ethnologischen noch dem soziologischen Funktionalismus[87] eine Theorie der gesellschaftlichen Entwicklung begründen ließ, spielte der soziologische Funktionalismus bei der Entscheidung der Modernisierungskonzeption in zweierlei Hinsicht eine bestimmte Rolle. Zum einen flossen in die ursprünglichen Modernisierungstheorien funktionalistische Vorstellungen von der Gesellschaft als einem sich selbst erhaltenden Gleichgewichtssystem, in dem sich jedes Element in einem ständigen Anpassungs- und Integrationsprozeß befindet, ein. Parsons hatte Anfang der fünfziger Jahre mit dem AGIL-Schema die Bedingungen der Erhaltung eines sozialen Systems formuliert:

1. Anpassung an seine äußere Umgebung;
2. Verwirklichung von Systemzielen;
3. Integration der Elemente eines Systems;
4. Aufrechterhaltung seiner normativen Struktur (adaptation, goal-attainment, integration; latent-receptive meaning integration and energy regulation, später pattern-maintenance genannt).[88]

Daraus wurde in den frühen Modernisierungstheorien zumeist der Schluß gezogen, daß es genüge, diese Bedingungen, wie sie sich als Eigenschaften der Hochkulturen der Länder „westlicher Zivilisation" mit ihrem „unvergleichlichen Anpassungsvermögen",[89] insbesondere in den USA herausgebildet hatten, auf die Entwicklungsländer zu übertragen, um dadurch einen Modernisierungsprozeß einzuleiten, der eine stabile kapitalistische Ordnung hervorbringt.

Zum anderen wurde die funktionalistische Grundidee nach der Preisgabe der ursprünglichen Modernisierungsmodelle weiterentwickelt und ihr abstrakter

86 Essays in Theory and History. An Approach to the Social Sciences, hg. von M. Richter, Cambridge/Mass. 1970, S. 338 f.

87 Zur marxistischen Einschätzung des soziologischen Funktionalismus vgl. Philosophisches Wörterbuch, Bd. 1, Leipzig 1974, S. 437–440 (Funktionalismus); Wörterbuch der marxistisch-leninistischen Soziologie, Berlin 1977 (strukturell-funktionalistische Analyse), S. 648–650; C. Warnke, Die „abstrakte" Gesellschaft. Systemwissenschaften als Heilsbotschaften in den Gesellschaftsmodellen Parsons', Dahrendorfs und Luhmanns, Berlin 1974 (Zur Kritik der bürgerlichen Ideologie, Bd. 46).

88 Nach K.-H. Tjaden, Soziales System und sozialer Wandel. Untersuchungen zur Geschichte und Bedeutung zweier Begriffe, Stuttgart 1969, S. 129.

89 T. Parsons, Das System moderner Gesellschaften, München 1972, S. 150.

Soziologismus relativiert. Im Unterschied zu diesem traten die Probleme der Erhöhung der Selbststeuerungs- und der Anpassungskapazitäten gegenüber exogenen und endogenen Veränderungen und nach den strukturellen Bedingungen „moderner" Entwicklung, die Frage nach der Mobilisierung von Menschen und Ressourcen mittels durch Konsensus legitimierter politischer Entscheidungen in den Vordergrund. Zu diesen „evolutionären Universalien"[90] rechnete Parsons in den sechziger Jahren u. a. ein Markt- und Geldsystem, eine bürokratische Organisation, ein universalistisches Rechtswesen und ein demokratisches politisches System zur Konsensuserzeugung.[91] Der auf diese Weise mit historisch-konkreten Elementen angereicherte Funktionalismus wirkte direkt oder indirekt auf die neueren Modernisierungstheorien ein. Sein Einfluß ist namentlich im Modell eines „modernen" politischen Systems, das seit Anfang der sechziger Jahre schrittweise vom „Committee on Comparative Politics of the Sozial Science Research Council" an der Universität Princeton ausgearbeitet wurde, deutlich zu erkennen.[92]

3. Rezeptions- und Adaptionsprobleme

Da das bürgerliche sozialtheoretische Erbe unter anderen historischen Bedingungen entstand und frühere Entwicklungsphasen der kapitalistischen Formation reflektiert, kann es in der der Regel nicht unverändert auf die gegenwärtigen gesellschaftlichen Verhältnisse angewendet werden. Es entsteht somit für die spätbürgerliche Ideologie eine Rezeptions- und Adaptionsproblematik, die es erforderlich macht, die rezipierten Ideen 1. von ihren konkret-historischen Grundlagen zu lösen, sie als „reine Geistesprodukte" zu übernehmen; 2. sie an die gegenwärtigen Bedingungen des Kapitalismus in der dritten Etappe seiner allgemeinen Krise anzupassen, d. h. sie in bezug auf die gegenwärtigen ideologisch-politischen Bedürfnisse zu modifizieren und zu tranformieren. Durch dieses dogmengeschichtliche Herangehen wird es möglich, ganze Ideenkomplexe oder einzelne Ideen wie Mosaiksteine aus tradierten Gedankensystemen herauszulösen und sie in elektizistischer Weise in die gegenwärtigen zu integrieren.[93]

Die bürgerlichen Gesellschaftstheorien waren, wie bereits erwähnt, bis gegen Ende des 19. Jahrhunderts wesentlich von der ideologisch-theoretischen Abgrenzung von den vorkapitalistischen Gesellschaftsformationen bestimmt. Heute dagegen ist die Legitimierung des Kapitalismus gegenüber dem real existierenden Sozialismus explizit oder implizit zum zentralen Thema der spätbürgerlichen Gesellschaftstheorien geworden. Die Produktion von Scheinalternativen

90 T. Parsons, Evolutionäre Universalien der Gesellschaft, in: Theorien des sozialen Wandels, a. a. O., S. 55–74.

91 H.-U. Wehler, Modernisierungstheorie und Geschichte, a. a. O., S. 13.

92 Vgl. Kap. 4.3.2.

93 Vgl. A. Bönisch./D. Reichelt, Bürgerliche Gesellschaftskonzeptionen und Wirklichkeit, Berlin 1976, S. 48.

zur realen Gesetzmäßigkeit der gegenwärtigen Epoche, dem Übergang vom Kapitalismus zum Sozialismus, stellt heute ihren Hauptinhalt dar. Das hat bedeutsame Konsequenzen für ihre Struktur.

Bereits hatte Marx 1857 in der Einleitung zur „Kritik der politischen Ökonomie" darauf aufmerksam gemacht, daß die Kenntnis der Struktur und der Entwicklungsprozesse des höchstentwickelten gesellschaftlichen Organismus eine Voraussetzung für ein tiefes Erfassen der Strukturen vorangegangener Gesellschaftszustände ist.[94] Vom Standpunkt der damals höchstentwickelten Gesellschaft, der kapitalistischen, konnte so Einsicht in die vorangegangenen Gesellschaftsformen gewonnen werden, und die Elemente des Kapitalismus dienten zugleich als Kriterien für die historische Einordnung jener Formen in ihrer Beziehung zum Kapitalismus. Wobei allerdings die von Marx selbst gezeigten Erkenntnisschranken zu berücksichtigen sind: „Keineswegs aber in der Art der Ökonomen, die alle historischen Unterschiede verwischen und in allen Gesellschaftsformen die bürgerlichen sehen ... Wenn daher wahr ist, daß die Kategorien der bürgerlichen Ökonomie eine Wahrheit für alle andren Gesellschaftsformen besitzen, so ist das nur cum grano salis zu nehmen." Und: „Die sogenannte historische Entwicklung beruht überhaupt darauf, daß die letzte Form die vergangnen als Stufen zu sich selbst betrachtet und, da sie selten und nur unter ganz bestimmten Bedingungen fähig ist, sich selbst zu kritisieren ... sie immer einseitig auffaßt."[95] Die Einseitigkeit manifestiert sich u. a. in der Konstruktion dichotomischer Denkfiguren, in denen einzelne Seiten der kapitalistischen Gesellschaft herausgegriffen, isoliert und „idealtypisch" überhöht entsprechenden Seiten der vorkapitalistischen Gesellschaften kontrastierend entgegengestellt werden. Dadurch wurde nicht nur die gesellschaftliche Totalität in eindimensionale Schemata aufgelöst, sondern auch der reale Geschichtsprozeß in lineare Abläufe aufgespalten, die alle in den Kapitalismus mündeten. „Wie überhaupt bei jeder historischen, sozialen Wissenschaft, ist bei dem Gange der ökonomischen Kategorien immer festzuhalten, daß, wie in der Wirklichkeit, so im Kopf, das Subjekt, hier die moderne bürgerliche Gesellschaft, gegeben ist, und daß die Kategorien daher Daseinsformen, Existenzbestimmungen, oft nur einzelne Seiten dieser bestimmten Gesellschaft, dieses Subjekts, ausdrücken, und daß sie daher auch *wissenschaftlich* keineswegs da erst anfängt wo nun von ihr *als solcher* die Rede ist."[96]

Gegenüber der höheren kommunistischen Gesellschaftsformation befindet sich das bürgerliche Denken in einer grundsätzlich anderen Lage. Die Erkenntnis von Marx, daß die Perspektive der höchstentwickelten Gesellschaft ein tieferes Erfassen der vorangegangenen Gesellschaftszustände ermöglicht, läßt sich auch umkehren: vom Standpunkt der jeweils niederen Gesellschaftsformation

94 Vgl. K. Marx, Einleitung zur Kritik der Politischen Ökonomie, in: MEW, Bd. 13, Berlin 1974, S. 636.

95 Ebenda.

96 Ebenda, S. 637.

ist eine wissenschaftliche Erkenntnis der höheren unmöglich, weil dieser Standpunkt Erkenntnisschranken schafft, die nicht überwunden werden können. Die Geschichte der bürgerlichen Sozialismus-Auffassungen liefert dafür einen überzeugenden Beweis. Wie an der Konvergenztheorie nachgewiesen wurde,[97] begreifen die bürgerlichen Ideologen den Sozialismus mit bürgerlichen Kategorien und messen ihn an bürgerlichen Maßstäben. So ist die bürgerliche Ideologie auch nicht in der Lage, die „Bedeutungen" des Kapitalismus als „Andeutungen" des Sozialismus zu erfassen. Die Monopole werden z. B. nicht als Umschlag der „freie(n) Konkurrenz ins Monopol", als Kapitulation der „planlose(n) Produktion der kapitalistischen Gesellschaft vor der planmäßigen Produktion der hereinbrechenden sozialistischen Gesellschaft"[98] begriffen. Der staatsmonopolistische Kapitalismus kann nicht als „vollständige *materielle* Vorbereitung des Sozialismus, seine unmittelbare *Vorstufe*"[99] aufgefaßt werden usw. Seine Merkmale werden vielmehr als Symptome einer allgemeinen Gesetzmäßigkeit der Produktivkräfte in der „Industriegesellschaft" und damit einer wachsenden Ähnlichkeit der beiden antagonistischen Gesellschaftsformationen gedeutet.

Die Modernisierungstheorien reflektieren in bezug auf die Entwicklungsländer die Entwicklung von Gesellschaften mit weitgehend vorkapitalistischem Charakter zu einem postulierten kapitalistischen Gesellschaftsmodell. Sie tun dies unter den Bedingungen einer weitgehenden Ablehnung des Kapitalismus in der „dritten Welt", des zunehmenden Einflusses sozialistischer Ideen und der erfolgreichen Erprobung des nichtkapitalistischen bzw. sozialistischen Weges in einigen dieser Länder. So sind diese Theorien einerseits zur ideologischen Mimikry gezwungen, andererseits zur Konturierung einer Alternative zum nichtkapitalistischen bzw. sozialistischen Entwicklungsmodell. Diesem Dilemma suchen sie zu entfliehen, indem sie die kapitalistische „Modernisierung" als allgemeine gesellschaftliche Gesetzmäßigkeit ausgeben. Insofern knüpfen sie an das Erbe des Evolutionismus und die dichotomischen Denkfiguren des 19. Jahrhunderts an, übernehmen jedoch nicht deren naiv-selbstverständliche direkte Apologetik des Kapitalismus.

Die geschichtstheoretische Grundidee, die kapitalistische Gesellschaftsordnung als Sinn und Endziel der Geschichte zu betrachten und mittels dieser Idee alle gegenwärtigen gesellschaftlichen Prozesse zu deuten und zu werten, wird unverändert übernommen. Die Ontologisierung des Kapitalismus, d. h. die Verwandlung seiner historischen, gewordenen, vorübergehenden, vergänglichen Wesenszüge in seinshafte, ewige ist eine Grundkonstante des bürgerlichen Geschichtsdenkens im besonderen und der bürgerlichen Ideologie im allgemeinen.

Unter den Bedingungen der Herausforderung durch den Sozialismus und des

97 Vgl. G. Rose „Industriegesellschaft" und Konvergenztheorie, a. a. O., S. 192 ff.

98 F. Engels, Die Entwicklung des Sozialismus von der Utopie zur Wissenschaft, in: MEW, Bd. 19, Berlin 1974, S. 220/221.

99 W. I. Lenin, Der Imperialismus als höchstes Stadium des Kapitalismus, in: Werke, Bd. 22, Berlin 1974, S. 209.

völligen Zusammenbruchs des imperialistischen Kolonialsystems kann diese Grundidee jedoch nicht in ihrer ursprünglichen Gestalt auf die Entwicklungsländer angewendet werden. Zu sehr sind Kapitalismus und Kolonialismus diskreditiert, zu nahe ist heute die soziale Revolution. Anders als im 19. Jahrhundert sind nichtkapitalistischer und sozialistischer Weg heute als Alternativen real möglich, greifbar und bereits erfolgreich praktiziert. Die von Ideologen der aufsteigenden Bourgeoisie vertretene Auffassung der gesellschaftlichen Entwicklung als *revolutionäres Werden* zum Kapitalismus angesichts der Nähe der sozialistischen Revolution erweist sich als zu gefährlich. Daher proklamieren alle Modernisierungstheorien den sozialen Status quo und perhorreszieren die Idee der revolutionären Veränderung. Die Erhaltung des Status quo wird zum Weltproblem Nummer eins erhoben, gegen seine Bedrohung wird die Vision des Atomkrieges ins Feld geführt. So schreibt Marion J. Levy: „Vom Standpunkt der Vertreter der relativ oder hoch modernisierten Gesellschaften ist gesellschaftliche Stabilität der Kern des Problems ... ein durchaus denkbares Resultat innerer Instabilität ... könnte die Massenvernichtung sein."[100] Die Notwendigkeit der Revolution wird geleugnet, Entwicklung auf Evolution reduziert. „Wenn Modernisierung das Ergebnis eines mehr oder weniger evolutionären Prozesses ist, und wenn die Einrichtungen des Kolonialismus nur als Stadien dieses Prozesses betrachtet werden, braucht man die Revolution nicht als ein dem Modernisierungsprozeß innewohnendes Element zu betrachten."[101]

Auch die dichotomischen Denkfiguren können nicht unverändert übernommen werden. Während man an der Methode der Gegenüberstellung kontrastierender Merkmale anknüpft und diese weiter ausbaut, mußten deren Wertimplikationen und Inhalte verändert werden. So wurden die in einigen Dichotomie-Modellen enthaltene Kapitalismus-Kritik (Tönnies) eliminiert, desgleichen die besonders in der präfaschistischen deutschen Soziologie immanente Auffassung des Kapitalismus als Dekadenz (Freyer).[102] Da ein positives Kapitalismus-Bild nicht glaubhaft gezeichnet werden kann, wird der Kapitalismus-Begriff insgesamt fallengelassen. Bei der Anwendung der modernisierungstheoretischen Sozialismus-Interpretation auf die Entwicklungsländer ergeben sich auch spezifische

100 M. U. Levy, Modernization and the Structure of Societies, a. a. O., S. 735; ferner: W. Bühl, Evolution und Revolution, a. a. O., S. 90.

101 R. I. Rhodes, The Disguised Conservatism in Evolutionary Development Theory, in: Science and Society. An Independent Journal of Marxism, New York, 5/1968, S. 385.
An Independent Journal of Marxism, New York, 5/1968, S. 385.

102 „Das zwiespältige Verhältnis vieler westlicher Intellektueller zum Industrialismus spiegelte sich in einem nostalgischen Verständnis des ‚verlorenen Paradieses' wider ... die gegenwärtigen Versionen des Gegensatzes (von Traditionalität und Modernität) sind weniger von einer nostalgischen Sicht der Tradition als vom Selbstbewußtsein der Modernisierungstheoretiker gekennzeichnet, denen ‚Modernität' die wahre Verkörperung von Tugend und Fortschritt ist und ‚Traditionalität' eine Schranke zu deren Verwirklichung darstellt" (D. C. Tipps, Modernization

Probleme, die gewisse Abweichungen von diesem Schema erforderlich machen. Die Hauptlinie besteht weiterhin darin, den sozialistischen Entwicklungsweg als Variante der Modernisierung, den Leninismus als Abwandlung der Theorie der Modernisierung rückständiger Länder in historisch kurzer Frist mit diktatorischen Mitteln auszugeben. Damit wird der sozialistische Entwicklungsweg seines selbständigen sozialen Inhalts beraubt und auf die Aufgabe der Überwindung der Rückständigkeit reduziert.[103] Dabei geraten die Modernisierungstheoretiker jedoch in Widerspruch zu ihren eigenen Prämissen: sie können den Entwicklungsländern mit sozialistischer oder nichtkapitalistischer Orientierung die Fähigkeit zur „Modernisierung" nicht absprechen. Das ist angesichts der großen Erfolge dieser Länder und des starken Bedürfnisses nach rascher Überwindung der Rückständigkeit auch nicht möglich. Um den unerwünschten Bumerang-Effekt abzuwehren, wird eingeräumt, daß diese Länder bestimmte Probleme erfolgreicher lösen können als Länder mit kapitalistischer Orientierung, diese Fähigkeit zugleich auf die Anfangsphase der Modernisierung beschränkt. Danach zerfalle das „mobilization-regime", wie die Staatsmacht in Ländern mit nichtkapitalistischer oder sozialistischer Orientierung genannt wird, sehr schnell oder werde zu einem Hindernis für den weiteren Fortschritt.[104] Eine ähnliche Problematik existiert generell bei der Bewertung der Rolle des Staates und seinem Verhältnis zum kapitalistischen Unternehmertum. Angesichts der bedeutenden Rolle des Staates und des staatlichen Sektors in den Entwicklungsländern müssen erhebliche Abstriche von der Apotheose des kapitalistischen Privateigentums und des freien Unternehmertums, zweier Konstanten der kapitalistischen Apologetik, gemacht werden. So betonen Parsons und S. N. Eisenstadt die Unterschiede zwischen der kapitalistischen Entwicklung in Westeuropa und der Modernisierung in der „dritten Welt": hier wären freies Unternehmertum und Nichteinmischung des Staates Voraussetzungen für die Entstehung der industriellen Gesellschaft gewesen, dort, wie schon früher in Rußland bzw. der UdSSR und Japan, seien dagegen staatliche autoritäre Maßnahmen notwendig. Die Errichtung einer „Erziehungsdiktatur" schaffe in solchen Ländern erst die Vorbedingungen für den „take off".[105]

Theory and the Comparative Study of Societies: A. Critical Perspektive, a. a. O., S. 207/208.)

103 Vgl. R. C. Tucker, The Marxian Revolutionary Idea, New York 1969. Vgl. dazu J. Krassin, Die soziale Revolution im Zerrbild der bürgerlichen Ideologie, a. a. O., S. 257 f.

104 „Das Mobilisierungssystem oder die modernisierende Autokratie mögen ein besserer Weg zur Lösung der Probleme und zur Einleitung der Modernisierung sein als ein System der Versöhnung ... Modernisierungsregime erreichen ihre höchste Wirksamkeit sehr schnell und verfallen danach" (D. Apter, The Politics of Modernization, a. a. O., S. 242, 386).

105 T. Parsons, Some Reflections on the Institutional Framework of Economic Development, Jerusalem 1958; S. N. Eisenstadt, Modernization. Growth and Diversity Bloomington Ind. 1963.

KAPITEL 2

Modernisierungstheorien und Modernisierungsforschung in den USA

1. Das „ursprüngliche" Modernisierungsmodell und sein Scheitern

Als ideologisches Produkt des USA-Imperialismus waren die ursprünglichen Modernisierungstheorien durch einen penetranten USA-Ethnozentrismus und Exzeptionalismus gekennzeichnet. Deren Wurzeln reichen bis in die Ursprünge der USA zurück. Mit den ersten europäischen Siedlern kam der puritanische Auserwähltheitsglaube, der zunächst in religiöser Dogmatik, später säkularisiert die entstehenden Gemeinwesen als das „amerikanische Israel" und das „Neue Zion" verstand. Aus der Abwesenheit feudaler Verhältnisse und dem Vorhandensein „freier" Siedlungsräume im Westen des Halbkontinents bis Ende des 19. Jahrhunderts erwuchs die Idee der Einzigartigkeit der amerikanischen Entwicklung.

Im bürgerlichen Selbstverständnis erschienen die USA als Musterland republikanischer Freiheit, des Fortschritts und des materiellen Wohlstands. Diese Ideen verdichteten sich im amerikanischen Sendungsbewußtsein, in der Vorstellung, das Ziel der Geschichte grundsätzlich erreicht zu haben und der daraus abgeleiteten schicksalhaften offenbaren Bestimmung, der „Manifest Destiny", die übrige Welt nach amerikanischem Vorbild zu regenerieren.[1] Mit dem Übergang zum Imperialismus nahm das Sendungsbewußtsein den Charakter einer die Expansion des USA-Imperialismus rechtfertigenden Ideologie an und bildete die moralische Verkleidung des Strebens nach der Welthegemonie. Seit der Großen Sozialistischen Oktoberrevolution wurde der US-amerikanische Ethnozentrismus zunehmend von einem militanten antikommunistischen Moralismus geprägt. Während des zweiten Weltkrieges fand der Anspruch der USA auf die Umgestaltung der Welt nach ihrem Vorbild seinen Ausdruck in den Mythen von der „Einen Welt" (nach dem Titel eines von dem republikanischen Präsidentschaftskandidaten von 1940, Wendell Willkie, 1941 veröffentlichten Buches „One World") und vom „Amerikanischen Jahrhundert" (nach dem Titel eines von dem Verleger Henry A. Luce 1941 herausgegebenen Buches „The American Century"). Die nach 1945 fast zwei Jahrzehnte unangefochten behauptete wirtschaftliche und politische Hegemoniestellung der USA bildete die Grundlage für die anmaßende

1 Vgl. H.-U. Wehler, Der Aufstieg des amerikanischen Imperialismus, Studien zur Entwicklung des Imperium Americanum, Göttingen 1974, S. 10 ff., 43 ff.

Heilslehre, „daß die Vereinigten Staaten als die ... gesegnetste aller Nationen in ihren demokratischen Institutionen und ihrer erstaunlichen Produktivität eine Verantwortung tragen, ihre Wohltätigkeit auf andere, weniger glückliche Nationen der Welt auszudehnen."[2] Zugleich stellte sie den Nährboden für die ethnozentrische Selbstgefälligkeit der ursprünglichen Modernisierungstheorien dar, in denen die amerikanische Gesellschaft der zwei Nachkriegsjahrzehnte als realisierte Utopie und als normativer Zielpunkt der Entwicklung nicht nur der Länder Asiens, Afrikas und Lateinamerikas erschien: Man betrachtete die amerikanische Gesellschaft als grundsätzlich auf gleiche Gesinnung begründet, „unübertroffenen wirtschaftlichen Wohlstand und politische Stabilität in einem demokratischen Rahmen vereinigend ... Die Zukunft der modernen Gesellschaft schien nun nicht zweifelhaft; nur die der ‚Entwicklungsländer' problematisch. Solch eine Atmosphäre von Selbstzufriedenheit und Selbstgefälligkeit konnte unter den Sozialwissenschaftlern nur die Annahme fördern, daß ‚Modernität' ein allgemeiner Segen und daß die Institutionen und Werte der amerikanischen Gesellschaft ... ein geeignetes Modell darstellten, das von anderen, weniger glücklichen Gesellschaften nachzuahmen sei."[3]

Angesichts der offen zur Schau getragenen Überzeugung von der Überlegenheit der amerikanischen Zivilisation kann es nicht verwundern, daß in den ursprünglichen Modernisierungstheorien Elemente rassischen und sozialdarwinistischen Denkens wiederauflebten und offen oder verhüllt zum Ausdruck kamen. In die Präsentation der Kultur der weißen, angelsächsischen, protestantischen Mittelklasse (dafür steht im amerikanischen Sprachgebrauch der Code WASP) als Vorbild floß die sozialdarwinistische Idee des „Überleben der Besten" ein. Bürgerlich-liberale Kritiker der Modernisierungstheorien erblickten darin mit Recht eine Diskriminierung der Völker der „dritten Welt" und charakterisierten die Modernisierungstheorien als eine Form des intellektuellen bzw. Kulturimperialismus.[4] Die Kehrseite dieser Betrachtungsweise war die völlige Ignorierung oder Leugnung der Verantwortung des Kolonialismus für die Rückständigkeit der „Dritten Welt". Die Modernisierungstheoretiker nahmen die Zerstörung der genuinen Kulturen durch die Kolonialmächte, die entwicklungshemmende Rolle des Kolonialismus für die kolonial unterdrückten Völker sowie die Bedeutung der kolonialen Ausbeutung für Genese und Entwicklung des Kapitalismus in Europa und Nordamerika nicht zur Kenntnis. Der gesamte Komplex des Kolonialismus blieb aus der ursprünglichen Modernisierungsforschung fast völlig

2 The Australian Journal of Politics and History, August 1965, S. 138, zit. nach H. Maretzki, Der Antikommunismus in der Außenpolitik des amerikanischen Imperialismus, in: Deutsche Außenpolitik, 11/1967, S. 1365.

3 D. C. Tipps, Modernization Theory, a. a. O., S. 208 f.

4 Vgl. A. A. Mazrui, From Social Darwinism to Current Theories of Modernization, in: World Politics, 21/1968, S. 69 ff.; R. I. Rhodes, The Disguised Conservatism in Evolutionary Development Theory, a. a. O.; H. Koch, Der Sozialdarwinismus. Seine Genese und sein Einfluß auf das imperialistische Denken. München 1973.

ausgeblendet. Die Ursachen dafür liegen in den imperialistischen Klasseninteressen der Modernisierungstheortiker, die das Bedürfnis einer offenen oder verdeckten Apologetik des Kolonialismus hervorbringen. „Man kann nicht die Verantwortung des Kolonialismus begreifen, wenn man nicht seine Existenz und seine Konsequenzen zur Kenntnis nimmt."[5] Die Ignorierung der zerstörenden und entwicklungshemmenden Auswirkungen des Kolonialismus auf die ausgebeuteten und unterdrückten Völker ließ keine andere Erklärung für deren Rückständigkeit zu als die einer angeblichen Unfähigkeit bzw. Unterlegenheit;[6] umgekehrt konnte das höhere technisch-ökonomische und gesellschaftliche Entwicklungsniveau der Länder des Westens sozialdarwinistisch und/oder rassisch als Ergebnis der Überlegenheit der westeuropäisch-nordamerikanischen Völker interpretiert werden.

Es ist unschwer zu erkennen, daß diese Thesen modifizierte Varianten der traditionellen Kolonialapologetik waren, der Theorien von der Kulturmission des Kolonialismus, der Prädestiniertheit der weißen Rasse, den farbigen Völkern Kultur und Zivilisation zu bringen, sie zu „Arbeisgesittung" und „Industriefleiß" der Europäer zu erziehen und sie so zur „Gesittung" emporzuheben, die noch bis in die fünfziger Jahre des 20. Jahrhunderts vorherrschten und in dieser Form in die ursprünglichen Modernisierungstheorien eingingen. Mit dem Zusammenbruch des imperialistischen Kolonialsystems und dem Eintritt der Mehrzahl der ehemals kolonial unterdrückten Völker als staatlich selbständige Subjekte in die Arena der Weltpolitik Anfang der sechziger Jahre wurden jedoch diese pseudo-patriarchalischen oder sozialdarwinistisch-rassischen Begründungen unhaltbar.

Die Wendung zum Neokolonialismus erforderte auch eine Umorientierung der Kolonialapologetik. Da den Völkern der „Dritten Welt" nicht mehr eine gleichsam schicksalhafte biologisch-rassenmäßige Unfähigkeit bzw. Unterlegenheit angedichtet werden konnte, wurde die Argumentation in die gesellschaftliche Sphäre verlagert: nun waren es die versteinerte Rückständigkeit der traditionellen gesellschaftlichen Strukturen und die fehlende Leistungsmotivation, die einen endogenen Wandel blockierten und daher nur von außen aufzubrechen bzw. zu überwinden waren. Von diesem Ansatz erfuhren Kolonialismus und Neokolonialismus in den sechziger Jahren eine Neubewertung: sie erschienen nunmehr als notwendige und unentbehrliche Modernisierungsimpulse von außen, als historische Voraussetzungen einer exogenen „Modernisierung".

5 R. I. Rhodes, The Disguised Conservatism in Evolutionary Development Theory, a. a. O., S. 384.

6 Vgl. exemplarisch: M. Levy, Contrasting Factors in ihe Modernization of China and Japan, S. 530: „China besaß alle offenkundigen Möglichkeiten zur Industrialisierung wie Japan und hatte viel bessere Rohstoffvorkommen und sogar billigere Arbeitskräfte. Aber China fehlte die Fähigkeit ein Programm für die Industrialisierung zu organisieren und durchzusetzen." (Zit. nach: W. Bühl, Evolution und Revolution, a. a. O., 361.)

In diesem Zusammenhang versuchten einige Modernisierungstheoretiker, Karl Marx' Auffassung von der zwiespältigen Rolle des britischen Kolonialismus in Indien[7] für die Umorientierung der Kolonialapologetik in Anspruch zu nehmen, ihn zum Kronzeugen der These von der Unmöglichkeit der endogenen „Modernisierung" traditioneller Gesellschaften zu machen, ihn zu einem geistigen Ahnherrn der Modernisierungstheorie zu erheben und seine Lehre in die Modernisierungskonzeption zu integrieren. Das mußte zwangsläufig zu groben Fälschungen führen.[8] Der israelische Historiker Shlomo Avineri setzt an die Stelle des exakten und präzisen Begriffsapparats, mit dem Marx die Genese des Kapitalismus beschrieb, den Begriff der Modernisierung. Dieser Begriff seht nicht nur wie selbstverständlich für die Entstehung der kapitalistischen Gesellschaftsformation, er wird stillschweigend und ohne jeden Beleg Marx unterschoben. So muß der nichtinformierte Leser den Eindruck gewinnen, Marx habe sich nicht über Genese und Überwindung des Kapitalismus geäußert, sondern über einen nebulosen Modernisierungsprozeß. Indem Avineri behauptet: „Marx's Kriterien der Modernisierung, (obwohl er niemals (!) diesen Begriff in einer differenzierten (!) Weise gebrauchte), sind denen überraschend ähnlich, die in der gegenwärtigen sozialwissenschaftlichen Literatur vorherrschen"[9] und ferner eine auffallende Ähnlichkeit der Marxschen Begriffe mit Max Webers „Entzauberung" und „Rationalisierung" konstruiert, verwandelt er Marx unter der Hand in einen Historiker und Theoretiker der „Modernisierung". Auch Wehler, der weniger grobschlächtig zu Werke geht, möchte die „Marxsche Theorie legitimerweise in den Traditionszusammenhang der Modernisierungstheorien" einordnen und damit zugleich relativieren, entwickelt jedoch in einer Reihe theoretischer Grundfragen antimarxistische Gegenpositionen.[10] Insgesamt fanden derlei Vorschläge[11] wegen der offenkundigen Unvereinbarkeit der Lehre von Marx mit der Modernisierungskonzeption bisher bei den Modernisierungstheoretikern wenig Gegenliebe, was die eklektische Übernahme von einzelnen Elementen des historischen Materialismus nicht ausschloß. Gegenwärtig ist die Tendenz, in Gestalt der Modernisierungskonzeption eine Alternative zum historischen Materialismus und der marxistischen Interpretation der neuzeitlichen Weltgeschichte zu

7 K. Marx, Die künftigen Ergebnisse der britischen Herrschaft in Indien, in: MEW, Bd. 9, Berlin 19, S. 220–226.

8 Exemplarisch hierzu: S. Avineri, Marx and Modernization, in: The Review of Politics, 21/1969, Notre Dame, Indiana, S. 172–188; ders., Karl Marx on Colonialism and Modernization, Garden City 1969; H.-U. Wehler, Modernisierungstheorie und Geschichte, a. a. O., S. 51 ff.

9 Marx and Modernization, a. a. O., S. 176.

10 H.-U. Wehler, Modernisierungstheorie und Geschichte, a. a. O., S. 51 ff.; ders., Vorüberlegungen zu einer modernen deutschen Gesellschaftsgeschichte, a. a. O., S. 10 ff.

11 Vgl. R. I. Rhodes, The Disguised Conservatism in Evolutionary Development Theory, a. a. O., S. 385.

begründen, eindeutig stärker als die Tendenz, ihn als Vorläufer bzw. komplementäre Ergänzung zu integrieren.

Die implizite oder explizite Rechtfertigung des Kolonialismus und des Neokolonialismus als Initiatoren der „Modernisierung" von außen entspricht in keiner Weise ihrer historischen Rolle. Die schrittweise Eingliederung der Völker Asiens, Afrikas und Amerikas in die sich herausbildende kapitalistische Weltwirtschaft seit dem 16. Jahrhundert führte infolge der der kapitalistischen Produktionsweise zugrunde liegenden Gesetzmäßigkeiten zur Herstellung von Beziehungen der Ausbeutung und der Abhängigkeit der Kolonien, in deren Rahmen das Kapital „den Orient vom Okzident abhängig gemacht"[12] und „eine Teilung der Nationen in eine kleine Zahl unterdrückender, vollberechtigter, privilegierter (imperialistischer) Großmachtnationen und die große Mehrheit der unterdrückten, abhängigen und halbabhängigen, nichtgleichberechtigten Nationen vorgenommen hat".[13] Das Wesen dieser Beziehungen bestand darin, daß sich das in den Kolonialmächten herrschende Kapital die Mehrarbeit (und oft noch einen Teil der notwendigen Arbeit) der Kolonialvölker aneignete und in Kapital verwandelte. Damit trug die koloniale Ausbeutung als Element der ursprünglichen Akkumulation zur Herausbildung und erweiterten Reproduktion der kapitalistischen Produktionsweise bei. Auf der anderen Seite, in den ausgebeuteten und abhängigen Teilen der kapitalistischen Welt, wurden die vorkapitalistischen Produktionsweisen zwar unterhöhlt und zerrüttet, und es konnten sich Elemente der kapitalistischen Produktionsweise herausbilden, ohne daß es jedoch auf der Grundlage eines raschen und proportionalen Aufschwungs der Produktivkräfte zu einer allseitigen und umfassenden Umwälzung der Produktionsverhältnisse kam.[14]

Der Orient bezahlte seine Integration in die kapitalistische Weltwirtschaft lediglich mit einem „Verlust seiner alten Welt, ohne daß eine neue gewonnen wäre".[15] Infolge des Wirkens der Gesetzmäßigkeiten der kapitalistischen Weltwirtschaft kommt es bei ihren ausgebeuteten und abhängigen Gliedern zu einer „rückständigen, desintegrierten, heterogenen sozialökonomischen Basis, die kein

12 K. Marx/F. Engels, Manifest der Kommunistischen Partei, in: MEW, Bd. 4, Berlin 1974, S. 466.

13 W. I. Lenin, Brief an die Arbeiter und Bauern der Ukraine, in: Werke, Bd. 30, Berlin 1972, S. 283.

14 So schreibt Marx über die Deformierung der Wirtschaft in Indien durch die Engländer: „Wenn die Geschichte irgendeines Volks, bietet die Wirtschaft der Engländer in Indien die Geschichte verfehlter und wirklich alberner (in der Praxis infamer) ökonomischer Experimente. In Bengalen schufen sie eine Karikatur des englischen großen Grundeigentums; im südöstlichen Indien eine Karikatur des Parzelleneigentums; im Nordwesten verwandelten sie, soviel an ihnen, das indische ökonomische Gemeinwesen mit Gemeineigentum am Boden in eine Karikatur seiner selbst." K. Marx, Das Kapital, Dritter Band, in: MEW, Bd. 25, Berlin 1968, S. 346.

15 MEW, Bd. 9, Berlin 1961, S. 129.

organisches System mehr darstellt (d. h. alle wesentlichen Voraussetzungen seiner eigenen Reproduktion und Höherentwicklung in sich selbst enthält), sondern nur noch im Rahmen der kapitalistischen Weltwirtschaft, als deren funktionelles und abhängiges Glied lebensfähig ist. Damit führen die Gesetzmäßigkeiten der Ausbeutung und der Abhängigkeit im Rahmen der kapitalistischen Weltwirtschaft nicht nur zur Rückständigkeit schlechthin, sondern zugleich zur erweiterten Reproduktion ihrer eigenen Voraussetzungen."[16]

Die Bedeutung des Kolonialismus für die heutigen Entwicklungsländer bestand entgegen den Thesen der Modernisierungstheorien nicht in einem segensreichen Impuls zur Überwindung ihrer Rückständigkeit, sondern in der Schaffung deformierter sozialökonomischer Strukturen als Voraussetzungen für die Reproduktion und die Vertiefung des Systems der Abhängigkeit und der Ausbeutung auf ökonomischen Grundlagen und damit für die Integration dieser Länder als funktionelle, abhängige und untergeordnete Glieder des kapitalistischen Weltwirtschaftssystems.[17] Dieser Prozeß bedingte, „daß der Zusammenbruch der wichtigsten Kolonialreiche nach dem zweiten Weltkrieg nicht von sich aus zu irgendeiner tiefgreifenden Störung der gesamten bisherigen kolonialen Struktur des Mechanismus der kapitalistischen Weltwirtschaft führte",[18] sondern daß sich die neokolonialistische Ausbeutung der ehemaligen Kolonien durch die imperialistischen Hauptmächte auf der Grundlage der kolonialen ökonomischen und strukturellen Abhängigkeit und Rückständigkeit vertiefte und erweiterte.

Gesellschaftstheoretisch und methodologisch waren die ursprünglichen Modernisierungstheorien durch die starre Gegenüberstellung von „Traditionalität" und „Modernität", einen vulgärmaterialistischen ökonomischen Determinismus und namentlich die Identifizierung von „Modernisierung" mit Industrialisierung gekennzeichnet. Die Modernisierungstheoretiker erblickten die Ursachen der sozialökonomischen Rückständigkeit hauptsächlich in dem niedrigen Pro-Kopf-Einkommen der Bevölkerung, das durch das Fehlen einiger Parameter, die die entwickelten kapitalistischen Länder charakterisieren (Kapital, moderne Technologie, Unternehmergeist u. a.), bedingt sei. Entwicklung wurde als Wachstum des Pro-Kopf-Produktes (the growth of output per head of population) begriffen.[19] Die Entwicklungspolitik beschränkte sich zu jener Zeit hauptsächlich auf das Problem der ökonomischen Unterentwicklung, die mit fehlender Industrialisierung identifiziert wurde. Pointiert gesagt: Man subtrahierte „Entwicklungsgesellschaften" von „Industriegesellschaften" und hielt die Differenz für ein Entwicklungsprogramm.[20] Die Steigerung des Pro-Kopf-Einkommens erschien als

16 K. Ernst, Charakter und Entwicklung der sozialökonomischen Verhältnisse und der Klassenbeziehungen im subsaharischen Afrika, a. a. O., S. 26.
17 Ebenda, S. 27.
18 Politische Ökonomie des heutigen Monopolkapitalismus, Berlin 1972, S. 72.
19 Exemplarisch: W. A. Lewis, The Theory of Economic Growth, Homewood Ill., 1955, S. 9.
20 C. Schuhler, Zur Politischen Ökonomie der Armen Welt, München 1968, S. 19.

das Schlüsselproblem kapitalistischer Entwicklungspolitik. Daraus wurde die Schlußfolgerung gezogen, die sozialökonomischen Verhältnisse und den Unternehmergeist des Kapitalismus auf die postkolonialen Gesellschaften zu übertragen. Die Modernisierungsmodelle zielten in erster Linie auf ein erhöhtes Wirtschaftswachstum durch ausländische Investitionen ab; die zwei Hauptrichtungen auf diesem Gebiet waren das bilanzierte (R. Nurske, P. Rosenstein-Rodan) und das nichtbilanzierte (A. Hirschmann) Wirtschaftswachstum.

Den Höhepunkt dieser ökonomistischen Entwicklungsmodelle markierte Rostows Buch „The Stages of Economic Growth" (1960). Darin wurden die Bedingungen beschrieben, unter denen erstmals industrielles Wachstum (take-off) stattfinde: Wird die Investitionsrate auf über 10 Prozent des Volkseinkommens erhöht, bilden sich ein oder mehrere Leitsektoren der Industrie heraus, und wird ein institutioneller Rahmen gebildet, der dem industriellen Wachstum günstig ist, so geht die Volkswirtschaft in die Phase des sich selbst erhaltenden Wachstums (self-sustaining-growth) über.[21] Die Rostowsche Studientheorie implizierte die universalhistorische Grundannahme, daß nach dem Erreichen das „take-off" die Entwicklungsrichtung für alle industrialisierenden Länder mit einer gewissen Zwangsläufigkeit unilinear über die Entwicklung zur Reife und des Zeitalters des Massenkonsums bis hin zu einem Zustand jenseits des Massenkonsums, in dem die Ziele des Konsums frei verfügbar seien, vorgegeben sei. Die kritische Phase sei der „take-off"; sie entscheide über den Weg der „Modernisierung ", hier würden die Weichen für den kapitalistischen oder den sozialistischen Weg gestellt. Industrialisierende Gesellschaften seien allein in dieser Phase für den Kommunismus anfällig, weil dieser Macht und Mittel zur beschleunigten Industrialisierung aufbringen könne und daher auf industrialisierende Gesellschaften in diesem Stadium eine große Anziehungskraft ausübe. Später, in den Stadien der Reife und des Massenkonsums sei die Gesellschaft infolge der Konsumsättigung gegen den Kommunismus, die „Krankheit des Übergangs", immun. Daher, schlußfolgerte Rostow, müßten die USA das „Hineinwachsen der Übergangsgesellschaften" in die Industrialisierung auf kapitalistischem Wege durch Investitionen und die Förderung des privaten Unternehmertums unterstützen.[22]

Die Umsetzung dieser Konzeption in die praktische Politik, u. a. in den Auslandshilfsprogrammen der Kennedy- und Johnson-Administrationen, erwiesen sich jedoch als undurchführbar. Sie scheiterten, da alle diese Modelle die sozialen Realitäten der postkolonialen Gesellschaften ignorierten und auf eine spontane Herausbildung des privatkapitalistischen Sektors im Zusammenwirken mit dem Auslandskapital setzten. Man mußte eingestehen, daß ohne tiefgreifende Veränderungen der Sozialstruktur, der Verhaltensweisen und -normen eine rein öko-

21 W. W. Rostow, Stadien wirtschaftlichen Wachstums, Göttingen 1967, S. 57, 78 ff.

22 Zur Anwendung der Rostowschen Stadienlehre auf die Entwicklungsländer vgl. G. Rose, „Industriegesellschaft" und Konvergenztheorie, a. a. O., S. 202–206.

nomische, auf die schematische Übertragung der Verhältnisse entwickelter kapitalistischer Länder auf die Entwicklungsländer orientierte Entwicklungspolitik zum Scheitern verurteilt ist. Die der liberalistischen Nationalökonomie entlehnten Annahme, daß sich das wirtschaftliche Verhalten am Prinzip der Profitmaximierung orientiere und die Hypostasierung des kapitalistischen Privateigentümers zum überhistorischen Individuum als theoretischem Bezugspunkt hielten der Konfrontation mit den vorkapitalistischen sozialen Strukturen und den am Traditionellen orientierten Verhaltensnormen nicht stand und mußten aufgegeben werden.[23] Der ökonomische Horizont erwies sich als zu eng.

2. Die „Reform" der Modernisierungstheorien und der Modernisierungsforschung

Die Theoreme der auf die Entwicklungsländer bezogenen Modernisierungskonzeption unterlagen in den sechziger Jahren einem außerordentlich rapiden und tiefgreifenden Verschleiß, analog dem Verschleiß der auf den realen Sozialismus bezogenen Konvergenztheorie. Die Ursachen hierfür lagen letztlich im Scheitern jener Strategien begründet, mit denen der USA-Imperialismus in den sechziger Jahren den Herausforderungen durch den realen Sozialismus und die nationale Befreiungsbewegung zu begegnen versuchte: der Strategie der Aufweichung, der Spaltung und der Zersetzung des Sozialismus („Wandel durch Annäherung"),[24] der neokolonialistischen Strategie der Kennedy- und der Johnson-Administration[25] sowie in dem fortschreitenden Verfall der USA als Führungsmacht der kapitalistischen Welt. Die USA vermochten weder die Konterrevolution in der sozialistischen Welt voranzutreiben noch die nichtkapitalistischen Entwicklungsprozesse in der „dritten Welt" zu blockieren. Die zunehmende Entfaltung und die Zuspitzung der innenpolitischen Widersprüche der imperialistischen Hauptmacht führte eine Reihe Grundannahmen und Aussagen der ursprünglichen Modernisierungstheorien ad absurdum. Dadurch kam es zu einer Krise der Modernisierungsforschung. Sie wurde durch zwei Momente hervorgerufen: Erstens geriet das Bild der USA als normativer Zielpunkt für die Entwicklungsländer und als Zukunftsmodell der Menschheitsgeschichte unter dem Eindruck der Verschärfung des Rassenkonflikts, der Vertiefung der sozialen Ge-

23 Vgl. G. Zimmermann, Sozialer Wandel und ökonomische Entwicklung, Stuttgart 1969, S. 38/39, 87.

24 Vgl. G. Rose, „Industriegesellschaft" und Konvergenztheorie, a. a. O., S. 279 ff., 329 ff.

25 Vgl. J. Kübler, Die „Allianz für den Fortschritt". Wurzeln und Mißerfolg der strategisch-taktischen Umorientierung in der Lateinamerikapolitik der USA unter John F. Kennedy, in: ZfG, 8/1967, S. 1436 ff.; G. Hall, Der amerikanische Imperialismus in der Welt von heute. Eine Einschätzung wichtiger Fragen und Ereignisse unserer Zeit, Berlin 1973, S. 362 ff.

gensätze, der Studentenbewegung, dem Verfall der Städte, der steigenden Kriminalität usw. ins Wanken. Die amerikanische Aggression gegen Vietnam führte zu einem enormen Prestigeverlust im Ausland. Dadurch erfuhr die ethnozentrische Selbstgefälligkeit der ursprünglichen Modernisierungstheorien eine tiefe Erschütterung.

Mit alledem wurden die weltanschaulichen Prämissen der Modernisierungskonzeption zunehmend unglaubwürdiger. „Wie kann der Westen als Modell für eine hochindustrialisierte Gesellschaft gelten," schrieb D. Apter schon 1965, „wenn er viele seiner Verpflichtungen auf den Gebieten der Bürgerrechte, der Armut, der Erziehung und der auswärtigen Angelegenheiten ignoriert?"[26]

Charakterisiert man die ursprünglichen Modernisierungstheorien als das Produkt einer „bestimmten Phase in der Entwicklung einer bestimmten Gesellschaft, der der Vereinigten Staaten", wie es ein amerikanischer Kritiker der Modernisierungstheorien zugespitzt tat,[27] dann wird man die Ursachen ihrer Krise ausschließlich in inneramerikanischen Prozessen erblicken: „Als die Bedingungen, die die Modernisierungstheorie hervorbrachten, sich änderten, als mit dem sich beschleunigenden Tempo des politischen Mordes, des Rassen- und des Generationenkonflikts, des Krieges nach außen und der Gewalt nach innen, der Konsens dem Konflikt wich und Selbstgefälligkeit der Sorge über die Zukunft Amerikas, gerieten viele der fundamentalen Werte, die mit ‚Modernität' verbunden wurden, wie die der Vernunft und des Fortschritts in Zweifel, und die Flut der ‚Theorien' der Modernisierung schien abzuebben."[28]

Diese – was die inneramerikanischen Ursachen betrifft – treffende Einschätzung übersieht (vielleicht auf Grund eines heimlichen Ethnozentrismus) die Reaktion des Hauptadressaten der Modernisierungstheorie, der „Dritten Welt". Denn zweitens stieß die Modernisierungstheorie in den Entwicklungsländern selbst in wachsendem Maße auf Ablehnung. Die Ausblendung des Kolonialismus bzw. seine implizite Apologetik durch die Modernisierungstheoretiker wurden als ideologische Attribute des Neokolonialismus erkannt, der versteckte Sozialdarwinismus und Rassismus entschieden zurückgewiesen. Die Rezepte der Modernisierungskonzeption wie generell der neokolonialen Entwicklungssoziologie wurden als für die Lösung der Probleme der Entwicklungsländer ungeeignet abgelehnt.[29]

Die wachsende Kritik an der neokolonialistischen Entwicklungssoziologie ist mit einem zunehmenden Einfluß des Marxismus-Leninismus im soziologischen Denken der „dritten Welt" verbunden, führt aber auch zu einer Zunahme des kleinbürgerlichen Radikalismus bei nicht unerheblichen Teilen der jun-

26 D. Apter, The Politics of Modernization, a. a. O., S. 463.
27 D. C. Tipps, Modernization Theory, a. a. O., S. 211.
28 Ebenda.
29 Vgl. K. Ernst, Für eine dem sozialen Fortschritt dienende Soziologie der Entwicklungsländer. Bericht über den 24. internationalen Soziologiekongreß vom 25. bis 30. März 1974 in Algier, in: AAL, Bd. 2, 4/1974, S. 627–633.

gen Soziologengeneration in den Entwicklungsländern, die sie für linkssektiererische, maoistische, neotrotzkistische und andere antikommunistische Thesen empfänglich macht.[30]

Die wachsende Ablehnung der traditionellen wie auch der „verfeinerten" Kolonialismus- und Neokolonialismusapologetik führte Ende der sechziger Jahre zum Aufkommen neuer Auffassungen zur Kolonialismus- und Neokolonialismusproblematik in den kapitalistischen Ländern. Diese versuchten die negativen Auswirkungen des Kolonialismus nicht mehr zu bagatellisieren, ohne allerdings das Wesen der Sache zu erfassen und die Frage nach dem Klasseninhalt der Abhängigkeit zu stellen. Die Kolonialismusproblematik schlechthin auf die Abhängigkeit ökonomisch schwächerer von stärkeren Staaten zu reduzieren ermöglicht es, die sozialistischen Länder als angebliche Erben und Nutznießer des Kolonialismus zu diskreditieren.[31] Die Nähe zur „Arme Länder – reiche Länder" – Konzeption ist evident. Neben dieser antikommunistischen Umfunktionierung der Kolonialapologetik soll durch eine pseudokritische Distanz in der kolonialen Frage ein scheinbar gewandeltes Verhältnis zu Kolonialismus und Imperialismus demonstriert, eine Annäherung an die Führungskräfte in den Entwicklungsländern angebahnt, eine Einbeziehung kleinbürgerlich-radikaler Kräfte in die antikommunistische Front ermöglicht und nicht zuletzt im eigenen Machtbereich die vehemente Kritik der studentischen Jugend sowie anderer gesellschaftskritischer Kräfte am Imperialismus, die sich zum großen Teil auf das Verhältnis der kapitalistischen Industriestaaten zu den Entwicklungsländern bezieht, in ungefährliche Bahnen gelenkt und stärker mit dem Antikommunismus durchdrungen werden. Die Existenz des Neokolonialismus ist bis Ende der sechziger Jahre von der Mehrzahl der Modernisierungstheoretiker bestritten und als Erfindung der Kommunisten abgetan worden. Nunmehr wird der Neokolonialismus als Form der Ausbeutung des ökonomisch schwächeren durch den stärkeren Partner akzeptiert, was teilweise in eine pseudo-linke Argumentation eingegliedert wird, die den Neokolonialismus zu einer Erscheinung ökonomisch entwickelter Län-

30 Vgl. K. Ernst, Charakter und Entwicklung der sozialökonomischen Verhältnisse und der Klassenbeziehungen im subsaharischen Afrika, a. a. O., S. 14 ff.

31 Exemplarisch dafür in der BRD I. Geiss: „Kratzt man ihrer (der kommunistischen Länder Europas – G. R.) offiziellen Ideologie proletarischer Internationalität und Brüderlichkeit, so kommt auch dort in Wirklichkeit der gemeineuropäisch-nordamerikanische Rassismus zum Vorschein. Historisch partizipierten die osteuropäischen Länder ohnehin ebenfalls aus den ökonomischen Vorteilen aus Kolonialhandel und Imperialismus, zumindest indirekt. In welthistorischen Zusammenhängen gesehen, gehören auch sie zu einer gemein-europäisch-nordamerikanischen Haftungsgemeinschaft gegenüber den Entwicklungsländern, der sie nicht einfach durch die kommunistische Umwälzung im eigenen Land entweichen können" (I. Geiss, Der Ort der Geschichtswissenschaft in der Gesellschaft oder Die Funktion des Historikers, in: Die Funktion der Geschichte in unserer Zeit, hg. von E. Jäkkel/E. Weymar, Stuttgart 1975, S. 202.)

der schlechthin begreift und das sozialistische System mit dem kapitalistischen gleichsetzt.[32]

Unter Modernisierungstheoretikern und -forschern verstärkten sich die Auseinandersetzungen über Inhalt und Ausmaß vorzunehmender Korrekturen. Die Modernisierungskonzeption geriet in das Feuer einer liberalen und antiimperialistischen Kritik,[33] und einige Prämissen der Konzeption mußten preisgegeben werden – ein Vorgang, den H.-U. Wehler euphemistisch den „Lernprozeß der Modernisierungstheorien" und eine „eindrucksvolle Leistung" einer „offenen wissenschaftlichen Selbstkritik" nennt: „Diese anhaltenden Kontroversen haben dazu geführt, daß die ursprünglichen Positionen weithin differenziert, umformuliert oder aufgegeben sind. Aus dem Eindruck der Unzulänglichkeit, aus dem Scheitern von theoretischen Entwürfen an der Realität, aus dem Bedürfnis nach problemadäquaten Begriffen ist die Konsequenz gezogen worden, die Modernisierungstheorien bescheidener, empirisch und historisch gehaltvoller neu zu bestimmen."[34]

Die Krise der Modernisierungskonzeption führte zu einem deutlichen Rückgang entsprechender Literatur und bewirkte eine Ernüchterung, doch keineswegs zu ihrer Aufgabe. Es setzte eine Reform der Modernisierungstheorien ein, in deren Verlauf verschiedene weltanschauliche Prämissen als Ballast abgeworfen und Aussagen modifiziert wurden.

Zunächst wurde der Anspruch auf universelle Gültigkeit des amerikanischen Modernisierungsweges und der USA als normativer Zielpunkt der Menschheitsgeschichte relativiert, und die offene oder verdeckte Apologetik des Kolonialismus und des Imperialismus, vor allem ihre sozialdarwinistischen und rassischen Implikationen wurden eliminiert. Sodann wurden Aussagen der Modernisierungskonzeption zurückgenommen bzw. modifiziert und differenziert. Schließlich wurde eine Umrüstung des theoretisch-methodologischen Arsenals vorgenommen. Im Ergebnis dieser Umorientierung sollte eine Modernisierungstheorie begründet werden, „im Grunde soziologisch, aber weitgehend interdisziplinär. Aber es muß eher eine Theorie gemeinsamer Eigenschaften in verschiedenen Prozessen sein als eine Theorie eines einzigen Prozesses oder Modells."[35]

Gleichzeitig kam es zu einer schärferen Differenzierung unter den Modernisierungstheoretikern und -forschern und zur Herausbildung einer zahlenmäßig

32 Vgl. G. Liebscher, Zu einigen neuen Aspekten der neokolonialen Ideologie und Theorienbildung des Imperialismus, in: AAL, Bd. 3, 5/1975, S. 756, 795.

33 Für die USA vgl. u. a. D. C. Tipps, Modernization Theory, a. a. O., S. 199 ff.; R. I. Rhodes, The Disguised Conservatism in Evolutionary Development Theory, a. a. O.; für die BRD vgl. C. Schuhlen, Zur politischen Ökonomie der armen Welt, a. a. O.; W. Bühl, Evolution und Revolution. Kritik der symmetrischen Soziologie, a. a. O.; ders., Theorien sozialer Konflikte, a. a. O.

34 H.-U. Wehler, Modernisierungstheorie und Geschichte, a. a. O., S. 6.

35 I. Weinberg, The Concept of Modernization: An Unfinished Chapter in Sociological Theory, a. a. O., S. 14.

kleinen Gruppe kleinbürgerlich-antiimperialistischer zumeist jüngerer Politologen, die eine Alternative zur Modernisierungskonzeption zu entwickeln versuchten.[36] Diese Kräfte – in vielfach ideologisch den Vertretern der „New Left history" ähnlich[37] – verkörpern das bei Teilen der jungen akademischen Generation wachsende Bedürfnis, Ursachen, Triebkräfte und Gesetzmäßigkeiten der gesellschaftlichen Entwicklung zu erfassen, was sich mit einem zunehmenden Interesse am Marxismus verbindet, ohne diesen jedoch als Alternative anzusehen. Daher sind sie auch nicht imstande, eine Alternative zur Modernisierungskonzeption auszuarbeiten, wie entlarvend ihre Kritik[38] und wie treffend die Konfrontation mit der „historischen Wirklichkeit, die mit Begriffen wie Kolonialismus, Ausbeutung, Imperialismus und Revolution beschrieben wird",[39] im einzelnen auch ist.

Die stattgefundenen Korrekturen beziehen sich auf bestimmte weltanschauliche und politisch-ideologische Grundannahmen, auf die theoretisch-methodologische Struktur sowie auf verschiedene explizite Aussagen der Modernisierungskonzeption:

Erstens. Die bis dahin üblich gewesene schematische Übertragung „westlicher" Gesellschafts- und Staatsmodelle mußten aufgegeben werden. Weil sie den historischen Realitäten in den Entwicklungsländern widersprachen, erwiesen sich derartige Versuche in der Praxis als undurchführbar, zumal sie von den revolutionären Demokraten in den jungen Nationalstaaten abgelehnt wurden. Angesichts der Erfahrungen bei der Durchführung internationaler Entwicklungsprogramme seit dem Punkt Vier-Programm Präsident Trumans im Jahre 1949 mußte eingestanden werden: „Traditionelle Gesellschaften ... sind unfähig für rasche Veränderung ihrer Institutionen, um Herausforderungen von außen zu begegnen. Solche Herausforderungen treten immer auf, wenn eine weniger entwickelte Gesellschaft von einer höherentwickelten das Bild seiner eigenen Zukunft empfängt." Daher müsse die neue Entwicklungsstrategie auf „Veränderung, aber nicht auf Übertragung" orientieren.[40]

36 Neben R. I. Rhodes und D. C. Tipps können hierzu u. a. C. Oglesby, R. Shaull, A. A. Mazrui, M. G. Raskin und B. B. Fall gerechnet werden.

37 Vgl. dazu A. Loesdau, Globalstrategie und Geschichtsideologie, a. a. O., S. 143–154; R. Horn, Die „New Left history" in den USA über den kalten Krieg, in: ZfG, 7/1977, S. 803–815.

38 Vgl. exemplarisch C. Oglesby/R. Shaull, Amerikanische Ideologie. Zwei Studien über Politik und Gesellschaft in den USA, Frankfurt/M. 1969, S. 97/98.

39 R. I. Rhodes, The Disguised Conservatism in Evolutionary Development Theory, a. a. O., S. 412.

40 IESS, Stichwort Modernization: Social Aspects, a. a. O., S. 390. Charakteristisch für diese Wendung ist auch die Grundsatzerklärung R. Nixons zur Afrika-Politik der USA vom 18. 2. 1970: „Jedes Land steht vor eigenen Problemen, und die Lösungen müssen aus den nationalen Erfahrungen eines jeden Landes heraus entstehen. Fremde Ideologien haben sich als völlig irrelevant erwiesen und auf tragische Weise

In diesem Kontext fungieren die „westlichen" Systeme auf der Grundvoraussetzung der Akzeptierung der Eigenstaatlichkeit der jungen Staaten und einer stärkeren Berücksichtigung der Spezifik und Eigenständigkeit ihrer Entwicklung (u. a. der Existenz vorkapitalistischer gesellschaftlicher Institutionen, der dem „Traditionellen" verhafteten Verhaltensweisen und der polyethnischen Struktur) gewissermaßen als Vergleichsmaßstab, um das strukturelle Entwicklungsdefizit der zu entwickelnden Systeme festzustellen.[41] Damit bleibt „Modernität" auf das kapitalistische Gesellschaftssystem fixiert, um die Möglichkeit der Orientierung auf einen nichtkapitalistischen oder sozialistischen Entwicklungsweg auszuschließen und eine proimperialistische Ordnung in diesen Ländern zu schaffen.

Zweitens. Die starre Gegenüberstellung von „Traditionalität" und „Modernität" und ähnlicher dichotomischer Denkfiguren mußte relativiert werden. Dem liegen sowohl unmittelbar praktische Bedürfnisse des Neokolonialismus wie auch das Versagen dieser Denkfiguren als heuristische Erkenntnisinstrumente zugrunde. Die praktischen Beweggründe bestehen in der Absicht, eine evolutionäre Entwicklung in Richtung auf den Kapitalismus zu gewährleisten und stabile kapitalistische Wirtschaftsstrukturen zu schaffen. Dabei wird befürchtet, daß eine rapide „Modernisierung" zunächst zu einer „revolution of rising expectations" und dann von einer „revolution of rising frustations"[42] abgelöst wird, also der beiden nach dem gegenwärtigen bürgerlichen Revolutionsverständnis klassischen Voraussetzungen einer sozialen und politischen Revolution,[43] und mithin die evolutionär-kapitalistische Entwicklung gefährden könne. Diese Konstellation sei für die Entwicklungsländer um so wahrscheinlicher, da hier eine Kumulation von Herausforderungen und ein zeitliches Zusammentreffen jener sechs Krisen, die eine Gesellschaft auf dem Wege zur „Modernität" zu bewältigen habe zu erwarten sei: a) Konflikt zwischen bisher autonomen oder privilegierten Gruppen mit zentralen Verwaltungsinstitutionen (Penetrationskrise); b) Kampf um die Überwindung regionaler, ethnischer oder religiöser Unterschiede (Integrationskrise); c) Überwindung bisheriger Stammestraditionen bei der Nationbildung (Identitätskrise); d) Legitimierung der Herrschaftsbasis der neuen Oberschichte (Legitimitätskrise); e) Einbeziehung bisher unterprivilegierter Gruppen in das gesellschaftlich-politische Leben (Partizipationskrise);

völlig unbrauchbar als Muster für den afrikanischen Fortschritt" (zit. nach: Internationales Afrika-Forum, Bonn, 3/1970, S. 136).

41 J. Herzog, Das Traditionsproblem und der Neokolonialismus, a. a. O., S. 23 f.

42 IESS, Stichwort Modernization: Social Aspects, S. 391.

43 Vgl. dazu J. C. Davies, Eine Theorie der Revolution, in: Theorien des sozialen Wandels, a. a. O., S. 400: „Revolutionen sind am wahrscheinlichsten, wenn eine anhaltende Periode tatsächlichen wirtschaftlichen und sozialen Wachstums von einer kurzen und schweren Rezession abgelöst wird." S. 412: „Daß Revolutionen erst eine Periode steigender Erwartungen und dann eine Periode enttäuschter Erwartungen vorangehen muß, modifiziert sowohl die Vorstellungen von Marx als auch die von Tocqueville."

f) Probleme der Umverteilung des Sozialprodukts (Distributionskrise).[44] Während die „westlichen" Gesellschaften durch die Bewältigung dieser Krisen durch den Ausbau entsprechender Steuerungskapazitäten den demokratischen Weg zur „Modernität beschritten hätten, würde es in den Entwicklungsländern infolge der „Kumulation von Herausforderungen" (ähnlich wie in Rußland zwischen der Februar- und der Oktoberrevolution 1917) zu einer „pathogenen Problembündelung" (J. Habermas)[45] kommen, in der die Spannungen so groß werden, daß das „politische Risiko einer Rebellion" drohe (Robert McNamara).

Daher orientiert die neuere neokolonialistische Entwicklungsstrategie auf eine schrittweise, tiefgreifende gesellschaftliche Veränderungen vermeidende und den Verbleib der jungen Staaten in der kapitalistischen Weltwirtschaft sichernde Entwicklung. Diesem Bedürfnis trug die Modernisierungskonzeption Rechnung: die evolutionäre Entwicklung in Richtung Kapitalismus soll nicht *gegen*, sondern *durch* der traditionelle Strukturen, Institutionen und Verhaltensweisen erreicht werden. Diese sollen als systemstabilisierende Elemente ausgenutzt werden, um gesellschaftliche Widersprüche aufzufangen bzw. zu verschleiern. Die Verbindung von „Traditionalität" und „Modernität" soll ein praktikables Konzept kapitalistischer Entwicklungspolitik darstellen. Von diesem Ansatz aus erfolgt eine Kritik der dichotomischen Denkfiguren der Soziologen des 19. Jh. wie auch der älteren Modernisierungstheorien.[46] Ihnen wird entgegengehalten, daß „Traditionalität" und „Modernität" eher symbiotischen als antagonistischen Charakter trügen. Am Beispiel Ghanas unter Nkrumah und Japans wird diese Konzeption historisch exemplifiziert und in die praktische Politik übertragen: Die ghanaische Regierung und Partei sei gescheitert, weil sie eine „Modernisierung" gegen die Traditionen durchführen wollte, weshalb sie ihre Basis in den traditionellen Sektoren der Gesellschaft verloren hätten. Dagegen biete Japan das Beispiel einer „Modernisierung" ohne revolutionäre Beseitigung der „traditionellen" Gesellschaft, und es wird den Entwicklungsländern als Modell einer erfolgreichen „Modernisierung" angepriesen.[47]

Weitere unmittelbar praktische Motive für die Neubewertung von „Traditionalität" und „Modernität" sind das Bestreben, die auf wirtschaftliche Rückstän-

44 Nach: G. A. Almond, Politische Systeme und sozialer Wandel, in: Theorien des sozialen Wandels, a. a. O., S. 211–227; St. Rokkan, Die vergleichende Analyse der Nationbildung: Modelle und Methoden, in: Ebenda, S. 28–52; P. Flora, Modernisierungsforschung, a. a. O., S. 89–92; H.-U. Wehler, Modernisierungstheorie und Geschichte, a. a. O., S. 36/37.

45 J. Habermas, Zum Thema: Geschichte und Evolution, in: Gesch. u. Gesell., 3/1976, S. 328.

46 „Durkheims Vorstellungen der gesellschaftlichen Entwicklung in gegensätzlichen Begriffen ... sind zu willkürlich und einfach für die modernen Anforderungen an die Analyse" (R. Firth, Preface to Henry Sumner Maine, Ancient Law, Boston 1963, S. XXX).

47 J. Herzog, Das Traditionsproblem und der Neokolonialismus, a. a. O., S. 27 f.

digkeit und Desintegration gegründete strukturelle Abhängigkeit der Entwicklungsländer von den imperialistischen Metropolen zu erhalten und somit ihre Funktion als untergeordnete Glieder der kapitalistischen Weltwirtschaft zu konservieren. Schließlich hofft man, durch Betonung des „Autochthonen" und des „Traditionellen" die neokolonialistischen Ziele besser verschleiern zu können.[48] In engem Zusammenhang mit der Umorientierung der neokolonialistischen Entwicklungsstrategie erfolgten an zwei weiteren Axiomen der älteren Modernisierungstheorien Korrekturen: an den ursprünglichen Wachstumsmodellen und an der Identifizierung von „Modernisierung" mit Industrialisierung. Es setzte sich die Erkenntnis durch, daß die Probleme der Entwicklungsländer nicht mit einer kurzfristig wirkenden ökonomischen Hilfe gelöst werden können, sondern nur durch eine Kombination verschiedener sozialökonomischer Maßnahmen. Deshalb wurde die monokausale Sicht als Kriterium der Rückständigkeit ein niedriges Pro-Kopf-Einkommen anzusehen,[49] durch eine Synthese von ökonomischen und außerökonomischen Faktoren abgelöst, was eine komplexe Analyse der Entwicklungsprozesse in der „Dritten Welt" ermöglichen sollte.[50]

Damit veränderte sich die theoretische Struktur der Modernisierungskonzeption: Entwicklung wurde fortan nicht mehr mit ökonomischem Wachstum identifiziert, „Modernisierung" nicht mehr auf Industrialisierung reduziert. An die Stelle dieser bis dahin weitgehend praktizierten eindimensionalen Betrachtungsweise trat eine mehrdimensionale Analyse des gesellschaftlichen Gesamtprozesses. Die „Modernisierung" wurde nunmehr als ein komplexer Prozeß betrachtet, der gleichermaßen wirtschaftliches Wachstum, technischen Fortschritt wie den Wandel der politischen Ordnung, der sozialen Struktur wie auch die Veränderungen in der psychischen Struktur und den kulturellen und religiösen Werten beinhaltete und in dem die verschiedenen Seiten voneinander abhängig waren. Eine erfolgreiche Industrialisierung wurde von der Herausbildung einer stabilen bürgerlichen Demokratie mit Teilnahme und Zustimmung der Bevölkerung an den politischen Entscheidungen einerseits und einem hohen Grad von Zentralisation der Exekutive und der Administration andererseits abhängig gemacht. Die zu etablierende kapitalistische Marktwirtschaft erfordere eine mobile und kommunizierende Gesellschaft;[51] diese wiederum setze die psychische Flexibilität ihrer Mitglieder, die „empathische und leistungsorientierte Persönlich-

48 Ebenda.

49 Vgl. H. Kahn/J. Wiener, Ihr werdet es erleben. Voraussagen der Wissenschaft bis zum Jahr 2000, Reinbek b. Hamburg 1971, S. 73.

50 Vgl. B. Starostin, Buržuaznye koncepcii modernicacii i perspekivy razvitija „tret'ego mira", in: Mirovaja ėkonomika i meždunarodnye otnošenija, Moskva 7/1977, S. 102–110.

51 J. Smelser/S. M. Lipset, Social Structure, Mobility and Development, in: N. J. Smelser/S. M. Lipset, Social Structure and Mobility in Economic Development, Chicago 1966, S. 12 ff.

keit"[52] voraus, denn nur diese – und hier schließt sich der Kreis – sei zum rationalen Wirtschaftshandeln und zur technisch-wissenschaftlichen Entwicklung fähig.[53]

Drittens. So kommt es Mitte der sechziger Jahre aus dem Scheitern der bis dahin verfolgten imperialistischen Entwicklungsstrategie zur Überwindung der ökonomistisch orientierten Entwicklungstheorien und zur Auflösung der bis dahin weitgehend behaupteten Identität von Industrialisierung und „Modernisierung".[54] Im Unterschied zur Industriegesellschaftslehre, die in der Industrialisierung einen historisch-sozialen Prozeß erblickt, der zwangsläufig alle Länder und Regionen der Erde erfaßt und in der industriellen Revolution die entscheidende Umwandlung von „Agrargesellschaften" und „Industriegesellschaften" vollzieht,[55] im Unterschied auch zu den älteren Modernisierungstheorien, in denen zwischen Industrialisierung und „Modernisierung" nicht differenziert wurde, begannen Mitte der sechziger Jahre Modernisierungstheoretiker die Zwangsläufigkeit des Industrialisierungsprozesses für die Entwicklungsländer überhaupt in Frage zu stellen.[56]

D. Apter versucht 1965 mit einer Abgrenzung von der in der älteren Modernisierungsliteratur weitgehend als identisch bzw. synonym verwendeten Begriffe „Sozialer Wandel" – „Entwicklung" – „Modernisierung" und „Industrialisierung" Ordnung in das gesellschaftstheoretische Begriffsinstrumentarium zu bringen: „Wir betrachten Entwicklung als einen speziellen Fall des sozialen Wandels, Modernisierung als einen speziellen Fall von Entwicklung. Industrialisierung, der am meisten begrenzte Fall, bleibt der bedeutendste." Davon ausgehend, trennt er Industrialisierung von „Modernisierung": „Industrialisierung ist derjenige Aspekt der Modernisierung, der so tiefgreifend in seinen Auswirkungen ist, daß er dysfunktionale soziale Einrichtungen und Gewohnheiten verändert, indem er . . . neue soziale Rollen und Instrumente hervorbringt."[57]

1968 dagegen schreibt er: „Die Beziehung zwischen Entwicklung, Modernisierung und Industrialisierung ist eine logische Abfolge beim Niedergang des Traditionalismus, mit Modernisierung als Konsequenz der Industrialisierung."[58]

Diese und folgende Widersprüche sind für die konzeptionelle Konfusion der Modernisierungstheoretiker kennzeichnend.

52 D. Lerner, The Passing of Traditional Society: Modernizing the Middle East, Glencoe Ill. 1958, S. 137.

53 Vgl. W. Bühl, Evolution und Revolution, a. a. O., S. 74.

54 Vgl. exemplarisch M. Levy/W. E. Moore, Strukturwandel der Gesellschaft, München 1968.

55 Vgl. G. Rose, „Industriegesellschaft" und Konvergenztheorie, a. a. O., S. 105–125.

56 Vgl. Sowjetsystem und demokratische Gesellschaft, Bd. III, Ideologie – Leistung, Freiburg i. Br./Basel/Wien 1969,Sp. 117.

57 D. Apter, The Politics of Modernization, a. a. O., S. X, 68.

58 Ders., Some Conceptual Approaches to the Study of Modernization, Englewood Cliffs, N. J. 1968, S. 335.

Der Distanzierung von der dominierenden Rolle der Ökonomie bzw. der Industrialisierung im gesellschaftlichen Entwicklungsprozeß liegt auf theoretisch-methodologischem Gebiet die Furcht vor materialistischen Implikationen zugrunde. Die Betonung des Primats der Ökonomie, selbst in ihrer vulgärmaterialistischen Form, ist dem bürgerlichen sozialtheoretischen Denken wesensfremd und mußte auf die Dauer als ein seine idealistischen Grundlagen bedrohendes Element empfunden werden. Indem Industrialisierung mit ökonomischer Modernisierung bzw. Entwicklung schlechthin identifiziert werde, so der amerikanische Soziologe W. Moore, gehe man ein Risiko ein: „Das Risiko ist dem vergleichbar, das sich in der marxistischen Theorie offenbart, die dem ‚ökonomischen Faktor' das strukturelle und dynamische Primat zuschreibt."[59]

H.-U. Wehler bestreitet in seinem Bemühen, antimarxistische Gegenpositionen aufzubauen, im Anschluß an W. Zapf die Gültigkeit der Basis-Überbau-Theoreme. Es sei nicht einzusehen, warum „der Bereich der Produktion, Ökonomie, Industrialisierung" generell eine „größere Dignität" beanspruchen könne, ein „materielles Substrat von prinzipiellerem Charakter" darstellen soll als andere „Entwicklungsdimensionen".[60] Daher orientieren die Modernisierungstheoretiker im Unterschied zur Industriegesellschaftslehre im Sinne der bürgerlichen Theorie vom Pluralismus der Faktoren auf eine multikausale und mehrdimensionale Methodologie der Gesellschaftsanalyse. Industrialisierung wird in zwei Hauptvarianten von der „Modernisierung" abgehoben:

a) Industrialisierung wird als *ökonomische* Modernisierung verstanden, die nur durch die parallele „Modernisierung" der anderen gesellschaftlichen Sphären sowie der psychischen Mobilisierung zum Zuge kommen könne, jedoch als bewegende Kraft einer „modernisierenden" Gesellschaft fungiere: „Eine Gesellschaft, die fähig ist, eine Wirtschaft mit sich selbst erhaltendem Wachstum hervorzubringen, ist ipso facto eine moderne Gesellschaft."[61]

b) Der Industrialisierung soll in den Entwicklungsländern eine Vorbereitungs- oder Übergangsphase vorangehen, in der diese Länder auf die „Industriegesellschaft" vorbereitet werden sollen. Darunter verstehen einige Modernisierungstheoretiker die Phase der „Modernisierung", „Modernisierung, nicht Industrialisierung, wird der Schlüssel für die Entwicklung in den meisten neuen Ländern in der nächsten Zukunft sein."[62] Zugespitzt formuliert: Um „modern" zu werden, muß eine Gesellschaft zuvor „modern" sein.[63]

Mit ihrem Konzept von der „Modernisierung" als einer Vorbereitungsphase streben diese Ideologen eine solche Entwicklung der Produktivkräfte in den jungen Staaten an, die ihre Abhängigkeit von den Monopolen weiterhin gewähr-

59 IESS, Stichwort „Industrialization", Social Aspects", a. a. O., Bd. 10, 1968, S. 264.
60 H.-U. Wehler, Modernisierungstheorie und Geschichte a. a. O., S. 53.
61 IESS, Stichwort „Modernization": Social Aspects, Bd. 10, a. a. O., S. 388.
62 D. Apter, The Politics of Modernization, a. a. O., S. 70.
63 C. Schuhler, Zur Politischen Ökonomie der Armen Welt, a. a. O., S. 37.

leisten soll.[64] Weitere Motive für die Verhinderung einer beschleunigten Industrialisierung sind die Furcht vor ihren sozialen und politischen Konsequenzen, insbesondere vor der Herausbildung der Arbeiterklasse und ihrer Organisierung zur politischen Kraft, die angesichts der zu erwartenden sozialen Konflikte in der Industrialisierungsphase eine evolutionäre kapitalistische Entwicklung gefährden könne. Daher wollen sie die Quadratur des Kreises: eine „Industriegesellschaft" ohne Arbeiterklasse. Im Sinne der Korrelierung von Wachstumstempo und Herrschaftsformen wird von einer beschleunigten Industrialisierung die Gefahr der Entstehung „totalitärer" Regime befürchtet.[65]

Die Neubewertung der Wachstums- und der Industrialisierungsmodelle entsprach der Umorientierung der neokolonialistischen Entwicklungsstrategie von einer „Modernisierung" durch ausländische Kapitalinvestitionen zu einer von den einheimischen Kräften getragenen komplexen, soziale Reformen einschließenden „Modernisierung". Damit verloren die durch das „Punkt-Vier-Programm" Trumans 1949 initiierten Entwicklungsmodelle meist US-amerikanischer Provenienz an Einfluß, und der hauptsächlich von Westeuropa ausgehende Sozialreformismus gewann wachsende Bedeutung für die imperialistische Entwicklungspolitik. Diese Entwicklung steht im Zusammenhang mit dem Rückgang der Hegemonialstellung der USA im kapitalistischen System. Die alten Kolonialmächte Westeuropas scheinen nach dem Zusammenbruch der traditionellen imperialistischen Kolonialpolitik und -ideologie gerade auf Grund ihrer größeren Erfahrungen im Kampf gegen die revolutionäre Arbeiterbewegung auf eine flexible neokolonialistische Strategie besser vorbereitet zu sein als die USA. Denn letzten Endes ist die Umorientierung der imperialistischen Entwicklungsstrategie das Resultat der Anpassung an das veränderte Kräfteverhältnis zwischen Sozialismus und Imperialismus und geht es dem Imperialismus in den Entwicklungsländern darum, die Orientierung auf den Sozialismus und die Festigung des Bündnisses der jungen Nationalstaaten mit der sozialistischen Staatengemeinschaft zu verhindern. Daher werden die Modernisierungsmodelle ergänzt und durchdrungen von einer breiten Palette ideologischer Konzeptionen, angefangen von einer direkten Kapitalismus-Apopogetik über Sozialreformismus bis hin zum Linksradikalismus. In einem bisher nicht gekannten Maße wird dabei an nichtmarxistische ideologische Strömungen in der „Dritten Welt" angeknüpft, insbesondere an den Nationalismus und die verschiedenen Varianten eines nichtmarxistischen Sozialismus und auf die Empfänglichkeit der breiten Massen für die Industriegesellschaftslehre, insbesondere für die Konfrontation von „armen" und „reichen" Ländern sowie die Konsumentenideologie spekuliert.[66]

64 Zur Stellung des Imperialismus zur Industrialisierung in Entwicklungsländern vgl. Industrialisierung in Entwicklungsländern. Bedingungen, Konzeptionen Tendenzen, Berlin 1975, S. 533–560.

65 Vgl. J. Herzog, Das Traditionsproblem und der Neokolonialismus, a. a. O., S. 26 f.

66 „Die Konfrontation von ‚arm' und ‚reich' hat für viele Menschen in den Entwick-

Während das USA-Kapital in der Frage des Kurses der neokolonialistischen Strategie bisher keine eindeutige Antwort gefunden hat,[67] orientiert sich das westeuropäische Monopolkapital stärker auf den Sozialreformismus. So hat der BRD-Imperialismus seine Entwicklungspolitik in diesem Sinne ausgerichtet. Seine Politiker und Ideologen (E. Bahr, E. Eppler, F. Ansprenger u. a.) wenden sich gegen die schematische Übertragung marktwirtschaftlicher Modelle auf die Entwicklungsländer und treten für eine „Dynamisierung" und Reformierung der bestehenden Strukturen ein, um den sozialen und politischen Zündstoff, der sich durch das Wachsen der Arbeitslosigkeit und das zunehmende soziale Gefälle in den Entwicklungsländern ansammelt, zu entschärfen.[68] Dieser entwicklungspolitischen Konzeption entspricht weitgehend die „Theorie des dynamischen Kulturwandels" von Richard F. Behrendt.[69] Behrendt postuliert eine „soziale Entwicklungsstrategie", die „einerseits die konstruktiven Erfahrungen und Potenzen der bisherigen Dynamik (also des Kapitalismus – G. R.) voll nutzen, andererseits ihre destruktiven Begleit- und Folgeerscheinungen vermeiden müßte."[70]

Den Weg dazu erblickt er in der Ersetzung des bisher „spontanen, gleichsam sozial blinden dynamischen Wachstumsprozesses durch gelenkten dynamischen Kulturwandel", durch „globale Ausbreitung der Dynamik in einer humanen Form."[71] Die Industrialisierung ist letztlich die entscheidende Voraussetzung für

lungsländern den Augenschein für sich. Die Kluft zwischen ihren Ländern, die sie durch Rückständigkeit und Armut charakterisiert sehen, und den industriell entwickelten Ländern ist in ihren Augen so gewaltig, daß sie darüber den gesellschaftlich entscheidenden Gegensatz zwischen Sozialismus und Imperialismus übersehen bzw. an die zweite Stelle rücken. Dadurch neigen sie dazu, gesellschaftlichen Fortschritt auf technologischen Fortschritt zu reduzieren und sind für Argumente der ‚Industriegesellschaftslehre' empfänglich" (M. Robbe/G. Höpp/Ch. Mährdel, Theorie und Praxis nichtproletarischer Sozialismuskonzeptionen in afro-asiatischen Entwicklungsländern. Möglichkeiten und Grenzen eines kleinbürgerlichen Fortschrittsverständnisses, in: AAL, Bd. 3, 5/1975, S. 770).

67 „Während die konservativen Kräfte den Reformkurs rigoros ablehnen, sind die relativ realistischen Kräfte, darunter McNamara und Galbraith, sich seiner Notwendigkeit, aber auch seiner ‚Risiken' bewußt. Die Furcht, daß durch eine Reformpolitik die Bewegung in der ‚Dritten Welt' zu sehr nach ‚links' getrieben wird und der Imperialismus die Kontrolle über die eingeleiteten Reformen verliert, sitzt ihnen im Nacken" (G. Liebscher, Zu einigen neuen Aspekten der neokolonialistischen Ideologie und Theorienbildung des Imperialismus, in: Ebenda, S. 794).

68 Ebenda, S. 794/795.

69 R. F. Behrendt, Soziale Strategie für Entwicklungsländer, Frankfurt a. M. 1965; ders., Die Zukunft der Entwicklungsländer als Problem des Spätmarxismus, in: Futurum, München, 4/1970, S. 574–616.

70 Ders., Die Zukunft der Entwicklungsländer als Problem des Spätmarxismus, a. a. O., S. 611.

71 Ebenda, S. 609. Zur Einschätzung der Konzeption des „dynamischen Kulturwan-

die Überwindung der Folgen des Kolonialismus, der Emanzipation vom Neokolonialismus und für den gesellschaftlichen Fortschritt in den Entwicklungsländern. Sie allein schafft die materielle Basis für die Entstehung der modernen Arbeiterklasse, der „geschichtlichen Bewegungskraft der Gesellschaft",[72] die materiellen Voraussetzungen für den Sozialismus sowie auch für die Lösung der akuten Probleme der Entwicklungsländer wie der Überwindung der landwirtschaftlichen Rückständigkeit, der Lösung des Ernährungsproblems und des Beschäftigungsproblems.[73]

3. Zu den Anfängen der historischen Modernisierungsforschung in den USA

Die Herausbildung der historischen Modernisierungsforschung in den USA und ihre Etablierung als ein neuer Zweig der bürgerlichen Geschichtsschreibung stand in engem Zusammenhang mit dem Versagen der auf die Entwicklungsländer bezogenen ursprünglichen Modernisierungstheorien und -forschung und dem Scheitern der auf ihnen basierenden amerikanischen Entwicklungsstrategie. Die Grundannahmen und Hauptaussagen der frühen Modernisierungstheorien, des „initial model of modernization"[74] – ihr US-amerikanischer Ethnozentrismus, der in ihnen implizit enthaltene Sozialdarwinismus und Rassismus, die schematische Übertragung „westlicher" Gesellschaftsmodelle auf die Entwicklungsländer, die starre Gegenüberstellung dichotomischer Begriffskonstruktionen und die Identifizierung von „Modernisierung" mit kapitalistischer Industrialisierung – hatten sich als ungeeignete Erkenntnismittel erwiesen. Insbesondere blieb das Denken in kontradiktorischen Dichotomien unfruchtbar, da diese zwar mit dem am Kategorienschema Traditionalität – Modernität orientierten Erklärungsmustern die Anfangs- und die Endpunkte der angestrebten „Modernisierung" fixierten, jedoch den eigentlichen Gegenstand des Interesses, den Modernisierungs*prozeß* ausklammerten, Zwischenstufen einfach als „transitional", d. h. „nicht-mehr-traditional" und „noch-nicht-modern" bezeichneten,[75] Mischformen nicht adäquat erfaßten und selbständige Formen nur als Abweichungen vom normativen Mo-

dels" vgl. H. Schilling, Forcierte Entwicklung des Kapitalismus als Bestandteil der imperialistischen Strategie gegen die nichtkapitalistische Entwicklung in Afrika, in: Nichtkapitalistischer Entwicklungsweg. Aktuelle Probleme in Theorie und Praxis, Berlin 1972, S. 133–152.

72 K. Marx, Das Kapital, Erster Band, in: MEW, Bd. 23, Berlin 1969, S. 528.

73 Zur Bedeutung der Industrialisierung für die gesellschaftliche Entwicklung siehe: Industrialisierung in Entwicklungsländern, a. a. O., S. 13–20.

74 S. N. Eisenstadt, Studies of Modernization and Sociological Theory, in: History and Theory, 3/1974, S. 251.

75 R. I. Rhodes, The Disguised Conservatism in Evolutionary Development Theory, a. a. O., S. 385; P. Flora, Modernisierungsforschung, a. a. O., S. 21.

dell begriffen.[76] Das Denken in Dichotomien vermochte allenfalls Unterschiede zwischen entwickelten und nichtentwickelten Gesellschaften zu erklären, nicht aber die Bedingungen der Entwicklung. Indem die ursprünglichen Modernisierungstheorien und -modelle die Komplexität der gesellschaftlichen Strukturen in den Entwicklungsländern und die Kompliziertheit ihrer Entwicklungsprozesse weitgehend unberücksichtigt ließen, erwiesen sie sich als ungeeignete Entscheidungshilfen für die neokolonialistische Entwicklungsstrategie.

Das trifft auch auf die „reformierte" ökonomisch-soziologische Modernisierungskonzeption der sechziger Jahre zu, obwohl diese den bis dahin vorherrschenden ökonomistisch-soziologischen Schematismus bis zu einem gewissen Grade auflockerten und mit Hilfe von Entwicklungstrends, -stadien und -typologien den Prozeßcharakter der Vorgänge in der „Dritten Welt" zu erfassen versuchten. Es kam zu einem Auseinanderklaffen von Modernisierungstheorien und Modernisierungsforschung. Während sich erstere zu global-evolutionistischen Konstruktionen des „sozialen Wandels" auf immer höheren Abstraktionsebenen verflüchtigten,[77] beschränkte sich letztere auf katalogartige Aufzählungen von Eigenschaften oder Dimensionen traditionaler, transitionaler und moderner Gesellschaftstypen bzw. Systeme,[78] auf Datensammlungen und die Inventarisierung prozessualer Abläufe[79] und gelangte so zu einer „prinzipiell unbestimmten Zahl von Zustandsanalysen",[80] sofern sie nicht von vornherein auf die Analyse gesamtgesellschaftlicher Prozesse verzichteten und sich auf die Beschreibung peripherer Erscheinungen (Demographie, Staatshaushalt usw.) beschränkten.[81]

Als Dilemma der „reformierten" Modernisierungskonzeption zeichnete sich ab, daß die Modernisierungs*theorien* zu abstrakt soziologischen und mithin inhaltsleeren universalistischen Gedankenkonstruktionen tendierten, die Modernisierungs*forschung* hingegen in Subjektivismus und plattem Empirismus versandete. „Eine Möglichkeit ist, auf einer solch hohen Abstraktionsebene zu theoretisieren, daß die Unterschiede der zeitlichen Perioden und der Kulturen vernachlässigt werden . . . Selbst niedrigere Abstraktionsebenen verfallen diesem

76 R. Trauzettel, Probleme der Modernisierung in Ostasien, in: Saeculum, 26/1975, S. 191.

77 So bei T. Parsons, Evolutionary Universals in Society, in: American Sociological Review, 29/1964, S. 339–357 (dt.: Evolutionäre Universalien der Gesellschaft, in: Theorien des sozialen Wandels, a. a. O., S. 55–74). B. Moore jr. vergleicht seine makro-soziologische Analyse mit einer topographischen Aufnahme aus großer Höhe, in der die Einzelheiten verschwimmen (in: Soziale Ursprünge von Diktatur und Demokratie, a. a. O., S. 12/13). Dazu treffend H. Schissler: Theorien des sozialen Wandels, in: Neue Politische Literatur, 2/1974, S. 162.

78 W. Zapf, Theorien des sozialen Wandels, a. a. O., S. 22.

79 G. Brandt, Industrialisierung, Modernisierung, gesellschaftliche Entwicklung, a. a. O., S. 7.

80 R. Lepsius, in: H. Schissler, Theorien des sozialen Wandels, a. a. O., S. 183.

81 P. Flora, Modernisierungsforschung, a. a. O., S. 20.

Dilemma."[82] Ideologie- und Erkenntnisfunktion der Modernisierungskonzeption fielen auseinander, ohne daß jede für sich genommen zu befriedigenden Ergebnissen für die neokolonialistische Strategie gekommen wären. Die Kommunikationen zwischen Theorie und empirischer Forschung brachen ab. Einerseits konnten die auf „evolutionäre Universalien des gesellschaftlichen Wandels" herauftransformierten Modernisierungstheorien immer weniger die Funktion einer prokapitalistischen weltanschaulichen Alternative zum nichtkapitalistischen Entwicklungsweg bzw. zur sozialistischen Orientierung erfüllen und der empirischen Forschung fruchtbare Orientierungshilfen bereitstellen. Andererseits erwies sich die Modernisierungsforschung der Aufgabe nicht gewachsen, „nicht nur einen komplizierten Transformationsprozeß in weiten Teilen des Erdballs zu analysieren, sondern auch mit ihren Ergebnissen zur aktuellen Entscheidung und politischen Prognose beizutragen"[83]. Modernisierungstheoretiker und -forscher reagierten darauf auf unterschiedliche Weise. Eine Anzahl von ihnen, namentlich Soziologen und Politologen, erging sich in der „orthodoxen Wiederholung alter Positionen" und produzierte „abstraktes Wortgeklingel, dessen Hohlheit nur noch durch seine Realitätsferne übertroffen wird."[84] Dieser Weg endete in einer Sackgasse. Als Ausweg aus diesem Dilemma wurde dagegen von einer wachsenden Zahl von Modernisierungstheoretikern und -forschern die Historisierung der Modernisierungskonzeption angesehen.

Dies geschah in dreierlei Hinsicht:

Erstens durch Überprüfung und Korrektur der Modernisierungstheorien vermittels der Konfrontation mit dem empirischen und dem historischen Material. Das „gegenwärtige Mißvergnügen an Modernisierungstheorien", konstatierte R. Trauzettel 1974, resultiere „aus den vorerst gescheiterten Versuchen ..., sie zu operationalisieren." Ihre Verifikation könne nicht darin bestehen, „ein geschlossen konzipiertes soziologisches Theoriengefüge wie ein Raster auf mit klassischen Mitteln der Historiographie beschriebene historische Ausschnitte zu legen, sondern darin, die theoretischen Begriffe an den konkreten Elementen des thematisierten historischen Prozesses zu überprüfen."[85]

Zweitens wurde der Modernisierungsforschung die „Medizin der Geschichte" zu verschrieben und zur „geschichtlichen Natur der Entwicklungsprozesse" zurückgekehrt."[86] Die Modernisierungsforschung sollte stärker als zuvor den spe-

82 I. Weinberg, The Concept of Modernization: An Unfinished Chapter, a. a. O., S. 12 f.

83 H.-U. Wehler, Vorüberlegungen zu einer modernen deutschen Gesellschaftsgeschichte, a. a. O., S. 5.

84 H.-U. Wehler, Vorüberlegungen zu einer modernen deutschen Gesellschaftsgeschichte, a. a. O., S. 5, 16. Das vielleicht deutlichste Beispiel: M. J. Levy, Modernization and the Structure of Societies, Princeton 1970.

85 R. Trauzettel, Probleme der Modernisierung in Ostasien, a. a. O., S. 191.

86 G. A. Almond, Approaches to Development Causation. Beitrag zum Achten Weltkongreß der International Political Science, München 1970.

zifisch-historischen Charakter einzelner Modernisierungsprozesse berücksichtigen.[87]

Drittens wandte sich die Modernisierungsforschung der Geschichte entwickelter Länder zu, den Gebieten, „in denen der einzige bisher bekannte autochthone Modernisierungsprozeß in Gang gekommen war: in Europa und Nordamerika. Über die historischen Dimensionen und Probleme des okzidentalen Entwicklungssprungs Genaueres zu erfahren, sie im Lichte der bisher gewonnenen Erfahrungen und Theorien erneut zu prüfen, versprach zuverlässigere Einsicht in die Bedingungskonstellationen erfolgreicher Modernisierung als die präsentistische Feldforschung in den weniger entwickelten Ländern."[88] Schon zu Beginn der sechziger Jahre hatten sich einige vornehmlich US-amerikanische Historiker und Soziologen der Rekonstruktion der Entwicklungsgeschichte bereits industrialisierter Gesellschaften mittels komparativer Analysen zugewandt. Das Studium der historischen Erfahrungen der „Modernisierung" und der Vergleich des als normativ begriffenen „westlichen" mit dem „kommunistischen" und dem „faschistischen" Weg der „Modernisierung" sollten zunächst mögliche Varianten in der Entwicklung der „Dritten Welt" prognostizieren und dadurch Entscheidungshilfen für die imperialistische Politik bereitstellen. Unter dem Motto „Das westliche Modell von neuem durchdacht" kam es zur Erweiterung des Gegenstandes der Modernisierungsforschung, um die „Pfade der Modernisierung der entwikkelten Länder von neuem zu untersuchen".[89] Eine Reise durch das vorige Jahrhundert könne dazu beitragen, den „Dogmatismus des Ungereisten" (Bertrand Russell) zu überwinden und für die Entwicklungsländer geeignete Lösungswege zu erschließen. Darin kamen ursprünglich unmittelbare praktische Bedürfnisse der Politikberatung zum Ausdruck. Es ging um die grundsätzliche Alternative zwischen dem kapitalistischen und dem nichtkapitalistischen bzw. dem sozialistischen Entwicklungsweg und um die Verhinderung sozialer Konfliktsituationen und Revolutionslagen. „Indem solche Überlegungen die Einschätzungen der historischen Pfade von der Vergangenheit zur Gegenwart veränderten, eröffnen sie neue Erkenntnisse für die politische Entwicklung von der Gegenwart zur Zukunft."[90] Mittels der Historisierung der Modernisierungsforschung sollte damit aus der Rekonstruktion der Geschichte entwickelter Länder ein Vorwarnpotential bereitgestellt und mögliche Gefahren für die kapitalistische Orientierung in den Entwicklungsländern signalisiert werden. So wurden die Gefahren eines „garrison-prison-state"[91] beschworen, die Zweischneidigkeit der Attrak-

87 Crisis, Choice and Change, hg. von G. A. Almond u. a. Boston 1973; S. N. Eisenstadt, Studies of Modernization and Sociological Theory, a. a. O.,

88 H.-U. Wehler, Vorüberlegungen zu einer modernen deutschen Gesellschaftsgeschichte, a. a. O., S. 6.

89 Stichwort Modernization: Social Aspects, a. a. O., S. 388.

90 Ebenda, S. 389.

91 Eigentlich „Festungs-Gefängnis-Staat" (Garrison war der Name für die Militärfestung). Diese Formel steht in der US-amerikanischen Soziologie für einen „totali-

tionen der „Massenkonsumgesellschaft" für arme Völker herausgearbeitet, sofern sie nicht – wie die modernen westlichen Gesellschaften – die „Want-Get-Ratio" (das Verhältnis zwischen Bedürfnis und Befriedigung) unter Kontrolle bringen und ein dynamisches Gleichgewicht zwischen den materiellen Wünschen und den Möglichkeiten ihrer Befriedigung herstellen können,[92] die Folgen der Überbevölkerung und der Zusammenballung großer Menschenmassen in Städten anhand der historischen Erfahrungen in den entwickelten kapitalistischen Ländern analysiert.[93]

Zugleich erschien unter „Entlastung vom Druck aktueller Politikberatung"[94] eine wachsende Zahl von Arbeiten zur Neuinterpretation der Geschichte entwickelter kapitalistischer und sozialistischer Länder sowie zur Universalgeschichte aus der Sicht der Modernisierungskonzeption. Seit Ende der sechziger Jahre hat sich, zunächst in den USA, die historische Modernisierungsforschung weitgehend von der Entwicklungsländerforschung gelöst und als neue Strömung in der bürgerlichen Historiographie etabliert.

tären" Polizeistaat (vgl. H. D. Laswell, The Policy Sciences of Development, in: World Politics, 17/1965, S. 286–309).

92 Nach der Formel des amerikanischen Philosophen W. James ist Frustration $= \frac{\text{Want}}{\text{Get}}$. Der Frustationsgrad ergibt sich aus dem schnelleren Wachsen des Zählers im Verhältnis zum Nenner. Dieses aus der Psychologie entnommene Verfahren wurde in Modernisierungstheorien zur Signalisierung sozialer Konflikte verwendet. In „traditionellen" Gesellschaften bleibe der Frustrationsgrad niedrig, weil die Wünsche gering und konstant seien. In „transitionalen" Gesellschaften dagegen steige er infolge wachsender Wünsche rasch auf nicht berechenbare Größen an und bereite so den Boden für soziale Unzufriedenheit. Die „Revolution steigender Erwartungen" schlage wegen der zurückbleibenden Wirtschaftsentwicklung in eine „Revolution wachsender Frustration" um und bereite so den Boden für eine soziale Revolution. Zur Erhaltung der politischen Stabilität sei es nötig, Erwartungen und Befriedigung in ein Gleichgewicht zu bringen. Sie ergebe sich aus dem Quotienten $\text{politische Stabilität} = \frac{\text{soziale Mobilisierung}}{\text{wirtschaftliche Entwicklung}}$. Die Erhaltung des gesamtgesellschaftlichen Gleichgewichts (societal equilibrium) wird aus dem Verhältnis von institutioneller Stabilität und individueller Mobilität erklärt. $\frac{\text{gesamtgesellschaftliches}}{\text{Gleichgewicht}} = \frac{\text{Institutionelle Stabilität}}{\text{individuelle Mobilität}}$ (vgl. IESS, Modernization, a. a. O., S. 389, 392/393; D. Lerner, Toward a Communication Theory of Modernization, in: Communications and Political Development, hg. von L. Pye, Princeton 1963; D. Lerner, The Passing of Traditional Society, New York 1966).

93 J. J. Spengler/O. D. Duncan, Population Theory and Policy, Glencoe/Ill. 1956; B. F. Hoselitz, Sociological Aspects of Economic Growth, Glencoe/Ill. 1960.

94 H.-U. Wehler, Vorüberlegungen zu einer modernen deutschen Gesellschaftsgeschichte, a. a. O., S. 6.

Welches waren die ersten für die historische Modernisierungsforschung in den USA konzeptionsbildenden Arbeiten? D. C. McClelland untersuchte in Anlehnung an M. Webers Rationalisierungskonzeption in seinem Buch „The Achieving Society"[95] die Leistungsmotive in der bisher überlieferten Geschichte. S. M. Lipset lieferte in „The First New Nation. The United States in Historical and Comparative Perspective"[96] die erste Neuinterpretation der Geschichte der USA aus der Sicht der ursprünglichen Modernisierungskonzeption: die USA wurden als die erste Nation präsentiert, die sich aus eigener Kraft aus kolonialer Bevormundung befreit hat und in der als Ergebnis erfolgreicher Modernisierung wirtschaftlicher Wohlstand mit Demokratie korrespondiere.

Von konzeptionsbildender Bedeutung[97] waren die Arbeiten des amerikanischen Wirtschaftshistorikers A. Gerschenkron.[98] Gerschenkron versuchte eine historische Theorie der europäischen Industrialisierung zu begründen. Von einer übergreifenden Bedeutung der Industrialisierung gegenüber dem Wechsel der Gesellschaftsformationen ausgehend, stellte er die These auf, daß die jeweiligen spezifisch-historischen Züge eines Industrialisierungsprozesses vom Grad der relativen Rückständigkeit des betreffenden Landes abhängen, und zwar von jenem Grad, der am Vorabend des „großen Spurts" in das industrielle Wachstum erreicht worden ist, so daß ein zeitliches Nachhinken der Industrialisierung zugleich deren qualitative Andersartigkeit bedeuten würde. Gemessen an England als erstem klassischem Land erfolgreicher Industrialisierung hätten sich alle anderen Länder in einer relativen Rückständigkeit befunden, zunächst Frankreich und Deutschland, dann die USA und Rußland.

Zur Erklärung der historischen Unterschiede im Industrialisierungsprozeß und des rascheren Tempos der ökonomischen Entwicklung der „Nachzüglergesellschaften" führt Gerschenkron zwei Elemente ein: die sog. Substitutionstheorie und die These vom „Vorzug der Rückständigkeit". Die sog. Substitutionstheorie besagt, daß die „Nachzüglergesellschaften" qualitativ andersartige Ersatzlösun-

95 Princeton 1961 (dt.: Die Leistungsgesellschaft, Stuttgart 1966).

96 New York 1963.

97 So bezeichnet Wehler Gerschenkrons Theorie der europäischen Industrialisierung als „vorzügliche Ausgangsposition" für den Wirtschaftshistoriker und die vergleichende Sozialgeschichte im Rahmen der Modernisierungsforschung. „Als generelles Interpretationsraster hat die Gerschenkronsche Theorie inzwischen mehrfach ihre problemaufschließende Kraft bewiesen, so daß die Modernisierungsforschung zu Recht an sie anschließen kann." H.-U. Wehler, Modernisierungstheorie und Geschichte, a. a. O., S. 48–50.

98 Vor allem die Schriften: Economic Backwardness in Historical Perspective, in: The Progress of Underdeveloped Areas, hg. von B. F. Hoselitz, Chicago 1952; ders. Continuity in History and Other Essays, Cambridge/Mass. 1968; ders., The Early Phases of Industrialization in Russia: Afterthoughts and Counterthoughts, in: The Economics of Take-Off into Sustained Growth, hg. von W. W. Rostow, London 1969.

gen finden mußten, da sie die ursprünglichen Leistungen der „Pioniergesellschaft" in der gleichen historisch-konkreten Form nicht erbringen könnten. Allgemein verlaufe die Industrialisierung jedoch um so konfliktreicher und spannungsgeladener, je größer die relative Rückständigkeit und je schneller der „große Sprung" erfolge. Darauf, daß „die Entwicklung des Kapitalismus in jungen Ländern durch das Beispiel und die Unterstützung der alten Länder erheblich *beschleunigt*" wird, hat W. I. Lenin bereits 1899 hingewiesen.[99] Die von Gerschenkron in Anlehnung an Th. Veblens auf das imperialistische Deutschland bezogene Auffassung von den „Vorzügen des Borgens"[100] sowie die an L. D. Trotzki[101] anknüpfende These vom „Vorzug der Rückständigkeit" besagen, daß die „Nachzüglergesellschaften" Technik, Organisation und Erfahrungen, die die „Pioniernationen" sich mühsam erarbeitet hätten, übernehmen und sie dadurch überflügeln könnten. Davon ausgehend sowie an eine der ersten Deutungen der Oktoberrevolution aus der Sicht der Modernisierungskonzeption anknüpfend,[102] nimmt Gerschenkron eine Interpretation der Großen Sozialistischen Oktoberrevolution vor, wobei er besonders eine Beziehung zwischen Rückständigkeit, Revolution und raschem Wachstum der Produktivkräfte nach der Revolution herstellt. Er bezeichnet „die Sowjetherrschaft als ein Produkt der wirtschaftlichen Rückständigkeit des Landes ... Hätte Katharina die Große die Leibeigenschaft beseitigt oder wäre dies zur Zeit des Dezemberaufstandes von 1825 geschehen, die Unzufriedenheit der Bauern, die Triebkraft und Erfolgsgarantie der russischen Revolution hätte nie katastrophale Ausmaße angenommen . . . Die verzögerte industrielle Revolution war verantwortlich für eine politische Revolution, in deren Verlauf die Macht in die Hände einer diktatorischen Regierung fiel ... Eine solche Regierung kann sich nur an der Macht halten, wenn sie dem Volke glaubhaft machen kann, daß sie eine wichtige soziale Funktion erfülle, die ohne sie nicht erfüllt werden könnte. Die Industrialisierung verschaffte der sowjetischen Regierung eine solche Funktion."[103] Das rasche Wachstum der Produk-

99 W. I. Lenin, Die Entwicklung des Kapitalismus in Rußland, in: Werke, Bd. 3, Berlin 1956, S. 503, 569.

100 Th. Veblen, Imperial Germany and the Industrial Revolution, New York 1954.

101 R. Bendix, Modernisierung in internationaler Perspektive, in: Theorien des sozialen Wandels, a. a. O., S. 508. Die Idee vom „Vorzug der Rückständigkeit" findet sich schon im 17. Jahrhundert. Vgl. die Reflexion der russischen „Modernisierung" unter Peter dem Großen im Werk von Leibniz (1646–1716), dargestellt in: D. Groh, Rußland und das Selbstverständnis Europas, Neuwied 1961, S. 32–43.

102 Th. v. Laue, Die Revolution von außen als erste Phase der russischen Revolution, in: Jahrbücher für Geschichte Osteuropas, Bd. 4, 1956, H. 2. Hier wird die Oktoberrevolution als Prototyp der Revolution rückständiger Länder charakterisiert; für die entwickelten Länder des Westens existiere das Problem der Revolution jedoch nicht.

103 A. Gerschenkron, Wirtschaftliche Rückständigkeit in historischer Perspektive, in: Theorien des sozialen Wandels, a. a. O., S. 78/79.

tivkräfte und die höheren Wachstumsraten der sozialistischen Industrialisierung erklärt Gerschenkron nicht aus der Qualität der sozialistischen Produktionsverhältnisse und der durch die Revolution freigesetzten politisch-moralischen Potenzen der Völker der Sowjetunion, sondern aus dem „Vorzug der Rückständigkeit" einer „Nachzüglergesellschaft", die auf dem technischen Höchstniveau aufbauen konnte. Damit lieferte Gerschenkron für die imperialistische Kommunismusforschung das erste umfassende historische Interpretationsmuster. Die Oktoberrevolution wurde in die Kategorie der „modernen Entwicklungsrevolutionen", die in allen Ländern beim Übergang zur „Industriegesellschaft" stattfänden, eingeordnet, ihre welthistorische Bedeutung auf die rasche Industrialisierung eines rückständigen Landes reduziert. So erscheint sozialistisches Eigentum nicht als Ergebnis der fortschreitenden Vergesellschaftung der Produktion, sondern als Instrument zur rascheren Überwindung von Entwicklungsrückständen. Der Leninismus wurde zur Ideologie verspäteter Industrialisierung degradiert.[104]

Indessen war das politische Hauptanliegen Gerschenkrons die Signalisierung von Gefahren in den Entwicklungsländern. Der „Vorzug der Rückständigkeit" und die Substitutionstheorie werden in die Gegenwart projiziert: Sie gelten durchaus für die Entwicklungsländer, die sich heute im Vergleich mit den entwickelten Ländern in einer prinzipiell ähnlichen Situation befänden wie die „Nachzüglergesellschaften" des 18. und des 19. Jh. im Verhältnis zu England. Das schaffe einerseits die Chance für erfolgreiche Ersatzlösungen, mache diese Länder andererseits für den „kommunistischen Weg der Modernisierung" anfällig. Da in ihnen – wie in Rußland vor 1917 – wirtschaftliche Rückständigkeit und verhinderte Reformen mit einem enormen Modernisierungsdruck von außen korrespondieren würden, könne es zu Wiederholungen des Beispiels von 1917 kommen. Dies stelle angesichts der Ausstrahlungskraft des sowjetischen Beispiels und des Aufstiegs der Sowjetunion zur Weltmacht eine der größten Herausforderungen an den Westen dar. „Wenn das sowjetische Beispiel eines unübersehbar deutlich macht, dann die enorme Gefahr, die wirtschaftliche Rückständigkeit heute in sich birgt. Es gibt keine problemlosen Schnellstraßen auf dem Weg zur industriellen Entwickung. Dieser Weg kann von der Rückständigkeit zur Diktatur führen und von der Diktatur zum Krieg. Unter den Bedingungen einer ‚bipolaren' Welt erscheint diese Gefahr modifiziert und gesteigert. Andere rückständige Länder ahmen die Sowjetpolitik bewußt nach und geraten freiwillig oder gezwungen in den sowjetischen Einflußbereich." Gerschenkron schließt mit einem die historischen Erfahrungen der „Modernisierung" in den letzten beiden Jahrhunderten zusammenfassenden beschwörenden Appell zur Verstär-

104 Zur Auseinandersetzung mit der modernisierungstheoretischen Verfälschung der Oktoberrevolution vgl. bes. B. I. Marushkin, History and Politics, a. a. O., S. 113 bis 125; I. N. Olegina, Industrializacija SSSR v anglijskoj amerikanskoj istoriografii, Leningrad 1971; E. Vjatr, Sociologičeskie teorii antikommunističeskoj sovjetologii v SŠA, in: Voprossy filosofii, 10/1970; Unbewältigte Vergangenheit, Kritik der bürgerlichen Geschichtsschreibung in der BRD, hg. von G. Lozek u. a., Berlin 1977.

kung der neokolonialistischen Entwicklungsstrategie und für eine bürgerliche Umgestaltung von oben in den Entwicklungsländern, damit sich das Beispiel von 1917 nicht wiederhole: „Nicht nur Rußland, die ganze Welt zahlt den Preis dafür, daß es nicht zu einem früheren Zeitpunkt gelungen ist, die russischen Bauern zu befreien und die Industrialisierung in die Wege zu leiten. Industrienationen können es sich nicht leisten, wirtschaftliche Rückständigkeit zu ignorieren ... Nur dann kann die Erfahrung des 19. Jahrhunderts dazu dienen, die drohenden Gefahren des 20. Jahrhunderts abzuwenden."[105]

Bestimmte festgefahrene und nicht mehr problematisierte Modellvorstellungen der soziologischen Modernisierungstheorien, insbesondere das Industrialisierungs- Demokratisierungs/Harmonisierungstheorem, die strukturell-funktionalistischen Systemmodelle sowie die unilineare Sequenz zwangsläufiger Entwicklungsschritte von der „Traditionalität" zur „Modernität" wurden durch historische Untersuchungen von Krisen, Zusammenbrüchen und Verfall von Modernisierungsprozessen in Frage gestellt und relativiert.[106]

Bahnbrechend für die historisch-komparative Modernisierungsforschung wurden Mitte der sechziger Jahre die Schriften des amerikanischen Soziologen Reinhard Bendix,[107] der in der bürgerlichen Literatur weithin als ihr Begründer gilt.[108] Tatsächlich trat er jedoch weniger durch eigene originelle Ideen als durch Systematisierung und Synthese bereits existierender Elemente der historischen Modernisierungsforschung und ihre universalhistorische Anwendung hervor, so besonders der von A. Gerschenkron ausgearbeiteten Interpretationsraster. Die Perspektive historischer Modernisierungsforschung wurde durch Bendix im wesentlichen durch folgende neue Gesichtspunkte erweitert:

1. Im Gegensatz zu den bis dahin vorherrschenden abstrakt-soziologischen universalistischen Modernisierungstheorien definierte Bendix „Modernisierung" als einen „Typus des sozialen Wandels, der seinen Ursprung in der englischen Industriellen Revolution, von 1760 bis 1830, und in der politischen Französischen

105 A. Gerschenkron, Wirtschaftliche Rückständigkeit in historischer Perspektive, a. a. O., S. 79.

106 Vgl. bes. S. N. Eisenstadt, Breakdowns of Modernization, in: Economic Development and Cultural Change, 12/1964, S. 345–367; S. Huntington, Political Development and Political Decay, in: World Politics, 12/1965, S. 386–430.

107 Bes. durch seine Studien: Nation-Building and Citizenship, New York 1964; Die vergleichende Analyse historischer Wandlungen, in: Kölner Zeitschrift für Soziologie und Sozialpsychologie, 6/1965, S. 429–446; Tradition and Modernity Reconsidered, in: Comparative Studies in Society and History, Cambridge/Mass., 9/1966, S. 292–346; Towards a Definition of Modernization. Paper delivered at the 6th World Congress of Sociology, Evian 1966 (1. Teil in dt.: Modernisierung in internationaler Perspektive, in: Theorien des sozialen Wandels, a. a. O., S. 505–512); Modernisierung und soziale Ungleichheit, in: Wirtschafts- und sozialgeschichtliche Probleme der frühen Industrialisierung, hg. von W. Fischer, Berlin(West) 1968, S. 170–246; State and Society, Boston 1968; Embattled Reason, New York 1970.

108 H.-U. Wehler, Modernisierungstheorie und Geschichte, a. a. O., S. 47.

Revolution, von 1789 bis 1794, hat".[109] Damit war Bendix der erste bürgerliche Soziologe, der „Modernisierung" historisch-konkret zu bestimmen suchte: Zeit und Raum einer Geschichte der „Modernisierung" werden auf die Epoche der in Europa und Nordamerika eingetretenen Folgewirkungen dieser Revolutionen fixiert. Das bot den Vorteil, diese Zäsur als „Weltwende" zwischen vorindustrieller und industrieller Gesellschaft zu kennzeichnen, der die Große Sozialistische Oktoberrevolution substituiert wird.[110] Zugleich sollte damit das in der von J. Godechot und R. R. Palmer[111] in der Spätphase des kalten Krieges begründeten Konzeption der „atlantischen Revolution" enthaltene penetrante ethnozentrische US-amerikanische Sendungsbewußtsein von den USA als Maßstab für Demokratie, Recht und Ordnung in der Welt überwunden werden.[112]

Inzwischen hat sich diese Periodisierungsauffassung in der von E. Hobsbawm weiterentwickelten Version von der evolutionären Freisetzung des Kapitalismus im Ergebnis der sog. „Doppelrevolution" an der Wende vom 18. zum 19. Jh. unter Einbeziehung auch der amerikanischen Revolution in der bürgerlichen Historiographie weitgehend durchgesetzt.

2. Die „Modernisierung" außereuropäischer und außeramerikanischer Gebiete wurde von Bendix auf die „Doppelrevolution" bezogen, indem er die Welt fortan in entwickelte und „Nachzüglergesellschaften" einteilte. Im Unterschied zu den bis dahin vorherrschenden Theorien, die „Modernisierung" bzw. die Industrialisierung im wesentlichen als für alle Länder gleichverlaufende Prozesse begriffen, sofern bestimmte Vorbedingungen gegeben seien und ihrerseits wieder klar bestimmbare Folgen nach sich zögen (am prononciertesten bei Rostow), hob Bendix in Anlehnung an Gerschenkron hervor, daß der „Modernisierungs-" bzw. der Industrialisierungsprozeß aus der spezifischen Ausgangslage von Nachzüglern gegenüber Pioniergesellschaften begriffen werden müssen.[113]

„Modernisierung ... besteht im wirtschaftlichen und politischen Fortschritt einiger Pioniergesellschaften und den darauf folgenden Wandlungsprozessen der Nachzügler."[114] Freilich nicht auf dem Wege eines Kopierens der „Pioniergesellschaften": Gerade der Versuch, die Lücke zwischen entwickelten Gesellschaften und Nachzüglern durch die mehr oder weniger ad hoc erfolgende Übernahme einzelner Errungenschaften der Moderne zu schließen „produziert in vielen Fäl-

109 R. Bendix, Modernisierung in internationaler Perspektive, a. a. O., S. 506.
110 Unbewältigte Vergangenheit, a. a. O., S. 260.
111 Le problème de l'Atlantique du XVIIIème au XXème siècle, in: Congresso Internationale di Scienze Storiche, Roma, 4–11 settembre 1955. Relazioni, vol. V: Storia contemporena, Roma 1955; J. Godechot, La Grande Nation: L'expansion révolutionnaire de la France dans le monde de 1789 à 1799, Paris 1956; R. R. Palmer, The Age of the Democratic Revolution – A Political History of Europe and America, 1760 bis 1800, 2 Bd.. Princeton 1959.
112 Unbewältigte Vergangenheit, a. a. O., S. 176.
113 R. Bendix, Modernisierung und soziale Ungleichheit, a. a. O., S. 225 ff.
114 R. Bendix, Modernisierung in internationaler Perspektive, a. a. O., S. 510.

len die Hindernisse, die der erfolgreichen Modernisierung ... im Wege stehen."[115] Sozialer Wandel bestehe vielmehr „immer zugleich auf exogenen und endogenen Wandlungsprozessen."[116] Mit der Betonung der internationalen Bedingungen der „Modernisierung" trug Bendix den Bedürfnissen der neokolonialistischen Entwicklungsstrategie Rechnung: der Orientierung auf eine schrittweise, komplexe, die Besonderheiten der Entwicklungsländer berücksichtigende, Traditionelles und Modernes verbindende Entwicklung; bei alledem wurde der Aspekt der aktiven Einflußnahme von außen stärker als je zuvor hervorgehoben.

In der historiographischen Praxis der USA sind die Modernisierungstheorien vor allem in der Erforschung der Geschichte der Entwicklungsländer, in der Weltgeschichtsbeschreibung sowie in der Faschismus- und der Kommunismusforschung wirksam geworden. In den sechziger Jahren erschienen die ersten Deutungen der Weltgeschichte aus der Sicht der Modernisierungskonzeption. Dies stellte für die Universalgeschichtsschreibung der USA in mehrfacher Hinsicht ein Novum dar. Bis weit in das 20. Jh. war das universalhistorische Interesse in den USA verhältnismäßig gering gewesen. Weltgeschichte wurde weitgehend als eine europäische Angelegenheit betrachtet, getrennt von der eigenen, von äußeren Einflüssen ungestörten eigenen Geschichte. Die europazentrischen weltgeschichtlichen Konzeptionen des alten Kontinents wurden rezipiert, bändereiche Weltgeschichtsdarstellungen pflegte man mehr aus Großbritannien und Deutschland zu importieren als selbst zu produzieren. Nach dem Eintritt der USA in die Weltpolitik nahm zwar das Interesse an der Universalgeschichte zu, neue universalhistorische Konzeptionen waren damit zunächst nicht verbunden.[117]

Das änderte sich fundamental während des zweiten Weltkrieges. Was sich bereits während der Weltwirtschaftskrise 1929 bis 1933 andeutete, setzte sich nunmehr im amerikanischen weltpolitischen Denken endgültig durch. Der Eintritt des kapitalistischen Systems in die zweite Etappe seiner allgemeinen Krise wurde als Herausbildung der Einheit der Welt begriffen, in der es keine lokal isolierten Erscheinungen und Prozesse von Bedeutung mehr gibt, und der sich auch die USA nicht nur nicht entziehen, sondern in ihr die maßgebliche Rolle zu spielen hätten.

In der Nachkriegszeit setzte in den USA – wie auch in anderen imperialistischen Ländern – eine verstärkte Hinwendung zur Universalhistorie und zur Auseinandersetzung mit universalhistorischen Problemen ein. Ausdruck dessen

115 Ebenda, S. 509. E. A. Shils kennzeichnete als Hindernisse der „Modernisierung" in den Entwicklungsländern: „Es ist die Kluft zwischen den wenigen sehr Reichen und der Masse der Armen, zwischen den Gebildeten und den Ungebildeten, zwischen den Städtern und den Landbewohnern, zwischen den kosmopolitisch oder national Orientierten und den lokal Verhafteten, zwischen den Modernen und den Traditionalen, zwischen Regierenden und Regierten" (Political Development in the New States, in: Comparative Studies in Society and History, 4/1962, S. 281).

116 R. Bendix, Modernisierung in internationaler Perspektive, a. a. O., S. 507.

117 Universalgeschichte, hg. von E. Schulin, Köln 1974, S.22/23.

waren u. a. die Gründung von Zeitschriften und wissenschaftlichen Organisationen, die sich speziell der Erforschung der Weltpolitik und Weltgeschichte widmeten. Seit 1948 erscheint die vom *Center of International Studies* der Princeton-Universität herausgegebene Zeitschrift „World Politics, A Quarterly Journal of International Relations", die von historisch-soziologisch-politologischen Ansätzen, dabei in wachsendem Maße aus der Sicht der Modernisierungskonzeption theoretische Fragen der Weltpolitik behandelt; seit 1952 die von der Universität Chicago herausgegebene Zeitschrift „Economic Development and Cultural Change"; seit 1953 das „Journal of World History". Seit 1952 existiert an der Universität Chicago der *Council for the Study of Mankind als* organisierendes Zentrum für Konferenzen, Forschung und Publikationen zur Weltgeschichte. Die verstärkte Hinwendung zu universalhistorischen Problemen führte indessen zunächst nicht zu grundlegenden Veränderungen der universalhistorischen Konzeptionen. Das für die Zeit bis Ende der fünfziger Jahre charakteristische Zurückbleiben der USA gegenüber Westeuropa in der gesellschaftstheoretischen Theorienbildung, insbesondere der Rezeptionsverzug der Industriegesellschaftstheorie, bestand auch in der universal-historischen Konzeptionsbildung. So blieben die universalhistorischen Theoriediskussionen und insbesondere die Darstellungen im Vergleich zu den von H. Freyer, A. Gehlen, W. Conze, R. Aron u. a. entwikkelten Konzeptionen[118] eher konventionell. So forderte der damalige Präsident der *American Historical Association,* C. J. J. Hayes, im Dezember 1945 die amerikanische Geschichte als europäische Ausdehnungsgeschichte neu zu interpretieren, nicht jedoch im Sinne der von Europa ausgehenden Ausbreitung des Industrialismus, sondern durch Erweiterung der Frontier-Theorie F. J. Turners.[119] In ähnlichem Sinne versuchte W. P. Webb die europäische Geschichte zu deuten,[120] während R. R. Palmer mit dem Konzept der „atlantischen Revolution" die Einheit des „Westens" und seine allseitige Überlegenheit gegenüber dem Sozialismus zu begründen versuchte.[121] Die von A. Nevins und H. M. Ehrmann seit 1958 herausgegebene „The University of Michigan History of the Modern World"[122] ist eine Kompilation von Nationalgeschichten und einzelnen Bereichen der modernen Geschichte. Im allgemeinen blieb die US-amerikanische Historiographie gegenüber universalhistorischen Konzeptionen zurückhaltend. *Der Social Science Research Council* nahm 1946 die Ablehnung großer Geschichtssysteme à la O. Spengler in seine Grundsätze auf.[123] Angesichts der Herausbil-

118 Vgl. G. Rose, Grundpositionen und Tendenzen bürgerlicher Weltgeschichtsschreibung in der BRD, in: ZfG, 2/1976.

119 C. J. H. Hayes, The American Frontier – Frontier of What? In: American Historical Review, Januar 1946.

120 W. P. Webb, The Great Frontier, Boston 1952.

121 R. R. Palmer, The Age of the Democratic Revolution, Princeton 1959.

122 15 Bände, Ann Arbor 1958 ff.

123 Theory and Practice in Historical Study; a Report of the Committee on Historiography, hg. von M. Curti, in: Social Sciences Research Council Bulletin 54, New

dung von über 70 neuen Staaten Asiens und Afrikas traten historisch-soziologische Ländergeschichten und Fallstudien aus der Sicht der ursprünglichen Modernisierungskonzeption in den Vordergrund des Interesses der amerikanischen Sozialwissenschaften.[124]

Die seit 1958 von Sozialwissenchaftlern der Universität Michigan herausgegebene Zeitschrift „Comparative Studies in Society and History" stellt mit ihrer am konsequentesten betrieben Anwendung der Methode soziologisch-historischer Komparatistik im globalen Maßstab den bedeutendsten universalhistorischen Ansatz aus der Sicht der Modernisierungskonzeption dar. Diese Zeitschrift kann zugleich als das gegenwärtig führende Organ internationaler und interdisziplinärer Kooperation in der kapitalistischen Welt angesehen werden.[125] Die „Comparative Studies in Society and History" verkörpern wohl am deutlichsten die Tendenz zur Integration der bürgerlichen Sozialwissenschaften auf der Ebene der Modernisierungskonzeption. Der Aufschwung der historisch-soziologischen vergleichenden universalhistorischen Forschung stellt für das historisch-soziologische Denken in den USA, das in der Vergangenheit Maßstäbe und Werte weitgehend der eigenen Geschichte entlehnte, ein Novum dar, letzten Endes als „Auswirkung des weltweiten politischen Engagements Amerikas seit Ende des zweiten Weltkrieges"[126]. Der „Bumerang-Effekt" auf die bürgerlichen Sozialwissenschaften, „hervorgebracht durch ihre Anstrengungen bei der Beschäftigung mit der Modernisierung",[127] wirkte in der Tendenz zu ihrer Re-Integration. Seitdem bahnt sich insbesondere eine enge, zur Verflechtung tendierende Kooperation

York 1946, S. 136 – dazu E. Demm, Neue Wege der amerikanischen Geschichtswissenschaft, in: Saeculum, Jg. 22/1971, S. 342–376.

124 Vgl. Modernization of Traditional Societies Series, hg. von W. E. Moore/N. J. Smelser, Prentice Hall, Englewood Cliffs N. J.

125 Comparative Studies in Society and History. An International Quarterly, Cambridge/Mass. University Press, 1958 ff. Die Zeitschrift will nach dem Zeugnis ihrer Herausgeber ein „Forum der Darstellung und Diskussion der neuen Forschung über Probleme des Wandels und der Stabilität in der Geschichte und gegenwärtigen Welt" sein und stellt sich die Aufgabe einer „arbeitenden Verbindung zwischen Spezialisten aller Disziplinen der Sozial- und Humanwissenschaften" (vgl. redaktionelle Erklärung, 3. Umschlagseite). Die Zeitschrift wird von Sozialwissenschaftlern der Universität Michigan herausgegeben. Neben dem ausschließlich aus US-Amerikanern zusammengesetzten Herausgeberkomitee wirken zwei englische, zwei französische, sowie je ein italienischer, norwegischer und israelischer Wissenschaftler als „Consulting Editors". Das gesamte Herausgebergremium setzt sich aus zwölf Historikern, fünf Soziologen, drei Politologen sowie einzelnen Vertretern anderer sozial- und humanwissenschaftlicher Disziplinen (Anthropologie, Psychologie, Ökonomie, Arabistik, Byzantinistik und Kunstgeschichte) zusammen.

126 R. Bendix, Die vergleichende Analyse historischer Wandlungen in: Theorien des sozialen Wandels, a. a. O., S. 177.

127 Modernization, Social Aspects, in: IESS, Bd. 10, a. a. O., S. 388.

zwischen der bürgerlichen Soziologie und der bürgerlichen Historiographie infolge der Re-Historisierung der Soziologie und der Soziologisierung der Historiographie an.[128]

Die im globalen Maßstab betriebene soziologisch-historische Komparatistik brachte Weltgeschichstdarstellungen hervor, die sich von den traditionellen durch neue konzeptionelle Ansätze abhoben. Das betraf zum einen die Distanzierung von dem traditionellen Begriff der Weltgeschichte als der Summe des möglichst vollständig erfaßten historischen Wissens. Dieser Weltgeschichtsbegriff hatte der 1896 von Lord Acton konzipierten, in den angelsächsischen Ländern maßgebenden 33bändigen „Cambridge History"[129] ebenso zugrunde gelegen wie dem weitverbreiteten anglo-amerikanischen Hausbuch „The Historians History of the World".[130] Lord Acton verkörperte die positivistische Überzeugung der englischen Historiker der viktorianischen Epoche, daß es – um eine wissenschaftliche Geschichte der Menschheit zu schreiben – ausreichend sei, die erforderlichen Informationen über die historischen Tatsachen zu sammeln, daß diese Informationen schon beinahe gegeben seien und die Lösung des Problems der Universalgeschichte möglich mache.[131] Daher genüge es, internationale Spezialisten auszuwählen und zusammenzuführen, um eine Gesamtgeschichte der Menschheit zu bewältigen. Diese Auffassung wurzelte in der damals noch unerschütterten Überzeugung vom Kapitalismus als dem Endzustand der Geschichte und in seiner damals noch unangefochtenen, absolut dominierenden Rolle in der Weltpolitik. Die meisten traditionellen bürgerlichen Weltgeschichtsdarstellungen entsprachen mehr oder weniger diesen Auffassungen. Sie waren vielbändige Additionen von Länder-, Staaten und Epochengeschichten, zusammengehalten durch die „Buchbindersynthese" und ergänzt durch von individueller Weltanschauung und Zeitverständnis getragenen subjektiven, oft religiösen Sinngebungen, nicht jedoch Darstellungen der inneren Einheit und des Fortschritts in der Weltgeschichte.

128 Vgl. W. I. Cahnmann/A. Boskoff, Sociology and History: Reunion and Rapproachment, in: Sociology and History. Theory and Research, hg. von W. I. Cahnmann/A. Boskoff, Glencoe/Ill. 1964, S. 1 ff.; L. M. Salamon, Comparative History and the Theory of Modernization, in: World Politics, Vol. XXIII, Oct. 1970 – July 1971, S. 83 ff.; zum Gesamtproblem vgl. H.-U. Wehler, Geschichte und Soziologie, in: ders., Geschichte als Historische Sozialwissenschaft, Frankfurt a. M. 1973, S. 9 ff.

129 The Cambridge Ancient History, hg. von J. B. Bury u. a., 12 Bde., Cambridge 1923–1939; The Cambridge Medieval History, hg. von H. M. Gwatkin u. a., 8 Bde., Cambridge 1911–1938; The Cambridge Modern History, hg. von G. N. Clark u. a., 14 Bde., Cambridge 1902–1911.

130 The Historians' History of the World, hg. von H. Smith Williams, zuerst 1904, 5. Aufl. in 27 Bde., London – New York 1926.

131 Vgl. N. Iribadschakow, Zur Kritik der bürgerlichen Geschichtsphilosophie, Frankfurt a. M. 1975, S. 17.

Zum anderen brachen die neuen Weltgeschichtskonzeptionen und -darstellungen mit zyklischen Vorstellungen vom Gang der Weltgeschichte als Aufstieg und Verfall von Kulturen à la Spengler und Toynbee.

Die bis dahin traditionellen zwei Grundtypen von Universalgeschichte hatten nicht mehr den veränderten ideologischen Bedürfnissen des Weltimperialismus in der dritten Etappe der allgemeinen Krise des Kapitalismus entsprochen. Die Entstehung des sozialistischen Weltsystems, der erfolgreiche Aufbau des Sozialismus in einer Reihe von Ländern Europas und Asiens sowie in Kuba und die Entfaltung der weltweiten Auseinandersetzung zweier antagonistischer Gesellschaftssysteme zerstörten endgültig die mit der Großen Sozialistischen Oktoberrevolution fragwürdig gewordenen Illusionen von Ewigkeit, Normalität und Selbstverständlichkeit des Kapitalismus. Die Konfrontation mit dem Übergang vom Kapitalismus zum Sozialismus im Weltmaßstab erschütterte alle traditionellen bürgerlichen Überzeugungen von Sinn und Ziel der Menschheitsgeschichte. Der Zusammenbruch des imperialistischen Kolonialsystems und der Eintritt der neuen Staaten Asiens und Afrikas in die Mitgestaltung der Weltpolitik führten zur Krise des europazentrischen Bildes der Weltgeschichte. Angesichts des fortschreitenden Zerfalls des kapitalistischen Systems erwiesen sich die Sinndeutungen der Einheit der Weltgeschichte vom Kapitalismus als Endzustand und seiner ungebrochenen Führungsrolle als Illusionen. Die positivistische Selbstsicherheit Lord Acton und die in seiner Tradition stehenden Weltgeschichtsdarstellungen wurden fragwürdig. Die besonders in den angelsächsischen Ländern weit verbreitete Konzeption Toynbees vom zyklischen Aufstieg und Verfall 21 separater Einzelkulturen hatte sich nicht als zutreffend erwiesen.

Die bürgerlichen Universalhistoriker reagierten darauf auf unterschiedliche Weise. Die einen setzten die Tradition bändereicher Kompilationen von Ländergeschichten mit ihrer „national-historischen Parzellierung, des Verzichts auf gemeinsame Strukturprinzipien (und) der Dominanz des Individualitätsaxioms"[132] mehr oder weniger unverändert fort. Von anderen bürgerlichen Historikern wird die Möglichkeit geleugnet, heute Weltgeschichte zu schreiben.

Eine dritte Gruppe westeuropäischer bürgerlicher Universalhistoriker versuchte die Flucht nach vorn anzutreten und vom Boden der Industriegesellschaftslehre eine bürgerliche Gegenkonzeption zur marxistisch-leninistischen Weltgeschichtsauffassung zu begründen.

Diese industriegesellschaftstheoretische „moderne" Sicht der Weltgeschichte fand in der „Propyläen"- und der „Fischer-Weltgeschichte" Eingang, als Einsprengsel selbst im Abschlußband der aus religiöser, vornehmlich katholischer Sicht geschriebenen „Saeculum-Weltgeschichte."[133]

In den USA stellten W. McNeills einbändige Weltgeschichtsdarstellungen „The Rise of the West. A History of Human Community"[134] und „A World History"[135]

132 H.-U. Wehler, Modernisierungstheorie und Geschichte, a. a. O., S. 63.

133 Saeculum-Weltgeschichte, Bd. 7, Freiburg i. Br.–Basel–Wien 1975.

134 Chicago 1963. 135 New York 1967.

sowie I. R. Sinais „The Challenge of Modernization: The West's Impact on the Non-Western World", S. N. Eisenstadts „Modernization: Protest and Change"[136] und C. E. Blacks „The Dynamics of Modernization"[137] als erste universalhistorische Skizzen aus der Sicht der Modernisierungskonzeption den deutlichsten Bruch mit Tradition und Konzeption traditioneller amerikanischer Universalgeschichtsschreibung dar.

Im Gegensatz zu den bisherigen, ausschließlich auf die USA und/oder Europa bezogenen Weltgeschichtsdarstellungen rückte McNeill in seinem alsbald zum historischen Bestseller avancierten[138] und von der Kritik als Durchbruch begrüßten[139] Werk „The Rise of the West" diejenigen Zentren und Zivilisationen in den Mittelpunkt, in denen jeweils höhere Stufen der Naturbeherrschung erreicht wurden und die deshalb zum Zeitpunkt ihrer höchsten Reife den größten Einfluß auf den welthistorischen Prozeß ihrer Epoche ausübten. Dementsprechend gliedert er sein Buch in drei annähernd gleich umfangreiche Teile: 1. Die Vorherrschaft des Vorderen Orients bis 500 v. u. Z. (The Era of Middle East Dominance to 500 B. C.); 2. das eurasische Kultur-Gleichgewicht von 500 v. u. Z. bis 1500 (Eurasian Cultural Balance 500 B. C. – 1500 A. D.); und erst danach mit dem Aufstieg des „Far West"; 3. das Zeitalter der westlichen Vorherrschaft (The Era of Western Dominance 1500 A. D. To The Present). Mit seinem Glauben an die Lebenskraft und die Zukunftsträchtigkeit der modernen „Industriegesellschaft" stellt das Buch zugleich eine Absage an die zyklischen Weltgeschichtsdarstellungen Spenglers und Toynbees dar. Es war der bis dahin weitestgehende Versuch, die offenkundigen Schwächen bisheriger bürgerlicher Weltgeschichtsschreibung zu überwinden und eine wirksame Alternative zur marxistischen Weltgeschichtskonzeption zu begründen. Im Schlußwort klingt die Prognose einer Konvergenz zwischen den USA und der UdSSR an.[140] Sinai, Eisenstadt und Black gehen in ihren soziologisch-komparatistischen Skizzen zur neuzeitlichen Weltgeschichte von der „Modernisierung" als ihrem wesentlichen Inhalt aus. Black unterscheidet drei große revolutionäre Wandlungen in der Menschheitsgeschichte: das Hervortreten des Menschen vor über einer Million Jahren, die Umwandlung der „primitiven" in „zivilisierte" Gesellschaften vor 7000 Jah-

136 Englewood Cliffs N. J. 1966.

137 New York 1967.

138 Das Buch erreichte innerhalb eines Jahres 5 Auflagen.

139 Vgl. u. a. N. Steengard, Universal History for Our Times, in: The Journal of Modern History, Chicago, Vol. 45, Nr. 1, 1973, March, S. 72. Der Rezensent charakterisiert die Weltgeschichtsdarstellungen Destins du Monde, hg. von F. Braudel, Paris 1957 und McNeills als „die einzigen ernsthaften Versuche globale Geschichte darzustellen, nicht als mehr oder weniger lückenlose Masse von Informationen, sondern in einem theoretisch vorzüglich bestimmten Rahmen." Nach E. Schulin habe McNeill den Europazentrismus weit stärker überwunden als die UNESCO-Weltgeschichte (in: Universalgeschichte, a. a. O., S. 24).

140 W. McNeill, The Rise of the West, a. a. O., S. 799.

ren in Mesopotamien, dem Nil- und dem Industal und die neuzeitliche „Modernisierung".[141] Die „Modernisierung" wird mit der Entstehung des Kapitalismus in Westeuropa und in Nordamerika und mit seiner Expansion identifiziert. Somit wird die Entwicklung des Kapitalismus in Westeuropa und in Nordamerika in einen quasi-normativen Prozeß verwandelt, werden die sozialistische Industrialisierung und der nichtkapitalistische Entwicklungsweg als Nachvollzug bzw. Ergebnis des Exports der kapitalistischen Entwicklung verfälscht. Auf diese Weise wird die kapitalistische Formation aus einer transitorischen Entwicklungsstufe der Menschheitsgeschichte in eine seinshafte, d. h. der industriellen Produktion und der Natur des Menschen entsprechende Organisationsform der menschlichen Gesellschaft im „Industriezeitalter" verwandelt und die Existenz des Kapitalismus gedanklich verewigt. Die Ontologisierung des Kapitalismus im „Modernization"-Konzept impliziert ein konservatives Verhältnis zur kapitalistischen Formation und ein antihistorisches Verhältnis zur Gesetzmäßigkeit der Formationsfolge in der Menschheitsgeschichte. Die Geschichte der letzten 150 Jahre erscheint darin als ein Kontinuum, in dem die Entwicklung des Kapitalismus in Westeuropa und in Nordamerika als genuin und normativ erscheint. Die kommunistische Gesellschaftsformation, die Entwicklung der Länder, die den nichtkapitalistischen Weg beschreiten, und – mit beiden gleichgesetzt – die faschistischen Regimes figurieren als verschiedene Varianten des gleichen weltgeschichtlichen Grundvorgangs: der „Modernisierung" rückständiger Länder.[142]

141 C. Black, The Dynamics of Modernization, a. a. O., S. 4.
142 Vgl. R. Richter, Zur Faschismusinterpretation in der bürgerlichen Historiographie der USA, in: ZfG, 8/1974.

KAPITEL 3

Von der traditionellen Industriegesellschaftslehre zur Modernisierungskonzeption in der BRD

1. Rezeptionsgeschichtliche Probleme

Die Rezeptionsgeschichte der Modernisierungstheorien in der BRD ist ein komplizierter Prozeß. Er ist von der unterschiedlichen Stellung der USA und der BRD in der Weltpolitik gekennzeichnet, aus den daraus resultierenden, durchaus nicht identischen ideologischen Bedürfnissen der Bourgeoisie beider Länder, aber auch aus der Unterschiedlichkeit der sozialen Träger der Modernisierungstheorien in beiden Ländern, aus der Spezifik der einzelnen sozialwissenschaftlichen Disziplinen sowie aus den spezifischen geistigen Traditionen. Diese Rezeptionsgeschichte war ein Prozeß der Verschmelzung von Eigenständigem und Importiertem, der Mitte der siebziger Jahre mit der Herausbildung einer sozialgeschichtlich orientierten, zum Sozialreformismus tendierenden historischen Modernisierungsforschung einen vorläufigen Abschluß fand. Dadurch ergaben sich z. T. erhebliche Unterschiede in Inhalt und Funktionen der Modernisierungstheorien im Vergleich zu den USA.

Die Modernisierungstheorien wurden in den sechziger Jahren zunächst von der bürgerlichen Soziologie und der Politologie der BRD aufgenommen. Der Begriff „Modernisierung" wurde Ende der sechziger Jahre auch von einigen Historikern und „Kommunismusforschern" für die Neuinterpretation der Geschichte Rußlands und der Sowjetunion im Sinne des damaligen Verständnisses der Industriegesellschaftslehre eingeführt. Seit Beginn der siebziger Jahre begann eine Gruppe zumeist jüngerer Historiker die Modernisierungstheorien auf ihre Brauchbarkeit für die historische Theorienbildung, die Geschichtsmethodologie und die historische Forschung zur neueren Geschichte zu durchleuchten und ihren Anwendungsbereich entsprechend auszudehnen. Aufschlußreich dafür war das Bielefelder „Colloquium zur Sozial- und Wirtschaftsgeschichte", eine Tübinger Gesprächsrunde und besonders die Diskussion in der Arbeitsgruppe „Modernisierung" auf dem 30. Historikertag des „Verbandes der Historiker Deutschlands" (VHD) 1974 in Braunschweig.[1] Die seit 1975 erscheinende Zeitschrift „Geschichte und Gesell-

1 Vgl. H.-U. Wehler, Modernisierungstheorie und Geschichte, a. a. O., S. 65; In der Arbeitsgruppe „Modernisierung" wurden folgende Vorträge gehalten: H. Lutz (Wien), Normen und gesellschaftlicher Wandel zwischen Renaissance und Revolution – Differenzierung und Säkularisierung; J. F. Bergier (Zürich), Mensch und Gesellschaft in den Wandlungen des industriellen Zeitalters; R. Trauzettel (Göt-

schaft" kann als das gegenwärtige Zentrum der Bestrebungen in der BRD angesehen werden, die Anwendbarkeit der Modernisierungstheorien in der historischen Forschung zu erproben und ihre Leistungsfähigkeit im Vergleich mit rivalisierenden Theorien und Verfahrensweisen zu diskutieren. Dabei zeichnen sich erhebliche Veränderungen im Vergleich zum bisherigen Verständnis und der Anwendung der Industriegesellschaftslehre ab. Diese Bemühungen stehen in engem Zusammenhang mit der Anfang der siebziger Jahre geradezu explosionsartig aufbrechenden Theorie- und Methodendiskussion, der intensiven Suche nach einer Neubestimmung im Verhältnis von Geschichtswissenschaft und Theorie der Geschichte.[2]

Worin bestehen die Besonderheiten für die Rezeption der Modernisierungstheorien in der BRD?

Im Unterschied zu den USA war der Imperialismus der BRD nach dem zweiten Weltkrieg zunächst nicht in der Lage, eine selbständige Politik gegenüber den Entwicklungsländern zu betreiben; er begann erst in den sechziger Jahren eine nennenswerte Rolle in der imperialistischen Entwicklungspolitik zu spielen. Die Entwicklungsländerforschung in der BRD war bis dahin verhältnismäßig unbedeutend; die „ursprünglichen" US-amerikanischen Modernisierungstheorien wurden nicht rezipiert. Entwicklungsländerforschung fand lange Zeit im wesentlichen nur im Rahmen der traditionellen bürgerlichen Ethnographie statt. Die BRD wurde mit den Modernisierungstheorien erst in ihrer zweiten Phase, der Phase ihrer Reform und zu einem Zeitpunkt konfrontiert, als diese ihren beherrschenden Einfluß auf die Entwicklungsländerforschung der USA bereits eingebüßt hatten. Deshalb bildete sich in der BRD keine auf die Entwicklungsländer bezogene Modernisierungsforschung heraus, und das modernisierungstheoretische Interesse richtete sich hier primär auf die soziologische und die historische Theorienbildung.

Ein weiteres Charakteristikum der Rezeptionsgeschichte der Modernisierungstheorien in der BRD besteht darin, daß hier als Folge des zeitweiligen Vorsprungs Westeuropas gegenüber den USA in der ideologischen Konzeptionsbildung bereits seit den fünfziger Jahren in Gestalt der Industriegesellschaftslehre eine bis in die siebziger Jahre weitgehend intakte theoretische Konzeption existierte. Diese Konzeption befriedigte das weltanschauliche Bedürfnis der Bourgeoisie nach Zukunftsgewißheit durch Hervorbringung von Pseudoperspektiven und war die Grundlage für eine lange Zeit äußerst wirksame kapitalistische Apologetik. Aus ihr wurden massenhaft bürgerliche Zeitdiagnosen, Gegenwartsdeutungen

tingen), Probleme der Modernisierung in Ostasien; R. Sprandel (Würzburg), Über sozialen Wandel im Mittelalter, Sämtlich in: Saeculum, Jahrbuch für Universalgeschichte, Jg. 26, 1975.

2 Vgl. H. Schleier, Theorie der Geschichte – Theorie der Geschichtswissenschaft, Berlin 1975 (Zur Kritik der bürgerlichen Ideologie, Bd. 60); G. Lozek, Aktuelle Fragen der Entwicklung von Theorie und Methodologie in der bürgerlichen Historiographie, in ZfG, 9/1977, S. 1021–1027.

und „Ortsbestimmungen" abgeleitet, in denen der in „Industriegesellschaft" umgetaufte Kapitalismus als Verwirklichung von Wohlstand, sozialer Gerechtigkeit, Humanität und Demokratie betrachtet wurde. Der Glaube, daß fortschreitende Industrialisierung mit Notwendigkeit Humanisierung und (bürgerliche) Demokratisierung nach sich zöge (Industrialisierungs/Demokratisierungs-Theorem), und die Illusion, daß alle gesellschaftlichen Prozesse mittels des staatsmonopolistischen Leitungsinstrumentariums programmier- und regulierbar seien, waren damals noch weitgehend ungebrochen. Die Exponenten der Industriegesellschaftslehre verbanden diese mit pseudoliberalflexiblen bis konservativ-autoritären Ordnungsvorstellungen. Ihren sozialrektionären und politischen Höhepunkt stellte das Konzept der „Formierten Gesellschaft" dar. Dieses Konzept, entworfen von den konservativen Theoretikern Goetz Briefs, Eric Voegelin und Rüdiger Altmann und 1965 propagiert von Bundeskanzler Ludwig Erhard, beinhaltete eine radikale Ausschaltung konkurrierender gesellschaftlicher Interessen (im Widerspruch zum Leitbild der „pluralistischen Demokratie") und eine Bündelung aller gesellschaftlichen Gruppen zu einer Steigerung der industriellen Leistungsfähigkeit und militärischen Macht des BRD-Imperalismus. Dadurch sollte ein Modell für die gesellschaftliche Ordnung der imperialistischen Partner und die Staaten Asiens, Afrikas und Lateinamerikas geschaffen werden, dessen Anziehungskraft den Sozialismus „ideologisch und politisch aufzehren" sollte.[3] Geschichtsideologisch entsprach diesem Konzept eine Drei-Phasen-Periodisierung der „Industriegesellschaft": die Entwicklung von der „Klassenkampfgesellschaft" des 19. Jh. über die „pluralistische Verbandsgesellschaft" der ersten Hälfte des 20. Jh. zur „Formierten Gesellschaft". In diese Phasen eingeordnet, würde sich die BRD im Übergang von der „pluralistischen" zur „formierten" Gesellschaft befinden.[4] Das aus taktischen Erwägungen bald aus dem Verkehr gezogene Konzept der „Formierten Gesellschaft" spiegelte zugleich die Euphorie einer fast zwanzig Jahre andauernden Wirtschaftskonjuktur in der BRD wie auch das erstmals nach dem zweiten Weltkrieg regierungsoffiziell angemeldete Großmachtstreben der BRD wider.

So befand sich die Bourgeoisie der BRD bis Ende der sechziger Jahre gewissermaßen in einem Zustand weltanschaulicher Saturiertheit, die auch durch die Rezession von 1966/1967 nicht ernsthaft erschüttert wurde. Das vorhandene weltanschauliche und gesellschaftstheoretische Arsenal genügte den Bedürfnissen der Systemsicherung. Mit der Konzeption der „Formierten Gesellschaft" schickte man sich an, die auseinanderstrebende westliche Allianz auf eine antikommunistische Globalstrategie nach eigenen Vorstellungen festzulegen. Für

3 L. Erhard, Programm für Deutschland. Referat auf dem 13. Parteitag der CDU am 31. März 1965 in Düsseldorf, Düsseldorf o. J.

4 Vgl. Gesellschaftspolitische Kommentare, Nr. 10, 11, 13/1965. Zur Einschätzung des Konzepts der „Formierten Gesellschaft": R. Opitz, Der große Plan der CDU: die „Formierte Gesellschaft", in: Blätter für deutsche und internationale Politik, Köln 9/1965.

die Außenpolitik gegenüber den sozialistischen Staaten fungierten die aus den USA übernommenen Theorien von der „Erosion des Ostblocks" und der Konvergenz als erfolgversprechende Orientierungshilfen. Mithin war bis Ende der sechziger Jahre kein zwingendes Bedürfnis nach weltanschaulicher und gesellschaftstheoretischer Neuorientierung gegeben.

Das trifft in besonders hohem Maße auch auf die bürgerliche Geschichtsideologie der BRD in den fünfziger und sechziger Jahren zu. Die Hauptursache für die vergleichsweise späte Öffnung der Geschichtsschreibung der BRD für die Rezeption neuer theoretisch-methodologischer Konzeptionen, vor allem der Modernisierungtheorien und der Sozialgeschichte, besteht in dem Immunisierungseffekt, der bis Ende der sechziger Jahre von der Nachwirkung des traditionellen Historismus und mehr noch vom industriegesellschaftstheoretisch „reformierten" Historismus ausging.

Bis Mitte der fünfziger Jahre war in der BRD die Tradition des deutschen bürgerlichen Historismus ungebrochen und weitgehend unangefochten. Die Auffassung von der absoluten Einmaligkeit aller historischen Ereignisse (das Singularitätsaxiom) bedingte die Ablehnung der Existenz von dem Geschichtsprozeß zugrunde liegenden Gesetzmäßigkeiten. Der absoluten Gegenüberstellung von Naturwissenschaften als „Gesetzeswissenschaften" und Gesellschaftswissenschaften als „Ereigniswissenschaften" entsprach die Gegenüberstellung von nomothetischer (d. h. Gesetze aufstellender) und idiographischer (d. h. Ereignisse beschreibender) bzw. generalisierender und individualisierender Methode. Die quellengerechte Beschreibung der absolut einmaligen Ereignisse, Individualitäten und Prozesse mittels der Versehenslehre und der intuitive werturteilslose Nachvollzug der Entscheidungen großer Persönlichkeiten wurden als die einzige wissenschaftliche Form der Geschichtsschreibung angesehen. Die Geschichtsschreibung wurde auf politische Geschichte ausgerichtet, namentlich auf Staaten-, Personen-, Kriegs-, Rechts- und Kirchengeschichte, und die Wirtschafts- und Sozialgeschichte weitgehend vernachlässigt. Da als Quellen hauptsächlich die schriftlich überlieferten angesehen wurden, wurde die Geschichte der Völker Asiens, Afrikas und Südamerikas in Forschung, ebenfalls vernachlässigt. Diese hier skizzierten Elemente des Historismus erklären, warum in der bürgerlichen deutschen Fachhistorie über Jahrzehnte[5] Theorien für überflüssig, ja für schädlich gehalten und „theoretische Auseinandersetzungen als lästige Begleiterscheinungen"

5 So schreibt der Soziologe P. Honigsheim über die Situation der deutschen Historie zu Beginn des 20. Jh.: „Historiker lachten, wenn man auch nur fragte, ob es so etwas wie Gesetzmäßigkeiten im sozialen Leben gebe, und Dietrich Schäfer warnte das Kultusministerium vor einer Berufung Simmels nach Heidelberg, unter anderem weil er – Soziologie trieb, was brauche man denn eine Wissenschaft von der Gesellschaft, wo man doch Staat und Kirche habe" (P. Honigsheim, Die Gründung der deutschen Gesellschaft für Soziologie in ihren geistesgeschichtlichen Zusammenhängen, in: Kölner Zeitschrift für Soziologie und Sozialpsychologie, 1/1959, S. 6).

angesehen wurden, „nur geeignet, von der eigentlichen Aufgabe historischer Forschung abzulenken."[6] Angesichts der aus der Vorherrschaft des traditionellen Historismus resultierenden theoretischen Bedürfnislosigkeit der bürgerlichen Historie in der BRD kann es nicht verwundern, daß nach dem zweiten Weltkrieg die konzeptionellen gesellschafts- und geschichtstheoretischen Neuansätze der Industriegesellschaftslehre nicht von den inneren Bezirken der Zunft, sondern von Philosophen, Soziologen, Politologen und Anhropologen wie H. Freyer, A. Gehlen, R. Dahrendorf, H. Schelsky, Ch. Graf v. Krockow ausgingen. Das bis in die Gegenwart äußerst zäh verteidigte „Relikt des Historismus"[7] war eine wirksame Barriere gegen das Aufkommen der Sozialgeschichte wie gegen das Eindringen soziologischer Theorien und Methoden wie der Modernisierungstheorien.

Im Gegensatz zu Historikern und Geschichtsphilosophen wie G. Ritter, Th. Litt, E. Spranger und E. Rothacker, die den traditionellen Historismus nicht nur ohne jede Einschränkung zu konservieren,[8] sondern ihn auch auf internationaler Ebene gegenüber den sozialgeschichtlich und/oder positivistisch orientierten historiographischen Strömungen (wie gegen die französische Richtung um die Zeitschrift „Annales") durchzusetzen versuchten,[9] bemühten sich seit Ende der fünfziger Jahre flexible großbürgerliche Historiker wie H. Rothfels, W. Conze, Th. Schieder und K.-D. Erdmann, den traditionellen Historismus mit den Denkansätzen der Industriegesellschaftslehre zu verbinden und ihn so an die sich verändernden Bedingungen sowie an die bürgerliche Geschichtsideologie anderer kapitalistischer Länder anzupassen. In diesem Zusammenhang gewann die Studie von W. Conze „Die Strukturgeschichte des technisch-industriellen Zeitalters als Aufgabe für Forschung und Unterricht" (1956)[10] geradezu programmatische Bedeutung. In Anlehnung an A. de Tocquevilles Prognose von einer Demokratisierung des menschlichen Daseins und J. Huizingas Vortrag „Über eine Formverwandlung

6 H.-J. Riemer, Stationen verpaßter Gelegenheiten: Notizen zur historischen Theorie-Diskussion, in: Ansichten einer künftigen Geschichtswissenschaft 1, hg. von I. Geiss/R. Tamchina, München 1974, S. 75.

7 H. Schleier, Theorie der Geschichte – Theorie der Geschichtswissenschaft, a. a. O., S. 81 ff.

8 Vgl. u. a. E. Sprangers Aufsatz: Die Aufgaben des Geschichtsschreibers, in: Historische Zeitschrift, München (im folgenden HZ), Bd. 174, 1952, S. 251–268; Th. Litt, Die Wiedererweckung des geschichtlichen Bewußtseins, Heidelberg 1956.

9 So beanspruchte Ritter auf dem internationalen Historikerkongreß in Rom 1955 für die Geschichtsschreibung der BRD die Rolle des Vorkämpfers bei der antimarxistischen Blockbildung. Das Auftreten E. Rothackers auf dem internationalen Historikerkongreß in Stockholm 1960 war der letzte erfolglose Versuch, die internationale bürgerliche Geschichtswissenschaft auf die Linie des traditionellen deutschen Historismus einzuschwören (vgl. Unbewältigte Vergangenheit, a. a. O., S. 107).

10 In: Arbeitsgemeinschaft für Forschung des Landes Nordrhein-Westfalen, Geisteswissenschaften, 66. Sitzung am 19. September 1956 in Düsseldorf, Köln und Opladen 1957.

der Geschichte seit der Mitte des 19. Jahrhunderts" (1941)[11] konstatierte Conze einen durch den Einbruch der „industriellen Welt" hervorgerufenen Kontinuitätsbruch: Die Geschichte sei seitdem nicht mehr das Ergebnis des Handelns einzelner „dramatis personae", sondern löse sich in der Unüberschaubarkeit kollektiver Gebilde und der Anonymität wirtschaftlicher und sozialer Prozesse auf – sie werde diffus und formlos. Die industrielle Revolution an der Wende des 18. zum 19. Jahrhundert stelle somit eine entscheidende geschichtliche Zäsur dar.[12] Mit der Zerstörung der alten gesellschaftlichen Strukturen werde die Daseinsweise aller Menschen auf der Erde radikal verändert. Parallel dazu entstehe anstelle nebeneinander ablaufender Geschichtsprozesse und relativ in sich geschlossener Kulturkreise der „Gesamtzusammenhang einer zum ersten Male auf die ganze Erde ausgedehnten Weltgeschichte."[13] Dies erzwinge eine „Revision des Geschichtsbildes und des Unterrichts."[14]

Für die weltgeschichtliche Periodisierung bedeute dies die Aufgabe des Drei-Stufen-Schemas: Altertum, Mittelalter, Neuzeit. Statt dessen wurde eine Periodisierung der Geschichte in drei weltgeschichtliche Epochen konstruiert: „Das erste Stadium umfaßt die im präzisen Sinne des Wortes vorgeschichtliche Zeit ... Das zweite Stadium wurde eingeleitet durch den Beginn der Hochkulturen vor rund 6000 Jahren und läuft mit dem modernen Revolutionierungsprozeß der Erde aus ... Das dritte Stadium wird erst in unseren Jahren des technisch-industriellen Zeitalters erreicht, dessen revolutionärer Ursprung im 18. Jahrhundert europäisch gewesen ist und, recht verstanden als das Endziel der ‚Weltgeschichte Europas' im Sinne Hans Freyers aufgefaßt werden kann."[15]

Auch für die historische Methode sei eine „Anpassung ... an die neue Weltepoche" notwendig. Die Historie sei jedoch noch nicht ausreichend auf die Formwandlung der Geschichte eingestellt, bisher hätten mehr Philosophen und Soziologen „zu diesem größten Thema unserer Epoche Stellung genommen."[16] Da Geschichte nicht mehr als Handlung einzelner zu verstehen sei, sei sie mit traditionellen Mitteln nicht mehr zu bewältigen: die Veränderung des historischen Prozesses erzwinge die Veränderung der historischen Methode. Während Conze die Antithese zwischen individualisierender und generalisierender Methode „durch die Synthese strukturierender Geschichtsbetrachtung" bereits für überwunden erklärte,[17] hielt er die „Aufhebung der falschen Begriffsscheidung zwischen Sozialgeschichte und politischer Geschichte" für eine noch zu lösende Aufgabe.[18]

11 J. Huizinga, Über eine Formverwandlung der Geschichte seit der Mitte des XIX. Jahrhunderts, in: ders., Im Bann der Geschichte. Betrachtungen und Gestalten, Nijwegen 1942, S. 107–128.

12 W. Conze, Die Strukturgeschichte des technisch-industriellen Zeitalters als Aufgabe für Forschung und Unterricht, a. a. O., S. 12.

13 Ebenda, S. 10.

14 Ebenda, S. 13.

15 Ebenda, S. 11/12.

16 Ebenda, S. 19.

17 Ebenda, S. 18.

18 Ebenda, S. 19.

Conzes als „bahnbrechend"[19] herausgestellter Aufsatz spiegelte die zunächst bei einer Gruppe flexibler großbürgerlicher Historiker keimende Einsicht wider, daß das Erkenntnisinstrumentarium des traditionellen Historismus ungeeignet war, die Auseinandersetzung zwischen Sozialismus und Imperialismus, die Klassenkämpfe und die Massenbewegungen in den kapitalistischen Ländern im Sinne der ideologischen und strategischen Bedürfnisse der Bourgeoisie hinreichend zu analysieren, um zur Gestaltung imperialistischer Politik und Ideologie mit den Mitteln der Geschichte beizutragen sowie die Bedeutung von Ökonomie und sozialen Fragen für den Geschichtsprozeß auch nur annähernd zu erfassen. Zugleich markierte Conze ziemlich genau den Spielraum und die Grenzen, innerhalb derer damals der Allgemeingültigkeitsanspruch des Historismus in Frage gestellt wurde.

Der Spielraum der bürgerlichen Geschichtsschreibung sollte durch die neue industriegesellschaftstheoretische Deutung der Menschheitsgeschichte, die strukturierende Geschichtsbetrachtung und eine Verbindung von politischer und Sozialgeschichte erweitert werden. Durch die Neudeutung der Menschheitsgeschichte sollte der objektiven Gesetzmäßigkeit der gegenwärtigen Epoche, dem Übergang vom Kapitalismus zum Sozialismus im Weltmaßstab, die fiktive Gesetzmäßigkeit einer Entwicklung von der „Agrar"- zur „Industriegesellschaft" entgegengesetzt und damit dem Kapitalismus eine Pseudoperspektive verliehen werden, durch strukturierende Geschichtsbetrachtung und Sozialgeschichte die Begrenztheit des auf Ereignis-, Personen-, Diplomatie- oder politische Geschichte orientierten Historismus überwunden und eine neue Sehweise der Historie ermöglicht werden. Dabei sollte keineswegs mit dem Historismus gebrochen, sondern lediglich seine Anpassung an die veränderten Bedingungen durch Preisgabe nicht mehr haltbarer Elemente erreicht werden. Im übrigen wurde an Grundüberzeugungen des Historismus – wenn auch z. T. in modifizierter Form – festgehalten.

Erstens durch die Einschränkung der Anwendbarkeit der methodologischen Modifikationen auf das sog. „Industriezeitalter". Für das „vorindustrielle Zeitalter" wurde das Instrumentarium des Historismus im wesentlichen als weiterhin gültig angesehen, als ob es vor dem industriellen Kapitalismus nicht ebenfalls ökonomische und soziale Strukturen und Prozesse gegeben habe, sondern nur einmalige Ereignisse, das Wirken großer Männer und Einflüsse von Ideen. Daher wurde das Individualitätsprinzip für die vorkapitalistischen Gesellschaften sowie für die sog. Ereignisgeschichte weiterhin für gültig erklärt. Die von Conze geforderte Synthese der *histoire événementielle* und der *histoire des structures* vermochte die Dialektik von Ereignis, Struktur und Prozeß nicht zu erfassen.

Zweitens durch die Orientierung auf die politische Geschichte als Kern der Geschichtsschreibung: Die Erforschung des „technisch-industriellen Zeitalters"

19 F. Wagner, Moderne Geschichtsschreibung. Ausblick auf eine Philosophie der Geschichtswissenschaft, Berlin(West) o. J. (1960).

müsse „auf das spezifisch Geschichtliche, den politischen Kampf und die politische Entscheidung hinzielen."[20]

Drittens durch die Eliminierung nicht nur der objektiven Gesetzmäßigkeit der gegenwärtigen Epoche, sondern auch der Determiniertheit der Geschichte überhaupt durch Einführung der Kategorie „Offenheit": „Wir wissen nicht, was die angebrochene Weltepoche bringt ... Heute wie je gilt, daß die Situation, in der wir leben, zur Zukunft hin offen ist (Freyer)."[21]

Der Aufsatz Conzes sowie weitere Schriften ähnlich denkender flexibler großbürgerlicher Historiker[22] steckten den konzeptionellen Rahmen ab, innerhalb dessen in den sechziger Jahren die Industriegesellschaftslehre in der bürgerlichen Historiographie der BRD den bestimmenden Einfluß und ihre Hauptexponenten institutionell die Vorherrschaft erlangten.[23] Die in verschiedenen Varianten auftretende industriegesellschaftstheoretische Deutung der Menschheitsgeschichte avancierte zu einer gestellten Grundüberzeugung spätbürgerlichen Geschichtsdenkens. Doch der Anspruch, die Geschichte der Neuzeit strukturgeschichtlich zu erfassen, blieb uneingelöst: In der Praxis historischer Forschung blieb Strukturgeschichte „zum großen Teil ein Programm"[24] und „verkappte traditionelle Geschichte".[25] Die Hochkonjunktur der Sozialgeschichte erwies sich hauptsächlich als „Umetikettierung alteingeführter Themen oder als bewußtes Vorbeireden an der Geschichtswissenschaft der sozialistischen Länder."[26]

20 W. Conze, Die Strukturgeschichte des technisch-industriellen Zeitalters als Aufgabe für Forschung und Unterricht, a. a. O., S. 17/18.

21 Ebenda, S. 41.

22 Vgl. Th. Schieder, Staat und Machtpolitik im Industriezeitalter, in: Staat und Gesellschaft im Wandel unserer Zeit, München 1958, S. 89 ff; ders., Erneuerung des Geschichtsbewußtseins, in: Ebenda, S. 188 ff.; ders., Strukturen und Persönlichkeiten in der Geschichte, in: HZ, Bd. 195, 1962; ders., Geschichte als Wissenschaft, München/Wien 1965; K.-D. Erdmann, Entwurf einer historischen Gegenwartskunde, in: Geschichte in Wissenschaft und Unterricht, Stuttgart, (im folgenden GWU), 1/1963; ders., Die Zukunft als Kategorie der Geschichte, in: HZ, Bd. 198, 1964.

23 Das kommt u. a. deutlich im Wechsel der Führungspositionen im VHD zum Ausdruck. Während die konservative Strömung bis 1958 den Vorsitzenden stellte (G. Ritter 1949–1953, H. Aubin 1953–1958), übten seit 1958 Vertreter der großbürgerlich-flexiblen Richtung dieses Amt aus (H. Rothfels 1958–1962, K.-D. Erdmann 1962 bis 1967, Th. Schieder 1967–1973, W. Conze 1973–1976, G. A. Ritter 1976–1978. Vertreter dieser Richtung beherrschen auch die führenden historisch-politischen Zeitschriften und halten enge Verbindungen zu maßgeblichen Organen der monopolkapitalistischen Wissenschaftslenkung (dazu, Unbewältigte Vergangenheit, a. a. O., S. 108, 707 ff.).

24 G. Iggers, Deutsche Geschichtswissenschaft. Eine Kritik der traditionellen Geschichtsauffassung von Herder bis zur Gegenwart, München 1971, S. 352.

25 V. Rittner, Zur Krise der westdeutschen Historiographie, in: Ansichten einer künftigen Geschichtswissenschaft, a. a. O., S. 43.

26 J. Schmidt, Studium der Geschichte, München 1975, S. 122.

Praktisch verbarg sich dahinter im wesentlichen die Hinwendung zu einer bürgerlichen Interpretation der Geschichte der Arbeiterbewegung, nicht zuletzt als Reaktion auf die Leistungen und die Erfolge der Geschichtswissenschaft der DDR auf diesem Gebiet.[27]

So bescheiden die Korrekturen auch waren, sie reichten insgesamt doch aus, um die bürgerliche Historiographie der BRD bis zur Wende der sechziger zu den siebziger Jahren gemäß den ideologisch-politischen Bedürfnissen der Bourgeoisie auf eine tragfähige theoretisch-methodologische Grundlage zu stellen und vereinzelte Vorstöße besonders von seiten der sich neu formierenden und orientierenden bürgerlichen Sozialwissenschaften abzublocken. Insgesamt erwies sich der Immunisierungseffekt, der vom „reformierten" Historismus ausging, bis dahin weit wirksamer als die starre Verteidigung nicht mehr haltbarer Positionen. So entsprach dem allgemeinen Zustand weltanschaulicher Saturiertheit bis Ende der sechziger Jahre in der bürgerlichen Historiographie der BRD eine theoretische Bedürfnislosigkeit, die oft nur durch anspruchsvolle Leitsätze überdeckt wurde.[28] Das änderte sich fundamental an der Wende der sechziger/siebziger Jahre.

2. Zu den Auswirkungen der allgemeinen Krise des Kapitalismus auf das bürgerliche historisch-soziologische Denken im Übergang zu den siebziger Jahren

2.1. Neue Merkmale der allgemeinen Krise des Kapitalismus

Anfang der siebziger Jahre erfuhr die allgemeine Krise des Kapitalismus eine qualitative Zuspitzung und Vertiefung. Ihr Hauptmerkmal besteht im „Ausreifen und Hervorbrechen eines ganzen Komplexes von Systemwidersprüchen des Kapitalismus (besonders unter dem Einfluß der wissenschaftlich-technischen Revolution) und in ihrer Verflechtung mit einer qualitativen Veränderung der internationalen Lage zuungunsten des Kapitalismus."[29] Sie wird vor allem durch folgende neue Prozesse und Erscheinungen bestimmt:

– durch die Krise der Außenpolitik des Imperialismus als Folge des Zusammenbruchs seiner Nachkriegsstrategie, die in der Wende vom kalten Krieg zur politischen Entspannung zum Ausdruck kam;

27 Insbesondere durch die vom Heidelberger „Arbeitskreis für moderne Sozialgeschichte" herausgegebene Schriftenreihe „Industrielle Welt" und das vom Friedrich-Ebert-Institut herausgegebene „Archiv für Sozialgeschichte" (dazu: Unbewältigte Vergangenheit, a. a. O., S. 53/54, Kap. IV).

28 H. Schleier, Theorie der Geschichte – Theorie der Geschichtswissenschaft, a. a. O., S. 12.

29 Allgemeine Krise des Kapitalismus. Triebkräfte und Erscheinungsformen in der Gegenwart, Berlin 1976, S. 541.

– durch die Krise der ökonomischen Basis des staatsmonopolistischen Systems, die durch eine Verflechtung der strukturellen mit der 1974/1975 ausgebrochenen zyklischen Krise und der anschließenden Stagnation gekennzeichnet ist;

– durch die Anfang der siebziger Jahre einsetzende Krise der Beziehungen zwischen dem Imperialismus und den Entwicklungsländern, wobei letztere sich durch eine rasante Steigerung der Roh- und Brennstoffpreise auf dem Weltmarkt von neokolonialistischem Preisdiktat zu emanzipieren begannen;

– durch die Verschärfung der Widersprüche und der Rivalität zwischen den imperialistischen Ländern und Kräftezentren;

– durch die zunehmende Instabilität des politischen Herrschaftssystems des Imperialismus, was mit einem Anwachsen der sozialen Konflikte und sich häufenden Regierungskrisen verbunden ist;

– durch die weitere Vertiefung der Krise der bürgerlichen Ideologie.[30]

Die Vertiefung der Krise der bürgerlichen Ideologie[31] äußerte sich im Verschleiß und im Bankrott von Gesellschaftskonzeptionen, Leitbildern und Grundüberzeugungen, die mehr als zwei Jahrzehnte nicht in Frage gestellt worden waren. „Das intellektuelle Arsenal", erklärte Z. K. Brzezinski, das die USA-Ideologen „in einem Vierteljahrhundert geschaffen habe, (ist) veraltet ... (und) eine zunehmende Verschiebung der fundamentalen Grundannahmen (erfolgt), die auschlaggebend für unsere Anschauungen über die Welt waren."[32]

Im folgenden sollen die Hauptzüge der Vertiefung der Krise der bürgerlichen Ideologie skizziert werden.

1. Die Bourgeoisie und ihre Apologeten waren über die Ergebnisse der internationalen Entwicklung seit dem zweiten Weltkrieg für das kapitalistische Weltsystem tief enttäuscht. Das Scheitern der imperialistischen Nachkriegsstrategien des „Containment", des „Roll back" und der Aufweichung, Spaltung und Zersetzung des Sozialismus sowie die Einschränkung der Weltpositionen des Kapitalismus führten zu einer im Ganzen nüchterneren, nicht selten durch Pessimismus gefärbten Einschätzung der Möglichkeiten und Grenzen imperialistischer Politik. Diese Tendenz kam u. a. im partiellen Bedeutungsrückgang der Konvergenztheorie, namentlich als Entscheidungshilfe imperialistischer Strategieplanung seit dem Scheitern der Konterrevolution in der ČSSR 1968 zum Ausdruck. An ihrer Stelle gewann die Evolutionskonzeption wachsende Bedeutung. Die Erkenntnis, daß es zur friedlichen Koexistenz zwischen Staaten unterschiedlicher

30 Vgl. A. Norden, Die Vertiefung der Allgemeinen Krise des Kapitalismus, Berlin 1975, S. 11.

31 Zur Gesamteinschätzung vgl. Allgemeine Krise des Kapitalismus, a. a. O., S. 471 bis 535; D. Bergner/R. Mocek, Bürgerliche Gesellschaftstheorien. Studien zu den methodologischen Grundlagen und ideologischen Funktionen bürgerlicher Gesellschaftsauffassungen, Berlin 1976; E. Hahn, Theoretische Fragen des ideologischen Kampfes, in: Dt. Z. Philos., 9/1975, S. 1141–1162.

32 Z. K. Brzezinski, Neue Dimensionen der Bedrohung der Sicherheit der Atlantischen Allianz, in: Europa-Archiv, Bonn, Nr. 23 v. 10. 12.1974, S. 779/780.

Gesellschaftsordnung keine vernünftige Alternative gibt, gewann in den kapitalistischen Ländern an Boden.

2. Die Illusionen über die Programmierbarkeit der kapitalistischen Wirtschaft und der Möglichkeiten der Verhinderung bzw. der Steuerung sozialer Konflikte mittels geeigneter „Sozialtechniken", „konzertierter Aktionen" und anderer staatsmonopolistischer Leitungsinstrumentarien brachen zusammen. Damit wurden zugleich die das Gesellschaftsbild der bürgerlichen Sozialwissenschaften nach dem zweiten Weltkrieg beherrschenden apologetischen Leitbilder und Begriffe einer „Wohlstands-" oder gar „Überflußgesellschaft", der „nivellierten Mittelstandsgesellschaft", „klassenlosen Erwerbs- und Verbrauchsgesellschaft", der „pluralistischen", „informierten", „formierten" oder „offenen" Gesellschaft, schließlich der werdenden klassenlosen „Einheitsgesellschaft", mit denen das Ende der Klassenspaltung und des Klassenkampfes im modernen Kapitalismus festgestellt oder vorausgesagt wurde, in Frage gestellt. Mehr als zwanzig Jahre schien die gesellschaftliche und die politische Wirklichkeit solche Theoreme zu bestätigen, denn nach einer Periode scharfer Klassenauseinandersetzungen in allen kapitalistischen Staaten bis zum Beginn der fünfziger Jahre erfolgte ein langanhaltender, nur durch kurze Rezessionen in einigen kapitalistischen Ländern unterbrochener wirtschaftlicher Aufschwung. Dem entsprach – vor allem in der BRD – ein Abflauen der Klassenkämpfe und eine konservative politische Stabilität. Mit dem Ende des „Wirtschaftswunders" verloren die direkte Apologetik des Kapitalismus, wie die Propagierung der *american way of life* nach dem zweiten Weltkrieg und der USA als Zukunftsmodell der Menschheitsgeschichte, und die indirekte Apologetik in der Form verbaler Manipulationen (Verwandlung des Kapitalismus in „Industriegesellschaft" und analoge Begriffe) an Wirksamkeit. Ein erstes Anzeichen dafür war die „Wiederentdeckung" von sozialer Ungleichheit auf dem 16. Soziologentag der BRD, der unter dem Thema „Spätkapitalismus oder Industriegesellschaft?" 1968 in Frankfurt a. M. stattfand. „In Frankfurt werde erstmals wieder die Gesellschaft nicht nur mit Marxschen Kategorien analysiert, sondern auch dezidiert behauptet, daß die bundesdeutsche Gesellschaft, die sich nach ihrem Selbstverständnis auf zunehmende ökonomische Wohlfahrt und soziale Harmonie zubewegte, noch die alte, von Marx analysierte Klassengesellschaft sei."[33]

Von bürgerlichen Ideologen wurde zunehmend die Idee von der Notwendigkeit gesellschaftlicher Veränderungen aufgegriffen: der Kapitalismus sei reformbedürftig, aber auch reformfähig und daher für die Zukunft offen.

3. Die Illusionen vom unbegrenzten Wirtschaftswachstum und der daraus mit Zwangsläufigkeit folgenden Lösung der sozialen Probleme mußten begraben werden. Der jahrzehntelang propagierte Wachstumsfetischismus, seine Verherr-

33 B. Meurer, Vom bildungsbürgerlichen Zeitvertreib zur Fachwissenschaft – Die deutsche Soziologie im Spiegel ihrer Soziologentage, in: Soziologie und Praxis, hg. von Bernhard Heidtmann und Robert Katzenstein, Köln 1979, S. 225/226.

lichung um jeden Preis und als höchste Wertvorstellung haben sichtlich Bankrott gemacht. W. J. Mommsen faßt das in die Worte: „Gegenwärtig verliert der Mythos, daß reales, kontinuierliches Wachstum alle politischen und gesellschaftlichen Probleme lösen könne, seine Zauberkraft."[34] Statt dessen werden seit Anfang der siebziger Jahre in einer riesigen, weiter anschwellenden Bücher- und Artikelflut, in der die Berichte des „Club of Rome"[35] die wohl bekanntesten und einflußreichsten Publikationen sind, zahlreiche Alternativvorschläge – von der völligen Einstellung des Wachstums der Produktivkräfte („Null-Wachstum") bis hin zum „gesteuerten" bzw. „kontrollierten" Wachstum – entwickelt, in jedem Fall aber die Begrenzung des Wachstums in dieser oder jener Form empfohlen. Der von J. K. Galbraith 1958 in seinem Buch „Gesellschaft im Überfluß" geprägte Begriff „Qualität des Lebens" wurde in der zweiten Hälfte der sechziger Jahre zu einer soziologischen Kategorie, durch die erstmals die in dem grundlegenden Werk von Adam Smith „An Inquiry into the Nature and Causes of the Wealth of Nations" (1776)[36] formulierte und Jahrhunderte gültige Grundüberzeugung bürgerlichen ökonomischen Denkens in Frage gestellt wurde, daß der Wohlstand eines Landes an der Menge der in ihm produzierten materiellen Güter zu messen sei. Diese Auffassung wurde völlig umgestülpt: je höher das Lebensniveau sei, heißt es jetzt, desto niedriger die Qualität des Lebens, und umgekehrt. Seitdem stellt diese Kategorie einen festen Bestandteil des wissenschaftlichen Instrumentariums der Praktiker sozialer Modellierung und der amerikanischen Ideologietheoretiker dar.[37]

In diesen – natürlich unter heftigen Kontroversen – vorgenommenen Neubewertungen grundsätzlicher Fragen des gesellschaftlichen Lebens durch führende bürgerliche Ideologen kommt die Tatsache zum Ausdruck, daß die Bourgeosie die Produktivkräfte, die sie selbst entwickelt hat, nicht mehr meistern kann, daß also die kapitalistischen Produktionsverhältnisse zu eng für die Pro-

34 W. I. Mommsen, Die Geschichtswissenschaft in der modernen Industriegesellschaft, in: Geschichtswissenschaft in Deutschland. Traditionelle Positionen und gegenwärtige Aufgaben, hg. von B. Faulenbach, München 1974, S. 154.

35 D. Meadows u. a., Die Grenzen des Wachstums. Bericht des Club of Rome zur Lage der Menschheit, Hamburg 1973; M. Mesarovic/E. Pestel, Menschheit am Wendepunkt. 2. Bericht an den Club of Rome zur Weltlage, Stuttgart 1974; Wir haben nur eine Zukunft. Reform der Internationalen Ordnung. Der RIO-Bericht an den Club of Rome (Leitung Jan Tinbergen), Opladen 1977; E. Laszlo u. a., Goals for Mankind. A Report to the Club of Rome on the New Horizons of Global Community, New York 1977. Zur Gesamteinschätzung vgl. J. Fjodorow, Der Club of Rome. Bürgerlicher Reformismus auf der Suche nach einem Ausweg, in: Sowjetwissenschaft. Gesellschaftswissenschaftliche Beiträge, Berlin, 6/1978, S. 615–631.

36 Dt.: Eine Untersuchung über das Wesen und die Ursachen des Reichtums der Nationen. Übersetzt und eingeleitet von P. Thal, Bd. I, Berlin 1963, Bd. II, Berlin 1975.

37 Vgl. I. V. Bestužev-Lada/G. S. Batygin, O „kačestve žizni", in: SŠA ėkonomika, politika, ideologija, Moskva 1/1978, S. 23–35.

duktivkräfte der wissenschaftlich-technischen Revolution geworden sind. Im gegenwärtigen bürgerlichen Weltbild reflektiert sich diese Problematik zumeist als ein durch das Wachstum der Produktivkräfte an sich hervorgerufener Konflikt zwischen Gesellschaft und Natur, mithin als Weltproblematik. Die dem Kapitalismus eigenen Widersprüche werden, sozusagen in Gestalt einer negativen Konvergenztheorie, auf die ganze Welt übertragen, und die Krisenhaftigkeit des Kapitalismus in eine allgemeine Menschheitskrise verwandelt. Daraus wird nicht selten der Schluß gezogen, daß eine weitere Entwicklung der Menschheit nur möglich sei, wenn sie zu irgendeiner gestalteten Einheit kommt, sich von gemeinsamen Zielen leiten läßt und zu deren Verwirklichung in globalem Maßstab abgestimmte Aktionen unternimmt. Diese zumeist in humanistischer Absicht formulierten Aufrufe zur Schaffung einer „globalen Gesellschaft" sowie die Erhebung des sog. „Nord-Süd-Konflikts" zu einer Hauptursache der globalen Probleme stellen den Nährboden für das Aufkommen einer Konvergenztheorie neuer Art dar und werden von der bürgerlichen Propaganda mißbraucht, um für eine politische und ideologische Konvergenz und für die Einstellung des Klassenkampfes im Interesse des Überlebens der Menschheit zu plädieren.[38]

4. Das Interesse am Marxismus und sein Einfluß in der kapitalistischen Welt konnten nicht zurückgedrängt werden. Im Gegenteil: Nachdem Generationen bürgerlicher Ideologen den Marxismus für tot, widerlegt oder überholt erklärt hatten, findet sich heute kaum noch eine politische Strömung oder ideologische Richtung der bürgerlichen Gesellschaft, die sich nicht in einer oder anderer Form auf diese oder jene Gedanken von Marx und Engels zu berufen sucht.[39] Bürgerliche Ideologen sprechen vom „aktuellen Interesse am Marxschen Denken"[40] und von der „beschämenden Wirkungslosigkeit" all der Maßnahmen, die in den „letzten vierzig bis fünfzig Jahren unternommen wurden, um gegen den Einfluß des Marxismus zu Felde zu ziehen."[41] Der Zwang für die Feinde des Marxismus, sich in das Gewand von Marxisten zu hüllen oder scheinbar mit den Klassikern des Marxismus gegen den Marxismus kämpfen zu müssen, weil es ihnen nicht gelingt, aus der bürgerlichen Ideologie grundsätzlich neue perspektivische Gesell-

38 Vgl. J. Fjodorow, Der Club of Rome, a. a. O., S. 619.

39 Unbewältigte Vergangenheit, a. a. O., S. 544. Zur bürgerlichen Marx-Kritik bis 1917 vgl. M. Klein/E. Lange/F. Richter, Zur Geschichte der marxistischen Philosophie in Deutschland. Bd. I; Von ihren Anfängen bis zur Großen Sozialistischen Oktoberrevolution, 1., 2. Halbbd., Berlin 1969. Zu den Ursachen und Strömungen der bürgerlichen Marx-Rezeption in der BRD vgl. W. R. Beyer, Tendenzen bundesdeutscher Marx-Beschäftigung, Köln 1968, zu gegenwärtigen Erscheinungsformen: W. Gerns, Krise der bürgerlichen Ideologie und ideologischer Kampf in der BRD, Berlin 1976.

40 G. Schwan, Die Gesellschaftskritik von Karl Marx, Stuttgart–Berlin (West)–Köln–Mainz 1974, S. 5.

41 W. S. Schlamm, Zeitbühne, München, 5/1974, zit. nach: A. Norden, Die Vertiefung der Allgemeinen Krise des Kapitalismus, a. a. O., S. 48.

schaftskonzeptionen zu entwickeln, ist ein weiteres Symptom der Krise der bürgerlichen Ideologie, wofür die bekannte, doch nicht erfüllte Forderung Th. Schieders stehen soll, daß man den historischen Materialismus „mit seinen eigenen Waffen schlagen" müsse.[42]

Anders dagegen sind die Klassengrundlagen und die Motive des Interesse am Marxismus zu werten, das von einem wachsenden Teil der Arbeiter und vor allem der jungen Generation ausgeht. Dieses Interesse erklärt sich bei ihnen aus ihrer Gegnerschaft zum kapitalistischen System und aus ihrer der Suche nach einer Alternative. In den Führungsgremien der Bourgeoisie wird diese Entwicklung mit Sorge vermerkt.[43] So ist in der „Erklärung zu gesellschaftspolitischen Grundfragen" der Bundesvereinigung der Deutschen Arbeitergeberverbände" (BDA) vom 19. August 1974 von der „gesellschaftspolitischen Unruhe", der „Woge der Kapitalismuskritik" und der „Wiederbelebung des Marxismus" die Rede; richtig wird festgestellt: „Der Konflikt über die Richtung, in die sich die gesellschaftliche Ordnung fortentwickeln soll, ist heute totaler und tiefgreifender als zu Beginn der Bundesrepublik."[44]

2.2. Exkurs: Zur Bedeutung der Studentenbewegung für die Sozialwissenschaften in der BRD

Der Einfluß der Studentenbewegung auf die Sozialwissenschaften in den kapitalistischen Ländern ist in der marxistischen Literatur bisher nicht untersucht. Er wird in der Diskussion unterschiedlich bis kontrovers beantwortet, wobei die Tendenz überwiegt, die Einflüsse der Studentenbewegung auf die Sozialwissenschaften als Element der sog. außerwissenschaftlichen Ursachen von den wissenschaftsimmanenten Ursachen abzuheben oder gegenüberzustellen, sie gering einzuschätzen oder zu ignorieren. In der Literatur der BRD wird dagegen der Einfluß der Studentenbewegung auf die Sozialwissenschaften im allgemeinen hoch veranschlagt, je nach Standpunkt positiv oder negativ beurteilt, begrüßt oder beklagt.

Als Beispiele seien einerseits R. Kühnl, H.-A. Winkler und I. Geiss, trotz unterschiedlicher Positionen und Erwartungen, andererseits Stellungnahmen konservativer Wissenschaftler, des reaktionären „Bundes Freiheit der Wissenschaft" und des „Bundesverbandes der Deutschen Industrie" (BDI) genannt.

Kühnl stellt fest, daß die Geschichtswissenschaft an den Hochschulen der BRD wie im Kaiserreich, in der Weimarer Republik und in der Periode des Faschismus von der „konservativen Ideologie" geprägt und „frei von gesellschaftskriti-

42 Th. Schieder, Grundfragen der neueren deutschen Geschichte, a. a. O., S. 3 f.

43 W. Gerns, Krise der bürgerlichen Ideologie und ideologischer Kampf in der BRD, S. 28.

44 Erklärung zu gesellschaftspolitischen Grundfragen, hg. von der Bundesvereinigung der Deutschen Arbeitgeberverbände, Köln 1974, S. 11, 28.

schen Tendenzen" war. „Seit der Studentenrebellion 1967/68 konnte hier jedoch die Kritik an der traditionellen Geschichtswissenschaft nicht mehr unterdrückt werden, wenn auch bisher nur wenige kritische Wissenschaftler auf Professorenstellen gelangten."[45] Winkler zählte anläßlich des 31. Historikertages der BRD in Mannheim 1976 zu den Ursachen des Vordringens der „sozialwissenschaftlichen Richtung" unter BRD-Historikern nach der „offenkundige(n) Unmöglichkeit, die dringlichste Herausforderung an die deutschen Historiker der Nachkriegszeit, nämlich die Frage nach den tieferen Ursachen der nationalsozialistischen Herrschaft, mit traditionellen Mitteln zu bewältigen" und nach der Rückwirkung der Zusammenfassung der Fächer Geschichte, Gemeinschaftskunde und Geographie in der gymnasialen Oberstufe auf den akademischen Unterricht den „Einfluß der Studentenrevolte. Die Marx-Renaissance der späten sechziger und frühen siebziger Jahre hat die Geschichtswissenschaft nicht unberührt gelassen."[46] Geiss sagt gar voraus: „Wenn gegenwärtige Tendenzen der bundesdeutschen Studentenschaft in einem weiteren Jahrzehnt voll durchschlagen, ist mit dem Eintreten von Marxisten auch in die Geschichtswissenschaft zu rechnen."[47] Dagegen wurde die Studentenbewegung von den herrschenden Kreisen des Monopolkapitals, vom „Bund Freiheit der Wissenschaft" und dem bürgerlichen Parteienspektrum bis zur SPD als Alarmsignal empfunden. Konservative Historiker wie E. Nolte, A. Hillgruber und K. Repgen und Soziologen wie H. Schelsky und E. Scheuch haben schon früh den historischen Stellenwert der Studentenbewegung für die BRD geahnt und massiv gegen sie Stellung bezogen. Die „Fahnenflucht der Eliten" erschien ihnen als bedrohliches Zeichen für den Auflösungsprozeß der Stabilität des bestehenden Herrschaftssystems, als eine „tiefe Grundlagenkrise der Bundesrepublik."[48] Wenn ein erheblicher Teil der Studentenschaft „sich ihrer Funktion der ideologischen Reproduktion der Gesellschaft entziehen will und sich systemkritischem Denken – vor allem dem Marxismus zuwendet, so muß dies zugleich als ein Beweis dafür gelten, daß das Widerspruchspotential der kapitalistischen Gesellschaft selbst eine Stufe erreicht hat, auf der die Überzeugungskraft der herrschenden Ideologien prinzipiell in Frage gestellt wird."[49] Mit einem Memorandum zur Lage von Forschung, Lehre und Studium griff der BDI 1971 in die hochschulpolitischen Auseinandersetzungen ein: Die „Partnerschaft zwischen Wirtschaft und Wissenschaft" sei durch die Entwicklung an den Hoch-

45 Geschichte und Ideologie. Kritische Analyse bundesdeutscher Geschichtsbücher, hg. von R. Kühnl, Reinbek b. Hamburg 1973, S. 10.

46 H.-A. Winkler, Wieviel Wirklichkeit gehört zur Geschichte? Ortsbestimmung einer Wissenschaft, in: Frankfurter Allgemeine Zeitung v. 22. 9. 1976, S. 23.

47 I. Geiss, Der Ort der Geschichtswissenschaft in der Gesellschaft oder Die Funktion des Historikers, a. a. O., S. 194.

48 A. Hillgruber, Deutsche Geschichte 1945–1972, Frankfurt a. M.–Berlin (West)–Wien 1974, S. 161.

49 2. Juni 1967 und die Studentenbewegung heute, hg. von F. Deppe, Dortmund 1977, S. 8.

schulen gefährdet, ein verschärftes Vorgehen gegen „Ideologisierung und Politisierung" an den Universitäten wurde angekündigt.[50]

Trotz des Zerfalls der damaligen Studentenbewegung hinterließ sie bleibende Spuren: den Aufschwung der außerparlamentarischen Opposition, die Verunsicherung der Herrschenden, die massenhafte Einbeziehung von Studenten in die praktisch-politische Erarbeitung von gesellschaftlichen Gegenkonzeptionen, die Politisierung von Forschung und Lehre. Sie gab Anstöße für gewisse Veränderungen in der Organisation und der Struktur der Universitäten. Die Hochschulen konnten nicht zum Status quo ante von 1967 zurückfinden, zumal keines der Probleme, an denen sich damals die Studentenbewegung entzündete, gelöst war. Vor allem aber wurde in Gestalt des marxistischen Studentenbundes (MSB) Spartakus eine marxistische Studentenorganisation in das Bündnis mit der revolutionären Arbeiterbewegung eingebracht.

Durch die Studentenbewegung wurden die bürgerlichen Sozialwissenschaftler, namentlich an den Universitäten und den Hochschulen, in der Hauptsphäre ihres Schaffens, der Lehrtätigkeit, in doppelter Weise direkt und massiv herausgefordert: Die Suche der Studenten nach einer Alternative führte zu einer bis dahin nicht gekannten Beschäftigung mit dem Werk von Marx, Engels und Lenin und bei nicht unbeträchtlichen Teilen zur Hinwendung zum Marxismus. Ausdruck dessen war u. a. die Forderung „Marx an die Uni! Lehrinhalte im Interesse der werktätigen Bevölkerung." Hochschullehrer, namentlich in den sozialwissenschaftlichen Seminaren wurden erstmals von Studenten in erheblichem Umfang mit marxistischen Fragestellungen und Auffassungen konfrontiert. Davon ging – besonders auf die Inhaber soziologischer und politologischer Lehrstühle – ein Zwang zur Beschäftigung und zur qualifizierteren Auseinandersetzung mit dem Marxismus bis zur partiellen Rezeption marxistischer Termini, Methoden und Auffassungen aus.

Eine zweite wesentliche Nachwirkung der Studentenbewegung betrifft das Verständnis von Aufgaben und Funktionen der Wissenschaft. Der Protest gegen den apologetisch-affirmativen Charakter der etablierten Wissenschaften, eine der Hauptstoßrichtungen der Studentenbewegung, äußerte sich in scharfer Kritik am bürgerlichen Wissenschaftsverständnis und Wissenschaftsbetrieb. „Die Aufgabe universitärer Wissenschaft", so heißt es im Beschluß des Konvents der „Freien Universität" Westberlin vom 26. Mai 1967, kann sich „nicht darauf beschränken, Wissen bereitzustellen, das eine ständige Verbesserung der Produktion gewährleisten soll ... Wissenschaft (muß) die bestehenden gesellschaftlichen Verhältnisse ständig in Frage stellen und auf die politische Wirksamkeit ihrer Kritik dringen."[51] Der Protest führte zur Bildung von mehr oder weniger rasch zerfallenden, weil untauglichen Einrichtungen wie den als kritische Gegeninstitutionen konzipierten „Kritischen Universitäten" in Westberlin, Hamburg, Frankfurt

50 Zit. nach: S. Prokop, Studenten im Aufbruch, Berlin 1974, S. 156 f.
51 In: St. Leibfried, Wider die Untertanenfabrik, Köln 1967, S. 315/316.

a. M., Heidelberg und Mainz[52] und zahlreichen „Basisgruppen" an Universitäten und Hochschulen der BRD und Westberlins, in denen sich Studenten mit den ihnen gebotenen Lehrinhalten auseinandersetzten.[53] Vereinzelt erarbeiteten Studenten unter Anleitung fortschrittlicher Hochschullehrer von marxistischen Positionen ausgehende Publikationen.[54] Jüngere Wissenschaftler begannen mit kritischen Studien zur Geschichtswissenschaft hervorzutreten.[55] In der fortschrittlichen Westberliner Zeitschrift „Das Argument" veröffentlichten antiimperialistische, vielfach aus der Studentenbewegung hervorgegangene Historiker und andere Sozialwissenschaftler kritische Studien zur bürgerlichen Geschichtswissenschaft.[56] Somit erweist sich, daß die Studentenbewegung der sechziger Jahre gewissermaßen eine Vermittlung darstellte, durch die ein erheblicher Teil des Universitätslehrkörpers in seiner ureigenen Sphäre mit der Verschärfung der allgemeinen Krise des Kapitalismus konfrontiert wurde. Diese Bewegung übte auf die akademischen Lehrer einen Zwang zur Überprüfung wissenschaftstheoretischer Positionen aus, der entweder zu einer heftigen Gegenreaktion und zur Verhärtung konservativ-autoritärer Standpunkte[57] und/oder der Verfeinerung der integrativen und repressiven Disziplinierungsstrategien führte, oder die

52 Kritische Universität. Programm und Verzeichnis der Studienveranstaltungen im Wintersemester 1967/68, Berlin (West) 1967, S. 16, 34.

53 Als Beispiel für die Auseinandersetzung mit geschichtstheoretischen Fragen seien die Basisgruppen Geschichte in Hamburg und Frankfurt a. M. genannt (vgl. Historie zwischen Ideologie und Wissenschaft. Zur Kritik der herrschenden Geschichtswissenschaft. Diskussionsmaterialien. Basisgruppe Geschichtswissenschaft, Hamburg 1970; Geschichtswissenschaft in Studium und Schulpraxis, hg. von P. Körner/M. Meyen, Frankfurt a. M. 1973).

54 Als Beispiel sei genannt: Geschichte und Ideologie. Kritische Analyse bundesdeutscher Geschichtsbücher, hg. von R. Kühnl. Das Buch entstand aus einem Seminar, das R. Kühnl im Sommersemester 1972 an der Universität Marburg mit 90 Studenten der Politikwissenschaft durchführte. Das Honorar für die erste Auflage wurde nach Abzug der Unkosten der Vietnam-Hilfe überwiesen.

55 Exemplarisch: J. Schmidt, Studium der Geschichte. Eine Einführung aus sozialwissenschaftlicher und didaktischer Sicht, München 1975.

56 Vgl. Das Argument. Zeitschrift für Philosophie und Sozialwissenschaften, Berlin (West) 1/2 1971: Geschichte und Geschichtsschreibung der deutschen Arbeiterbewegung; Sonderbände Nr. 70, 75, 1972: Kritik der bürgerlichen Geschichtswissenschaft (I, II).

57 Charakteristisch dafür war die Polemik A. Hillgrubers auf dem Regensburger Historikertag 1972 gegen eine „völlige Indienstnahme der Geschichte durch sozialutopische Ideologien" und gegen die immer mächtiger werdende Sucht nach globalen, „auf eine ‚bessere Gesellschaft' in der Zukunft gerichteten Geschichtsdeutungen" (A. Hillgruber, Politische Geschichte in moderner Sicht, in: HZ, Bd. 216, 3/1973, S. 531, 529). Th. Nipperdey wandte sich scharf gegen die Auffassungen Wehlers, die „gegen Vergangenheit und Gegenwart von der Priorität einer Zukunft, der konkreten Utopie einer besseren Zukunft bestimmt" seien (Th. Nipperdey, Über Relevanz, in: GWU, 10/1972, S. 585).

Ausbildung sozialreformistischer Positionen beeinflußte, den Anstoß zur Annäherung an antiimperialistische, in einigen Fällen auch an marxistische Positionen gab, in jedem Falle aber die geistige Umrüstung auch der Historie in dieser oder jener Weise beeinflußte.[58]

2.3. Die Herausforderung der Historie durch die Sozialwissenschaften bei der theoretischen Bewältigung der allgemeinen Krise des Kapitalismus

Im Übergang zu den siebziger Jahren wurde die gesellschaftliche Funktion der bürgerlichen Historie in der BRD von verschiedenen Seiten in Frage gestellt: von der Konkurrenz der bürgerlichen Sozialwissenschaften, der Kritik führender Vertreter der Monopolbourgeoisie und schließlich von sich selbst. Die bürgerlichen Historiker gerieten in den Ruf, keine brauchbaren Ergebnisse für Strategieplanung und Politikberatung mehr liefern und ihre ideologiebildende Funktion gemäß den veränderten Bedürfnissen nicht mehr voll erfüllen zu können. Die Autorität, die sich Historiker wie H. Rothfels, W. Conze, Th. Schieder und K.-D. Erdmann als geistige Wegbereiter einer flexiblen Politik der BRD gegenüber den sozialistischen Ländern Osteuropas und der DDR erworben hatten,[59] war verblaßt. Weniger der traditionelle Historismus, der zu dieser Zeit seine Vorherrschaft längst eingebüßt hatte, als vielmehr das Verharren im konzeptionellen Rahmen des Ende der fünfziger Jahre industriegesellschaftstheoretisch „reformierten" Historismus hatten an der Wende zu den siebziger Jahren ein akutes Theoriedefizit hervorgebracht. Der zeitweilige Vorsprung in der ideologischen Konzeptionsbildung gegenüber anderen Sozialwissenschaften (z. B. gegenüber der empirisch orientierten Soziologie) hatte sich in einen Rückstand verwandelt, auch im Vergleich mit der Geschichtswissenschaft anderer kapitalistischer Länder.

Die zu „Hilfswissenschaften der Demokratie" bzw. zu „Verbündeten der strukturell gefährdeten Staatsautorität" erklärten Sozialwissenschaften nahmen in den sechziger Jahren einen explosionsartigen Aufschwung. Neben den „alten" Disziplinen Ökonomie und Soziologie erfuhren vor allem die „neuen" Disziplinen Politologie (darunter besonders die Friedens- und die Konfliktforschung und die Demoskopie) und die Futurologie den größten Zuwachs. 1967 studierte jeder

58 So gestand der Mitherausgeber des „Saeculum", O. Köhler, ein, daß ein Symposium der Herausgeberschaft 1971 zur Frage, „was die Überlieferung der Hochkulturen" für die „Industriegesellschaft" bedeute, vom „mehr oder weniger deutlich artikulierten Protest gegen eben diese Gesellschaft" hervorgerufen wurde (O. Köhler, Versuch einer „Historischen Anthropologie", in: Saeculum, Jg. 25, 1974, S. 133).

59 Zur Rolle führender Historiker der BRD bei der Konzipierung der Politik gegenüber den sozialistischen Ländern vgl. G. Rose, „Industriegesellschaft" und Konvergenztheorie, a. a. O., S. 364–367.

sechste Student in der BRD an einem der 450 sozialwissenschaftlichen Lehrstühle.[60] Der bürgerlichen Historie erwuchs damit vor allem aus drei Gründen eine ernsthafte wissenschaftliche und ideologische Konkurrenz. Zum einen weisen die bürgerlichen Sozialwissenschaften von ihrem Gegenstand und ihren Ergebnissen her einen wesentlich stärkeren und zugleich unmittelbareren Bezug zur politischen Praxis auf und sind somit in der Lage, rascher auf neue politisch-ideologische Bedürfnisse der Bourgeoisie zu reagieren. Zum anderen liefern sie mit Sachverhaltsbeschreibungen, Trenduntersuchungen und Verhaltensempfehlungen direkt anwendbares Herrschaftswissen und entsprechende Herrschaftstechniken.[61] Schließlich sind die meisten bürgerlichen Sozialwissenschaften – mit Ausnahme von Ökonomie und Soziologie – als relativ junge Disziplinen weit weniger mit weltanschaulich-politischen und theoretisch-methodologischen Traditionen behaftet als die Historiographie. Das alles macht die Ergebnisse der Sozialwissenschaften für das staatsmonopolistische Herrschaftssystem in mancher Hinsicht praktikabler als die der Historiographie. Deren strategiebildende Relevanz wird durch meist langwierige, weit ausholenden Untersuchungen geprägt,[62] und ihre ideologiebildende Funktion wird durch auf die Vergangenheit bezogene Forschungsergebnisse häufig erst nach weiteren Verarbeitungsstufen (philosophische Deutung, Umsetzung durch Massenmedien, Schulbücher etc.) wirksam.[63] Das teils fachspezifisch bedingte, teils durch Verharren in konservativen Vorstellungen von Gegenstand und Aufgaben der Historie selbstverschuldete Zurückbleiben hinter den Sozialwissenschaften wurde um so prekärer, als sich vor allem Politologen einiger Themen annahmen, die vom Gegenstand eigentlich zur Geschichtswissenschaft gehören. Politologen, zumeist mit historischer Ausbildung oder Teilausbildung, wie K.-D. Bracher, H.-A. Jacobsen, W. Besson, Joachim C. Fest u. a., legten die ersten umfassenden, lange Zeit konzeptionsbildenden Arbeiten zur Geschichte der Weimarer Republik und des Faschismus vor und stellten offen die Methoden des traditionellen Historismus als Erkenntnismittel der neuesten Geschichte in Frage.[64]

60 Vgl. K. Borchardt, Wie gefährlich ist die Explosion der Sozialwissenschaften?, in: Die Welt vom 21. 10. 1967; W. Besson, Engagierte Wissenschaft. Die Gegenwartsaufgaben der Sozialwissenschaften, Opladen 1962.

61 D. Bergner/R. Mocek, Bürgerliche Gesellschaftstheorien, a. a. O., S. 37 ff.

62 „Kaum eine historische Arbeit kann die Aktualität ihrer Konzeption in eine Aktualität der Wirkung umsetzen." (R. Wittram, Die Erheblichkeit der Forschung. Zum Problem der gesellschaftlichen Relevanz der Historie, in: Saeculum, 23/1972, S. 234).

63 Zum Teil in Anlehnung an: Unbewältigte Vergangenheit, a. a. O., S. 146/147.

64 Exemplarisch seien im folgenden Titel (bis 1970 erschienen) genannt: K.-D. Bracher, Die Auflösung der Weimarer Republik. Eine Studie zum Problem des Machtverfalls in der Demokratie, Villingen 1955; K.-D. Bracher/W. Sauer/G. Schulz, Die nationalsozialistische Machtergreifung. Studien zur Errichtung des totalitären Herrschaftssystems in Deutschland, Köln 1962; K.-D. Bracher, Die deutsche Diktatur. Entstehung, Struktur und Folgen des Nationalsozialismus, Köln–Berlin(West) 1970;

Auch die ersten umfangreichen historischen Arbeiten zur Geschichte der BRD und der „deutschen Frage" stammen aus der Feder von Soziologen, Politologen und Politikern,[65] sofern sie nicht von Ausländern[66] oder Journalisten[67] geschrieben wurden. Die sog. Kommunismusforschung in der BRD, darunter insbesondere die DDR-Forschung, ist bisher weitgehend eine durch Namen wie R. Löwenthal, B. Meißner, P.-Ch. Ludz, E. Richert, H. Weber u. a. gekennzeichnete Domäne der Politologie und der Soziologie geblieben.[68]

Ähnliches gilt für die Gebiete der sog. Dekolonisation und Entwicklungspolitik, der wachsendes Gewicht erlangenden „Friedens- und Konfliktforschung" und der Futurologie, an denen sich bis in die siebziger Jahre BRD-Historiker kaum beteiligten.[69]

Kein Wunder, daß sich die bundesdeutsche Historikerzunft in den sechziger Jahren einer zunehmenden Kritik von seiten der anderen Sozialwissenschaften ausgesetzt sah. So bemängelte R. Dahrendorf im Zusammenhang mit der Fritz-Fischer-Debatte[70] die „klägliche Schulbuchperspektive" der meisten Historiker, die die „Erörterung der Echtheit und des Gewichtes von Dokumenten an die Stelle ernsthafter Erklärung von Zusammenhängen" setzte und den Dilettantismus der geistesgeschichtlichen Betrachtungsweise à la Dilthey und Meinecke.[71] O. K. Flechtheim kritisierte die „retrospektiv-neophob(e)" Einstellung vieler

H.-A. Jacobsen, Nationalsozialistische Außenpolitik 1933–1938, Frankfurt a. M. 1968; W. Besson, Württemberg und die deutsche Staatskrise 1928–1933. Eine Studie zur Auflösung der Weimarer Republik, Stuttgart 1959; Joachim C. Fest, Das Gesicht des Dritten Reiches. Profil einer totalitären Herrschaft, Frankfurt a. M.–Berlin(West) 1969.

65 R. Dahrendorf, Gesellschaft und Demokratie in Deutschland, München 1965; H.-P. Schwarz, Vom Reich zur Bundesrepublik. Deutschland im Widerstreit der außenpolitischen Konzeptionen in den Jahren der Besatzungsherrschaft, Neuwied 1966; W. Besson, Die Außenpolitik der Bundesrepublik. Erfahrungen und Maßstäbe, München 1970; W. Grewe, Deutsche Außenpolitik der Nachkriegszeit, Stuttgart 1960.

66 A. Grosser, Deutschlandbilanz. Geschichte Deutschlands seit 1945, München 1970.

67 M. Gräfin Dönhoff, Die Bundesrepublik in der Ära Adenauer. Kritik und Perspektiven, Reinbek b. Hamburg 1963.

68 Sowjetische Innenpolitik. Triebkräfte und Tendenzen, hg. von R. Löwenthal/B. Meißner, Stuttgart 1968; P. Ch. Ludz, Parteielite im Wandel. Funktionsaufbau, Sozialstrukturen und Ideologie der SED-Führung, Köln 1968; E. Richert, Macht ohne Mandat. Der Staatsapparat in der sowjetischen Besatzungszone Deutschlands, Köln–Opladen 1958; ders., Die neue Gesellschaft in Ost und West. Analyse einer lautlosen Revolution, Gütersloh 1960; ders., Die DDR-Elite oder Unsere Partner von morgen, Hamburg 1968; H. Weber, Von der SBZ zur DDR. 1945–1968, Hannover 1968. – Dazu: Unbewältigte Vergangenheit, a. a. O., S. 375–392.

69 Vgl. dazu: Bibliographie zur Politik in Theorie und Praxis, hg. von K.-D. Bracher/H.-A. Jacobsen, Düsseldorf 1970, S. 175–213.

70 Vgl. Unbewältigte Vergangenheit, a. a. O., S. 308–313.

71 R. Dahrendorf, Gesellschaft und Demokratie in Deutschland, S. 32, 35.

Historiker, ihre Befangenheit in „Strukture(n) und Prozesse(n), die für die statischen Gesellschaften von gestern typisch waren" und die zu einer Verabsolutierung der Herrschaftssysteme und der Machtkämpfe der letzten 6000 Jahre geführt hätten, was einer verengten Sicht der Menschheitsgeschichte gleichkäme und zur Verdrängung der urgesellschaftlich-genossenschaftlichen Ordnungen und der „Möglichkeiten einer rationaleren und solidarischen Weltkultur der Zukunft" führe.[72] E. Krippendorff hielt dem Band VI. der Saeculum-Weltgeschichte eine methodologisches Sündenregister vor: einen „schwerwiegenden Mangel an ‚Theorie', an analytischer Klarheit", der bei der Darstellung der Entstehung der Weltgeschichte im räumlich-kommunikativen Sinne „entweder Leerstellen oder vage Hinweise" ergebe und die europäische Expansion traditionalistisch als Ausdehnungsgeschichte großer Kulturkreise deute, das qualitativ Neue, die Entstehung einer globalen dynamischen Industriegesellschaft jedoch verfehle. „Großgeschrieben wird hingegen noch immer, als hätte es in den letzten Jahrzehnten keine Wirtschafts- und Sozialgeschichte gegeben, die Politik, das Kriegsgeschehen, die kulturellen Entwicklungen."[73] Selbst Konrad Adenauer bemängelte den Hang zum Antiquarischen: „Ich verlange natürlich keine Prophezeiungen von einem Historiker, aber ich meine, seine Arbeit, namentlich bei einem Historiker für neuere Geschichte, sei nur wirklich getan, wenn er, so gut wie möglich, zukünftige Entwicklungen aus dem jetzigen Geschehen folgere."[74]

Schließlich begannen bürgerliche Philosophen und Sozialwissenschaftler mit sehr verschiedenen, z. T. kontroversen Argumenten, den geschichtlichen Charakter des „Industriezeitalters" zu bestreiten. Das wissenschaftlich-technische Zeitalter sei geschichtslos, weil die in früheren Epochen auf Grund eigener Zielsetzungen agierenden Personen und Klassen in den Sachzwängen der technologischen Strukturen so miteinander verzahnt seien, daß geschichtliches Handeln als bewußte Durchsetzung von Interessen unmöglich geworden sei. Es werde in Strukturen, Systemen, Regelungs- und Planungsmechanismen aufgelöst, es gebe Strategien und Konflikte, Gleichgewichte und Steuerungsvorgänge, aber keine geschichtlichen Entwicklungsprozesse mehr, vor allem keine geschichtsbildenden Kräfte, die das gesellschaftliche Leben durch ihre Aktion vorantrieben. Damit sei die Geschichte im Grunde an ihrem Ende angelangt: An die Stelle politischer Entscheidungen trete die kybernetische Selbststabilisierung, geschichtliche Alternativen zum bestehenden Zustand seien unmöglich.[75] A. Gehlen erklärte, daß die Gegenwart als eine Epoche der „Geschichtslosigkeit", d. h. des bloß technischen Fortschritts zu begreifen sei. Das zwinge, sie „in ihrem wesentlichen Schwerpunkt als das post-histoire zu bezeichnen, als nachgeschichtliches Stadium so wie

72 O. K. Flechtheim, Futurologie. Der Kampf um die Zukunft, Köln o. J., S. 75, 105.

73 E. Krippendorff, Weltgeschichte für Nichthistoriker, Rezension in: Neue Politische Literatur, 19/1974, S. 257/258.

74 K. Adenauer, Erinnerungen 1945–1953, Frankfurt a. M. 1967, S. 9.

75 D. Bergner/R. Mocek, Bürgerliche Gesellschaftstheorien, a. a. O., S. 97/98, 100.

es im echten Sinne ein vorgeschichtliches gab".[76] H. Schelsky sah einen „technischen Staat" entstehen, der eine „totale Sachgesetzlichkeit" hervorbringe, die keine anderen politischen Entscheidungen zulasse als die Wahl von Sachgutachten.[77] J. Habermas kündigte das Versiegen der Geschichte durch den Verlust selbständigen Handelns infolge der Übermächtigkeit der Strukturen an.[78]

Eine zweite Argumentationslinie leitete das Aufhören von Geschichte aus der notwendigen Stagnation der Produktivkräfte ab. Die Theorie des „Null-Wachstums" impliziert mit ihrer Absage an die Weiterentwicklung der Produktivkräfte den Stillstand der Geschichte. R. Dahrendorf zog diese Schlußfolgerung explizit, indem er Geschichte und Dialektik als „Fortschritt von einer Stufe zur nächsten oder selbst (als) ... dialektische(n) Zickzackkurs des Setzens, Entsetzens und Wiederzusammensetzens" liquidierte und sie auf einen „Themenwechsel" reduzierte: Das Thema „Fortschritt" im Sinne des Glaubens an „die unbegrenzten Möglichkeiten der quantitativen Expansion" scheine erschöpft. Das neue Thema der siebziger Jahre „ist nicht mehr Ausweitung, Expansion, sondern Besserung (Melioration) ..., qualitative anstelle quantitativer Entwicklung."[79]

Derartige geschichtsfeindliche Proklamationen vom Anbrechen einer *posthistoire* sind letztlich zeitgenössische Variationen der für das bürgerliche Geschichtsdenken insgesamt charakteristischen Vorstellung, daß es über den Kapitalismus hinaus keine Höherentwicklung geben kann. Auf sie trifft die Marxsche Kritik an der bürgerlichen Gesellschaftsauffassung in vollem Maße zu, nur das Werden zum Kapitalismus historisch, diesen aber unhistorisch aufzufassen. In dem Vergessen der „wesentlichen Verschiedenheit" der Gesellschaftsformationen, schrieb Marx, „liegt die ganze Weisheit der modernen Ökonomen, die die Ewigkeit und Harmonie der bestehenden sozialen Verhältnisse beweisen."[80] Indem die bürgerlichen Verhältnisse als natürliche und demgemäß ewige angesehen werden, „hat es eine Geschichte gegeben, aber es gibt keine mehr."[81] Neu an der gegenwärtigen bürgerlichen Argumentation vom Ende der Geschichte ist das Abrücken von der vordergründigen Ontologisierung der kapitalistischen Produktionsverhältnisse und des zum überhistorischen Individuum hypostasierten Privateigentümers als theoretische Begründungen für die Ewigkeit des Kapitalismus. Statt dessen wird die Stagnation der Produktion zum Ideal erhoben; sie und die sachzwanghaft aufgefaßten technologischen und gesellschaftlichen Strukturen werden für das Ende der Geschichte verantwortlich gemacht – ihnen wird ange-

76 A. Gehlen, Über kulturelle Evolutionen, in: Die Philosophie und die Frage nach dem Fortschritt, hg. von H. Kuhn/F. Wiedmann, Meisenheim am Glan, 1964, S. 220.

77 H. Schelsky, Der Mensch in der wissenschaftlichen Zivilisation, Köln–Opladen 1961.

78 J. Habermas, Technik und Wissenschaft als „Ideologie", Frankfurt a. M. 1968.

79 R. Dahrendorf, Die neue Freiheit. Überleben und Gerechtigkeit in einer veränderten Welt, München 1975, S. 32/33.

80 K. Marx, Einleitung zur Kritik der Politischen Ökonomie, in: MEW, Bd. 13, Berlin 1974, S. 616/617.

81 K. Marx, Das Elend der Philosophie, in: MEW, Bd. 4, Berlin 1974, S. 139/140.

lastet, was der Kapitalismus als System verschuldet. Post-Histoire und nachindustrielle Gesellschaft reflektieren die Tatsache, daß die Bourgeoisie die Produktivkräfte, die sie entwickelt hat, nicht mehr bewältigen kann, und die Tendenz, daß sie in dem Maße, wie sie reaktionär wird, auch die Beziehung zur eigenen Vergangenheit und zum geschichtlichen Charakter der Gegenwart einbüßt. Sie verkörpern Elemente der Wendung zum Antihistorismus in der spätbürgerlichen Ideologie.[82]

Die Theoreme vom Ende der Geschichte stellten eine weit ernstere Herausforderung an die bürgerliche Historie dar als die anhaltende Kritik an ihr. Während jene auf die Überwindung offenkundiger Schwächen und Versäumnisse bei der Erfüllung ihrer politisch-ideologischen Funktionen zielte, stellten diese im Grunde die Existenzberechtigung der Historie als Wissenschaft in Frage: Geschichte sei nichts anderes als die „metaphysische Sehnsucht nach Rückwärts" (H. Schelsky), der Glauben an sie die „letzte Religion der Gebildeten" (K. Löwith). Im Bewußtsein der Öffentlichkeit bestehe der Eindruck, formulierte J. Radkau in sarkastischer Überspitzung, „daß der Historiker sich einer düster-abgeschiedenen Lemurentätigkeit hingebe, die nur gelegentlich von greishaftem Kichern unterbrochen wird." Viele Studenten – und nicht die schlechtesten – empfänden gegenüber der Historie „Beklommenheit und Verachtung."[83]

Die tonangebenden Kreise der bundesdeutschen Historikerzunft reagierten auf die Konkurrenz und die Kritik der Sozialwissenschaften wie auf die Infragestellung ihrer wissenschaftlichen Existenzberechtigung zunächst mit elegischen Lamentationen. Diese beherrschten den Kölner Historikertag 1970 und in bestimmtem Maße auch noch den Regensburger Historikertag 1972. Ihren Tenor drücken die auf diesen Tagungen gehaltenen Vorträge „Wozu noch Historie?" (1970)[84] und „Ohne Geschichte leben?" (1972)[85] aus. Zugleich setzte eine Diskussion über Möglichkeiten und Aufgaben der Historie sowie zur Neubestimmung des Verhältnisses von Geschichtsschreibung und Theorie und Methodologie ein, die in den siebziger Jahren besonders in der BRD eine bisher nicht gekannte Intensität erlangte,[86] und die eine „sturzflutartig anschwellende Masse"[87] von Publikationen hervorbrachte.[88] Dieser noch längst nicht abgeschlossene Prozeß hat dazu ge-

82 Über das Verhältnis von Historismus und Antihistorismus siehe den vorzüglichen Abschnitt „Weltanschaulicher Positivismus und bürgerlicher „Antihistorismus", in: D. Bergner/R. Mocek, Bürgerliche Gesellschaftstheorien, a. a. O., S. 95–104.

83 J. Radkau, Geschichtswissenschaft heute – Ende der Selbstmystifikation? 2. Teil: Selbstdarstellungen der Historie, in: Neue Politische Literatur, 17/1972, S. 148/149.

84 R. Kosseleck, Wozu noch Historie? in: HZ, Bd. 212, 1/1971.

85 Vgl. Bericht über die 29. Versammlung deutscher Historiker in Regensburg, 3.–8. Oktober 1972, GWU-Beiheft, Stuttgart 1973.

86 G. Lozek, Aktuelle Fragen der Entwicklung von Theorie und Methodologie in der bürgerlichen Historiographie, a. a. O., S. 1021.

87 Th. Schieder, Rezension, in: HZ, Bd. 218, 3/1974, S. 641.

88 Vgl. dazu folgende wichtige Titel: K.-D. Erdmann, Geschichte, Politik und Päda-

führt, „daß in der bürgerlichen Geschichtsschreibung der BRD mancher traditionelle Ballast abgeworfen wurde, neue Fragestellungen und Methoden aufgegriffen wurden, welche es dieser Disziplin gestatteten, den aktuellen Bedürfnissen eher Rechnung zu tragen."[89] Er führte weiter zu einer erheblichen Differenzierung der Standpunkte und der Richtungen in den Fragen einer Neubestimmung von Gegenstand, Aufgaben und Funktionen sowie über die Anwendbarkeit und den Inhalt von Theorien in der Geschichtswissenschaft zwischen den weiterhin herrschenden großbürgerlich-liberalen und großbürgerlich-konservativen Richtungen (die ihrerseits verschiedene theoretisch-methodologische Auffassungen in sich bergen) und einer nach wie vor die Minderheit verkörpernden, jedoch in wachsendem Maße den Tenor der Diskussion prägenden und ihre Gegner zum Reagieren zwingenden Gruppierung.

3. Die Neubestimmung von Gegenstand, Aufgaben und Funktionen der Geschichtswissenschaft durch den Historikerkreis um die Zeitschrift „Geschichte und Gesellschaft

Seit Beginn der siebziger Jahre zeichnen sich in der BRD zwei Grundtendenzen zur Überwindung der Krise der bürgerlichen Geschichtsschreibung ab. An die Untersuchungen und Einschätzungen von G. Lozek[90] und K. Irmschler[91] anknüpfend können sie folgendermaßen charakterisiert werden.

Die erste der beiden, sich immer deutlicher profilierenden und voneinander abhebenden Grundtendenzen kommt in dem Bestreben zum Ausdruck, das im wesentlichen an der Wende der fünfziger zu den sechziger Jahren ausgearbeitete

gogik, Aufsätze und Reden, Stuttgart 1970; W. J. Mommsen, Die Geschichtswissenschaft jenseits des Historismus, Düsseldorf 1971; K.-G. Faber, Theorie der Geschichtswissenschaft, München 1972; Geschichte heute. Positionen, Tendenzen, Probleme, hg. von G. Schulz, Göttingen 1973; H.-U. Wehler, Geschichte als Historische Sozialwissenschaft, Frankfurt a. M. 1973; D. Groh, Kritische Geschichtswissenschaft in emanzipatorischer Absicht, Stuttgart–Berlin(West)–Köln–Mainz 1973; Th. Schieder, Ohne Geschichte sein? Geschichtsinteresse – Geschichtsbewußtsein heute, Köln 1973; Sozialgeschichte heute. Festschrift für H. Rosenberg zum 70. Geburtstag, hg. von H.-U. Wehler, Göttingen 1974; A. Sywottek, Geschichtswissenschaft in der Legitimationskrise. Ein Überblick über die Diskussionen um Theorie und Didaktik der Geschichte in der Bundesrepublik Deutschland 1969–1973, Bonn-Bad Godesberg 1974; Seminar: Geschichte und Theorie. Umrisse einer Historik. hg. von H. M. Baumgartner/J. Rüsen, Frankfurt a. M. 1976.

89 Unbewältigte Vergangenheit, a. a. O., S. 147.

90 G. Lozek, Aktuelle Fragen der Entwicklung von Theorie und Methodologie in der bürgerlichen Historiographie, a. a. O., S. 1021–1027.

91 K. Irmschler, Zur Genesis, Wandlung und Wirksamkeit des theoretischen und methodologischen Konzepts der bürgerlichen „Sozialgeschichte" in der BRD in den 60er und 70er Jahren, a. a. O.,

und von der Mehrheit der bürgerlichen Historiker akzeptierte Konzept einer „modernen" Sozialgeschichte durch „flexibles Befestigen bereits erreichter theoretisch-methodologischer Positionen ... in einem streng begrenzten Rahmen auszubauen, das heißt, ihr theoretisch-methodologisches Instrumentarium nur partiell zu erweitern."[92] Die Vertreter dieser „begrenzten" Variante der Sozialgeschichte sind seit Anfang der siebziger Jahre bemüht, diese zur allgemein verbindlichen Norm zu erheben und alle weiterführenden Bestrebungen abzublokken.[93] Sie verkörpern die gegenwärtig vorherrschende Tendenz im Bereich von Theorie und Methodologie der bürgerlichen Historiographie der BRD.

Im Unterschied dazu bildete sich Anfang der siebziger Jahre eine zahlenmäßig kleine, doch an Einfluß gewinnende Richtung heraus, die bestrebt ist, die Sozialgeschichte „im Rahmen bürgerlichen Geschichtsdenkens qualitativ zu einer sog. Gesellschaftsgeschichte auszuweiten".[94] Diese „erweiterte" Variante der Sozialgeschichte knüpfte an die bis zum Ende der sechziger Jahre erreichten Grundprinzipien der „begrenzten" Variante an, setzte sich jedoch von ihr aus wissenschaftstheoretischen und politischen Gründen ab, vor allem wegen des Fehlens einer inhaltlichen Theorie des Geschichtsprozesses und der in ihr explizit oder implizit enthaltenden Apologetik des Kapitalismus. Gesellschaftsgeschichte wird verstanden „als die Geschichte sozialer, politischer, ökonomischer, soziokultureller und geistiger Phänomene, die in bestimmten gesellschaftlichen Formationen verankert sind. Das zentrale Thema ist die Erforschung und Darstellung von Prozessen und Strukturen gesellschaftlichen Wandels."[95] Wissenschaftstheoretisch wird diese Erweiterung als Wandlung der Sozialgeschichte von einer „Aspektwissenschaft" zu einer „Integrationswissenschaft" verstanden. Methodologisch soll die Gesellschaftsgeschichte von einem „interdisziplinären Ansatz" ausgehen

92 Ebenda, S. 12.

93 Ebenda, S. 139.

94 G. Lozek, Aktuelle Fragen der Entwicklung von Theorie und Methodologie in der bürgerlichen Historiographie, a. a. O., S. 1023. Der Begriff „Gesellschaftsgeschichte", zuerst wohl von L. v. Stein gebraucht (vgl. Moderne deutsche Sozialgeschichte, hg. von H.-U. Wehler, Köln – Berlin (West) 1970, S. 10), wurde vornehmlich den Arbeiten des britischen Historikers E. J. Hobsbawm entlehnt. Vgl. E. J. Hobsbawm, From Social History to the History of Society, in: Daedalus, 1/1971, (dt.: Von der Sozialgeschichte zur Gesellschaftsgeschichte, in: Soziologie und Geschichte, hg. von H.-U. Wehler, Köln 1972).

95 Vorwort der Herausgeber, in: Gesch. u. Gesell., 1/1975, S. 5. Unter den „gesellschaftlichen Formationen" wird – das zeigen die bisherigen Versuche, dieses Konzept in der Forschung umzusetzen – etwas anderes verstanden als der Begriff der ökonomischen Gesellschaftsformation, die zentrale Kategorie des historischen Materialismus: „es sind aus der Industriegesellschaftslehre abgeleitete Konstruktionen, die auf der Grundlage der bürgerlichen Faktorentheorie unterschiedlich bedeutsame historische Gegebenheiten eklektisch zusammenfassen" (G. Lozek, Aktuelle Fragen der Entwicklung von Theorie und Methodologie in der bürgerlichen Historiographie, a. a. O., S. 1024).

und von „erstarrten Traditionen ebenso unabhängig sein ... wie von neuen Dogmen, welcher Herkunft auch immer."[96] Politisch wie theoretisch-methodologisch ist diese Gruppierung jedoch keineswegs als homogen zu betrachten. Politisch gemeinsam ist ihren Vertretern die Bejahung der kapitalistischen Gesellschaftsordnung – wenn auch nicht in ihrer gegenwärtigen Gestalt – und die mehr oder weniger ausgeprägte Gegnerschaft zum realen Sozialismus; theoretisch-methodologisch die Anerkennung und partielle Übernahme der marxistischen Geschichtsauffassung als einer *Methode* historischer Erkenntnis neben anderen bei gleichzeitiger Distanzierung von der marxistischen Weltanschauung und vom Marxismus-Leninismus in der Einheit seiner Bestandteile. Als hauptsächliche konzeptionelle Ideengeber dieser Richtung fungieren H.-U. Wehler, J. Kocka und H.-A. Winkler. Die seit 1975 erscheinende Zeitschrift „Geschichte und Gesellschaft", an deren Gründung und Herausgabe sie maßgeblichen Anteil hatten, kann als das Zentrum der Bestrebungen zur Umwandlung der Historie in eine „Gesellschaftsgeschichte" angesehen werden.

Parallel zur Neubestimmung des Gegenstands erfolgte eine Neubestimmung von Aufgaben und Funktionen der Geschichtswissenschaft als einer „historisch-kritischen Sozialwissenschaft"[97] bzw. als einer „historischen Sozialwissenschaft".[98] Die bisher vorliegenden marxistischen Untersuchungen gehen auf das Verhältnis von Gegenstands- und Funktionsbestimmung nicht näher ein[99] oder verbinden die Neubestimmung der Funktionen mit der des Gegenstandes.[100]

Nun ist die Erweiterung der Sozialgeschichte von einer „Aspekt"- zu einer „Integrationswissenschaft" *an sich* noch keineswegs an eine bestimmte gesellschaftspolitische und geschichtstheoretische Orientierung gebunden. Eine im Umfang erweiterte und mit sozialwissenschaftlichen Methoden angereicherte Sozialgeschichte läßt durchaus verschiedene gesellschaftspolitische Konsequenzen und Möglichkeiten der Interpretation der Geschichte zu. Sozialgeschichte kann „deshalb auf mannigfache Weise inhaltlich realisiert werden: etwa im Sinne der historisch-materialistischen Gesellschaftslehre oder durch die Anwendung von Elementen strukturell-funktionaler Theorie ... oder aber durch – im Hinblick auf den zu untersuchenden Gegenstand – ad hoc entworfene Modelle." Sozialgeschichtliche Stoffe und Fragestellungen blieben selbst den „konservativeren Kon-

96 Vorwort der Herausgeber, in: Gesch. u. Gesell., 1/1975, S. 6.

97 J. Kocka, Sozial- und Wirtschaftsgeschichte, in: Sowjetsystem und demokratische Gesellschaft, Bd. VI, 1972, Sp. 33.

98 So der programmatische Titel eines drei wichtige theoretische Arbeiten Wehlers enthaltenden Buches (H.-U. Wehler, Geschichte als Historische Sozialwissenschaft, a. a. O.)

99 Vgl. G. Lozek, Aktuelle Fragen der Entwicklung von Theorie und Methodologie in der bürgerlichen Historiographie, a. a. O.

100 Vgl. K. Irmschler, Zur Genesis, Wandlung und Wirksamkeit des theoretischen und methodologischen Konzepts der bürgerlichen „Sozialgeschichte" in der BRD in den 60er und 70er Jahren, a. a. O., S. 159 ff.

senus-Historikern (in den USA – G. R.) der fünfziger und sechziger Jahre zentral".[101]

H.-U. Wehler warnt vor einem „unreflektierten, unkritischen Verhältnis" der Sozialgeschichte zur Gesellschaftsentwicklung. „Analog zur staatsfrommen politischen Ereignisgeschichte, wie sie solange in Deutschland vorgeherrscht hat, könnte man auch von einer gesellschaftsfrommen Sozialgeschichte sprechen, die die soziale Entwicklung im wesentlichen hinnimmt, ohne sie in einem kritischen Spiegel einzufangen. ... Während aber die historische Erfahrung die Gefahren der obrigkeitsgläubigen, staatsfrommen Geschichtsschreibung unerbittlich bloßgelegt hat, wird der mindestens ebenso bedrohliche Irrweg einer unkritisch historistisch vorgehenden Sozialgeschichte noch lange nicht überall gesehen ... Nur wenn dieses kritische Verhältnis überwiegt, erfüllt die Sozialgeschichte ihre wichtige Funktion in der geistigen Ökonomie der gegenwärtigen Gesellschaft."[102] J. Kocka begreift die Sozialgeschichte als „*ein* wichtiges vorwärtstreibendes Moment" in der Neubestimmung der Historie als einer „historisch-kritischen Sozialwissenschaft",[103] nicht jedoch im Sinne eines Ursache-Folge-Zusammenhangs. Die „erweiterte" Variante der Sozialgeschichte ist keineswegs mit der „historisch-kritischen Sozialwissenschaft" identisch. Schon die offenkundigen Unterschiede in der gesellschaftspolitischen Zielsetzung der Vertreter der „erweiterten" Variante, so zwischen H.-U. Wehler und W. J. Mommsen, lassen dies erkennen. Andererseits bekennen sich Historiker wie I. Geiss, die nicht zu den prononcierten Vertretern der Sozialgeschichte gehören und in der Forschung eher auf die politische Geschichte orientiert sind, zu den gesellschaftspolitischen Intentionen der „historisch-kritischen Sozialwissenschaft". Ihr Charakter läßt sich nicht aus ihrem Gegenstand, auch nicht primär aus ihren theoretisch-methodologischen Auffassungen, sondern eher aus ihren gesellschaftspolitischen Zielen ableiten. Dabei stellt das Verständnis von Aufgaben, Funktionen und Möglichkeiten der Geschichtswissenschaft in der durch die dritte Etappe ihrer allgemeinen Krise geprägten kapitalistischen Welt die zentrale Frage dar. Als programmatisch dafür kann das Vorwort der Herausgeber der Zeitschrift „Geschichte und Gesellschaft" angesehen werden, wenngleich es als Plattform durchaus nicht homogener Positionen offenkundig Kompromißcharakter trägt und gewissermaßen den größtmöglichen gemeinsamen Nenner der Herausgeberschaft[104] darstellt. Es ist für das Wissenschaftsverständnis bürgerlicher deutscher Historiker durchaus ein Novum, wenn sie in einem programmatischen Dokument auf die „beständige Reflexion" des „Zusammenhang(s) wissenschaftlicher Forschung mit der

101 J. Kocka, Sozial- und Wirtschaftsgeschichte, a. a. O., Sp. 4, 14.

102 Moderne deutsche Sozialgeschichte, hg. von H.-U. Wehler, Köln–Berlin(West) 1966, S. 15.

103 J. Kocka, Sozial- und Wirtschaftsgeschichte, Sp. 33.

104 Als Herausgeber zeichnen: H. Berding, K. v. Beyme, D. Geyer, A. Jeck, J. Kocka, R. Kosseleck, W. Lepenies, W. J. Mommsen, H.-J. Puhle, R. Rürup, F. Sack, W. Schieder, H.-Chr. Schröder, R. H. Tilly, H.-U. Wehler, H.-A. Winkler.

gesellschaftlichen Praxis" verwiesen werden, „und zwar sowohl weil die Geschichtswissenschaft durch gegenwärtige erkenntnisleitende Interessen beeinflußt wird als auch weil die Analyse historischer Prozesse und Entscheidungen direkt oder indirekt auf das gegenwärtige gesellschaftliche Bewußtsein und auf die Praxis zurückwirkt." Im Sinne dieser Funktionsbestimmung wird der Geschichtswissenschaft die Aufgabe gestellt, in kritischer Weise „die Gesellschaft als veränderbares Ergebnis historischer Prozesse und Entscheidungen, als Resultat genutzter und versäumter Möglichkeiten" zu analysieren und in emanzipatorischem Sinne „vernünftiges Handeln von Individuen und Gruppen" zu erleichtern und mitzuwirken, „humane Formen des menschlichen Zusammenlebens zu entwerfen, zu erarbeiten und zu bewahren sowie zur Entwicklung einer historisch orientierten, zugleich aber praktisch relevanten Theorie der Gegenwart beizutragen".[105]

In diesem Rahmen bewegen sich die meisten Aussagen der einzelnen Vertreter dieser Historikergruppe. Bei der Bestimmung dessen, *wogegen* die Geschichtswissenschaft kritisch sein müsse und *wovon* die Gesellschaft zu emanzipieren sei, enthalten sie sich im allgemeinen – mit Ausnahme Wehlers[106] – konkreter Gegenwartsbezüge und politischer Parteiergreifung. Dem liegt wissenschaftstheoretisch ihr bürgerliches Theorie/Praxis-Verständnis zugrunde, wonach die Wissenschaft durch eine politische Indienstnahme für wen oder was auch immer ihre „relative Selbständigkeit und Distanz zur sozialen und politischen Auseinandersetzung verlöre und zudem ihr Mandat überzöge"[107] – die Nähe zu der in der Wissenssoziologie K. Mannheims enthaltenen illusionären und zugleich elitären Auffassung von der „sozial freischwebenden Intelligenz" als dem alleinigen

105 Vorwort der Herausgeber, in: Gesch. u. Gesell., 1/1975, S. 7.

106 Vgl. dazu u. a. Wehlers scharfe Polemik gegen den Revanchismus in der BRD und die Widerstände der CDU/CSU gegen die Vertragspolitik der SPD/FDP-Regierung gegenüber den sozialistischen Ländern: „Nachdem die deutsche Kriegspolitik unter Hitler den historischen Rechtsgrund deutscher Stellung im Osten verspielt hat, bleiben die Grenzen der deutschen Staaten nach 1949 der definitiv bestimmte Rahmen, innerhalb dessen sich die deutsche Politik zu bewegen hat ... Fünfundzwanzig Jahre nach Kriegsende geht es darum, endlich auch die Ergebnisse des Zweiten Weltkrieges im Osten anzuerkennen. Dem politischen Dinosauriertum darf es nicht noch einmal, wie schon nach dem ersten Weltkrieg, gelingen, ein ‚Ostlocarno' zu verhindern; die Anerkennung der polnischen Westgrenze und damit auch der DDR ist überfällig" (H.-U. Wehler, Krisenherde des Kaiserreichs 1871 bis 1918. Studien zur deutschen sozial- und Verfassungsgeschichte, Göttingen 1970, S. 10, 217). Zur Kolonialismusproblematik begrüßt Wehler, daß „das Deutsche Reich im Versailler Friedensvertrag glücklicherweise seinen Kolonialbesitz verloren hat" (H.-U. Wehler, Bismarck und der Imperialismus, Köln–Berlin (West) 1969, S. 25).

107 J. Kocka, Zu einigen sozialen Funktionen der Geschichtswissenschaft, in: Geschichte und Sozialwissenschaften. Ihr Verhältnis im Lehrangebot der Universität und der Schule, hg. von P. Böhning, Göttingen 1972, S. 15.

Träger objektiver Erkenntnis ist evident. So wird die emanzipatorische Funktion der Geschichtswissenschaft im wesentlichen in der Kritik und der Aufklärung über jene gesellschaftlichen und ideologischen Verhältnisse gesehen, die einer „humanen" und „rationalen" Gesellschaft im Wege stehen.

Worin bestehen diese Hindernisse? Welchen Beitrag hat die Geschichtswissenschaft zu ihrer Beseitigung zu leisten?

Ausgangspunkt aller Überlegungen ist die Idee von der Reformbedürftigkeit, aber auch Reformfähigkeit des Kapitalismus, die Idee von der Notwendigkeit der Veränderung der gesellschaftlichen Verhältnisse. Die in der bürgerlichen Ideologie an sich gegebene und in der Industriegesellschaftslehre zur Grundlage der Apologetik des Kapitalismus erhobene pseudooptimistische Grundüberzeugung einer naturwüchsigen Parallelität bzw. wechselseitigen Abhängigkeit von Industrialisierung einerseits und Demokratisierung/Humanisierung/Harmonisierung andererseits – kurz: das Industrialisierungs/Demokratisierungs-Theorem[108] – ist ebenso aufgegeben worden wie ihr scheinbares pseudo-pessimistisches Gegenteil, nämlich die von Ideologen wie A. Gehlen und H. Schelsky verkündete These von der Versteinerung der gesellschaftlichen Verhältnisse infolge der Übermacht der Sachzwänge, vom Ende der Geschichte. Mehr noch: Beide Theoreme sind als Rechtfertigungsversuche des Bestehenden, mithin als Hemmnisse auf dem Weg in eine „humane" Gesellschaft erkannt und werden scharfer Ideologiekritik unterworfen. „Sich auf den vermeintlich stets sozialdynamischen Charakter der Industriegesellschaft zu verlassen", schreibt Wehler, „geht schlecht an, wenn man sich bewußt ist, daß diese Industrialisierung auch stets der totalitären Entartung fähig ist. Sie bietet von sich aus keineswegs eine Garantie für eine unablässig geschmeidig erhaltene ‚offene Gesellschaft' ". Jeder „bürokratische Industriestaat" könne zum „Gehäuse jener Hörigkeit der Zukunft" (Max Weber) erstarren.[109] Als übergreifende Aufgabe der „historisch-kritischen Sozialwissenschaft" formuliert J. Kocka in Anlehnung an Auffassungen von R. Kosseleck und W. J. Mommsen „die Infragestellung des gegenwärtig Etablierten, die Verfremdung des Quasi-Natürlichen, die Verflüssigung des anscheinend Versteinerten, die Entzauberung von Mythen und die Befragung von Ideologien, die dynamische Freisetzung von Erinnerung, die aufklärerische, proportionenbewußte, selbstbestimmte Kritik", kurz „die Geschichte gegen den Strich zu bürsten (Walter Benjamin)".[110] H.-U. Wehler geht insofern darüber hinaus, als er die Ideologiekritik durch Entlarvung von konkreten gesellschaftlichen Mächten und Interessen vertieft, die sich hinter den „Sachzwängen" verbergen und sich in ihnen artikulieren. Er fordert die Entmystifizierung des Staates und der „Sachzwänge": Gegenüber

108 Vgl. W. Strzelewicz, Industrialisierung und Demokratisierung der modernen Gesellschaft, Hannover 1964; Th. Leuenberger, Bürokratisierung und Modernisierung der Gesellschaft, Bern-Stuttgart 1975.

109 Moderne deutsche Sozialgeschichte, a. a. O., S. 15.

110 J. Kocka, Sozial- und Wirtschaftsgeschichte, a. a. O., Sp. 33.

der „Lebenslüge des Obrigkeitsstaates" (G. Radbruch), die von den Anhängern der „formierten Gesellschaft" oder eines „strafferen politischen Stils" immer wieder bemüht wird, „als wertvolle Tradition oder gar als Modellbau zu gelten", wird eine kritische Darstellung demgegenüber die „Überparteilichkeitsideologie als das erweisen, was sie in ihrer Funktion nach stets gewesen ist: die Legitimierung der autoritären Herrschaft von (vorindustriellen) Führungseliten, die Verdeckung kraß einseitiger Interessenpolitik und Parteinahme".[111] Hinter der „Mystifizierung des Staatsapparats" und der „Beschwörung einer vergeblich ‚sachlichen' Politik" verbinden sich „die schwerkontrollierbare Herrschaft der großen Einzelnen und der bürokratischen Experten im Zusammenspiel mit den mächtigsten Interessengruppen."[112]

Im Gegensatz zur Industriegesellschaftslehre, in der die kapitalistische Gesellschaft der fünfziger und sechziger Jahre als weitgehende Verwirklichung von Demokratie, Gerechtigkeit und Harmonie ausgegeben wurde, betrachten die Anhänger der „historisch-kritischen Sozialwissenschaft" die Schaffung einer „rational-humanen" Gesellschaft als eine noch zu lösende Zukunftsaufgabe. Auch in dieser Hinsicht geht Wehler am weitesten, indem er im Sinne von Max Webers „unverändert gültiger Erkenntnis", daß auch die wissenschaftliche Forschung in gewissen „letzten Wertideen" verankert ist, jedoch im Unterschied zu Webers normativer Vorentscheidung „zugunsten des individualistisch-liberalkapitalistischen Systems ... *heute* vom Fernziel des massendemokratischen Sozialstaats" ausgeht, in dem die „industrielle Welt humanisiert, mithin auch planrationaler Kontrolle unterworfen wird."[113]

Als hauptsächliche geschichtliche und gegenwärtige Hindernisse bei der Realisierung der konkreten Utopie einer „humanrationalen" Gesellschaft werden angegeben:

a) die Widerstände vorindustrieller Herrschaftsstrukturen bzw. deren Relikte;
b) die unterschiedliche Entwicklung der einzelnen gesellschaftlichen Sphären;
c) die kapitalistischen Profitinteressen (explizit nur bei Wehler).

Zu a): Die These, „daß die unterschiedliche politische Entwicklung moderner (nicht nur, aber auch: kapitalistischer) Gesellschaften wesentlich durch vorindustrielle Faktoren" bestimmt ist,[114] ist geradezu zu einem Paradigma der historischen Sozialwissenschaft in der BRD geworden. Die historische Erklärungskraft dieses Paradigmas soll namentlich an der Entschlüsselung der Ursachen des deutschen „Sonderweges" demonstriert werden[115] und wird in der Gegenwarts-

111 H.-U. Wehler, Krisenherde des Kaiserreichs, S. 11.
112 Ebenda, S. 323.
113 Ebenda, S. 297.
114 H.-A. Winkler, Vorläufige Schlußbemerkungen, in: Organisierter Kapitalismus. Voraussetzungen und Anfänge, hg. von H.-A. Winkler, Göttingen 1974, S. 217.
115 Vor allem in: H.-U. Wehler, Bismarck und der Imperialismus, a. a. O., ders., Krisenherde des Kaiserreichs, a. a. O., ders., Das deutsche Kaiserreich 1871–1918 Göttingen 1973.

analyse hauptsächlich auf die Entwicklungsländer bezogen. Während auf diesem Gebiet die Verhinderung eines nichtkapitalistischen Entwicklungswegs bzw. einer sozialistischen Orientierung im Vordergrund steht, läuft die Darstellung der Entwicklung Deutschlands auf eine Kritik des Junkertums und -objektiv – auf eine Apologetik des Monopolkapitals hinaus. An M. Weber, Th. Veblen,[116] H. Rosenberg[117] und B. Moore jr.[118] anknüpfend, wird die verhängnisvolle politische Weichenstellung Deutschands auf dem Weg von der „Agrargesellschaft" in die „Industriegesellschaft" im wesentlichen aus der Konservierung der ökonomisch-politischen Machtpositionen der Großgrundbesitzer erklärt, die zu einer „Spannung zwischen einer voraneilenden ökonomischen und sozialen Entwicklung zur Industriegesellschaft auf der einen Seite und der überkommenen starren politischen Struktur"[119] und schließlich zum Untergang des von innen her nicht modernisierungsfähigen Kaiserreichs geführt habe, eine Entwicklung, die in den Faschismus mündete. Aufstieg und Ende des Deutschen Reiches zwischen 1871 und 1945 seien „als insgesamt katastrophal gescheiterter Versuch zu verstehen ..., die universalen Probleme, die sich aus Industrialisierung, Entstehen eines Industrieproletariats und Forderung nach Demokratie ergeben, durch die Konservierung traditioneller aristokratischer Strukturen ... zu lösen."[120] Die von der bürgerlichen Geschichtsschreibung insgesamt inzwischen weitgehend akzeptierte These einer Diskrepanz des von ökonomischer Modernität und partieller sozio-politischer Rückständigkeit[121] im deutschen Kaiserreich überbewertet die Rolle der Junker und unterbewertet die des Monopolkapitals. Indem diese These die in der revolutionären Arbeiterbewegung vorhandenen Potenzen faktisch ignoriert, blendet sie die Möglichkeit einer Alternative, wie sie sich beispielsweise im November 1918 bot, aus und liefert so das Negativbild des von der reaktionären Geschichtsschreibung einst gepriesenen „deutschen Sonderweges". Diese Konzeption ist – trotz aller vordergründigen Distanzierung vom naiven Fortschrittsoptimismus des Industrialisierungs/Demokratisierungs-Theorems – indirekt in diesem Theorem befangen, die „Industriegesellschaft" müsse nur von allen vorindustriellen, d. h. konservativen, autoritären und obrigkeitsstaatlichen Strukturen befreit werden, um sich zum „massendemokratischen Sozialstaat" entwikkeln zu können.

116 Th. Veblen, Imperial Germany and the Industrial Revolution, (1915), Ann Arbor 1966.

117 H. Rosenberg, Probleme der deutschen Sozialgeschichte, Frankfurt a. M. 1969.

118 B. Moore jr., Social Origins of Dictatorship and Democracy, Boston 1968 (dt., Soziale Ursprünge von Diktatur und Demokratie. Die Rolle der Gutsbesitzer und Bauern bei der Entstehung der modernen Welt, a. a. O.).

119 H.-U. Wehler, Das deutsche Kaiserreich 1871–1918, a. a. O., S. 71.

120 I. Geiss, Der Ort der Gechichtswissenschaft in der Gesellschaft oder Die Funktion des Historikers, a. a. O., S. 204.

121 J. Kocka, Theorien in der Sozial- und Gesellschaftsgeschichte, in: Gesch. u. Gesell., 1/1975, S. 27.

Zu b): Die Auffassung von der unterschiedlich raschen Entwicklung der gesellschaftlichen Sphären stellt eine der theoretischen Grundlagen der strukturell-funktionalistischen Soziologie dar. Davon ausgehend, wird in der Forschung der „historischen Sozialwissenschaft" ein „Dreieck" von miteinander verzahnten Komplexen als theoretisches Koordinatensystem an den Geschichtsprozeß angelegt: das industrielle und agrarische Wachstum, der soziale Wandel und die Verschiebung der politischen Kräftekonstellation bei Primat der Systemerhaltung oder -veränderung.[122] Infolge der ungleichmäßigen Entwicklung dieser Komplexe entstünden Phasenverschiebungen (*lags*), Brüche und Verwerfungen auf gesamtgesellschaftlicher Ebene, die, wie die Geschichte Deutschlands zwischen 1871 und 1945 zeige, von großer Geschichtsmächtigkeit sein und den Weg in die „Modernität" mit gewaltigen Kosten pflastern können. Daher sei es eine der Hauptaufgaben der Gesellschaft und der Politik, aber auch der Geschichtswissenschaft, mit der gesellschaftlichen Entwicklung Schritt zu halten, „die ökonomischen, sozialen und politischen Entwicklungen möglichst kontrolliert zu synchronisieren und die überaus gefährlichen Verzögerungen, die ‚lags' der Entwicklung auf dem gesellschaftlich-politischen Sektor ... zu vermeiden."[123] Diese Auffassung stellt eine Modifizierung der bereits am Ende des 19. Jh. als Reaktion auf den historischen Materialismus entstandenen Theorie vom „Pluralismus der Faktoren" dar. Diese erkannte dem Marxismus das Verdienst zu, die Bedeutung des ökonomischen Faktors entdeckt und erforscht zu haben, leugnete jedoch, daß die Entwicklung der Produktivkräfte und der Produktionsverhältnisse die Struktur der Gesellschaft und den Verlauf ihrer Entwicklung bedingen. Die gesellschaftliche Entwicklung wurde willkürlich in Teilprozesse oder in einzelne, sich ungleichmäßig entfaltende Sphären zerlegt, wie in der Theorie des „sozialen Wandels" W. F. Ogburns (1922), und die Bewegung dieser Sphären wurde in letzter Instanz aus dem Bewußtsein erklärt.[124]

Die Leugnung des Primats der Ökonomie und der in letzter Instanz ökonomischen Determiniertheit der historischen Entwicklung ist auch der theoretische Kern des *lag*-Theorems. Statt dessen wird von einer Gleichwertigkeit aller gesellschaftlichen Sphären ausgegangen. Es sei nicht einzusehen, schreibt Wehler, „warum ‚der Bereich der Produktion, Ökonomie, Industrialisierung' generell eine ‚größere Dignität' beanspruchen könne, ein ‚materielles Substrat von prinzipiellerem Charakter' darstellen soll als andere ‚Entwicklungsdimensionen'".[125]

Neu an dieser These sind lediglich zwei Momente: erstens die Zentrierung der Geschichtsforschung auf die lags zwischen der ökonomisch-sozialen und der politisch-ideologischen Sphäre; zweitens das Moment der „rationalen" Kontrolle zum Zwecke der Synchronisierung der gesellschaftlichen Sphären.

Zu c): Zu einer Kernfrage der gesellschaftspolitischen Zielsetzung dringt Weh-

122 H.-U. Wehler, Krisenherde des Kaiserreichs, a. a. O., S. 163/164.

123 Ebenda, S. 271.

124 Vgl. Grundlagen der marxistischen Philosophie, Berlin 1959, S. 708 ff.

125 H.-U. Wehler, Modernisierungstheorie und Geschichte, a. a. O., S. 53.

ler vor, indem er der „historischen Sozialwissenschaft" die Aufgabe stellt, das Bewußtsein wachzuhalten bzw. wieder wecken zu helfen, „daß die ‚Umstände' der Marktgesellschaft umgestaltet werden können, ja wegen ihrer unübersehbaren sozialen Kosten in Richtung auf den liberal-demokratischen Sozialstaat umgestaltet werden sollten." Es sei nicht einzusehen, warum „auch die Marktwirtschaft nicht wieder nach sozialen Kriterien ein untergeordneter statt verselbständigter Bereich der Gesellschaft, ein bewußt gesteuerter, statt naturwüchsigen Interessen folgender Prozeß, ein der gesellschaftlichen Kontrolle durch demokratisch legitimierte Institutionen unterworfenes statt selber Dominanz beanspruchendes System werden soll".[126] An anderer Stelle wirft er sogar die Frage auf, was „außer Wachstumserfolgen an sich mit immer deutlicher erkennbaren sozialen Kosten ... die private Verfügungsgewalt über Produktionsmittel, private Gewinnaneignung (und) private Investitionsentscheidung" rechtfertige.[127] Aber auch solche Einsichten erfolgen nur im Rahmen des als System des „organisierten Kapitalismus" begriffenen staatsmonopolistischen Kapitalismus, „der vom Interventionsstaat reguliert werden muß, wenn es nicht kollabieren soll."[128] Wehler bejaht das kapitalistische System vorbehaltslos, so wenn er den Imperialismus primär als „Sozialimperialismus", d. h. als eine Herrschaftstechnik zur Ablenkung der inneren Spannungen nach außen begreift, mithin als eine „sozialdefensive Strategie", eine Reaktion der herrschenden Kreise auf Störungen im Sozialgefüge im Ergebnis wirtschaftlicher Wachstumsstörungen beim Übergang zum „organisierten Kapitalismus",[129] oder in seinem Bekenntnis zu den „liberal-demokratischen Werte(n)", die er „für außerordentlich verteidigungswürdig" erklärt.[130]

Dennoch erregen die Auffassungen Wehlers und anderer Vertreter der „historischen Sozialwissenschaft" zunehmend „Unwillen und offenen Groll bei den Führungskräften im Historikerverband der BRD und bei anderen konservativen Kräften ... Man fürchtet, die geschichts- und gesellschaftstheoretischen Auffassungen von Wehler, Kocka u. a. tangierten bereits die Grenzen des gegenwärtigen staatsmonopolistischen Herrschaftssystems, würden in die Nähe marxistischen Gedankenguts führen und damit Tabus in Frage stellen und könnten die Grundsubstanz bürgerlicher Geschichtsschreibung und darüber hinaus bourgeoiser Ideologie und Politik generell gefährden."[131] Die Angriffe richten sich

126 H.-U. Wehler, Geschichte als Historische Sozialwissenschaft, a. a. O., S. 73 f.

127 H.-U. Wehler, Der Aufstieg des organisierten Kapitalismus und Interventionsstaates in Deutschland, in: Organisierter Kapitalismus, a. a. O., S. 52.

128 H.-U. Wehler, Geschichte als Historische Sozialwissenschaft, a. a. O., S. 74.

129 H.-U. Wehler, Das deutsche Kaiserreich 1871–1918, a. a. O., S. 171 ff. Dazu W. Gutsche, Zur Imperialismus-Apologie in der BRD. „Neue" Imperialismusdeutungen in der BRD-Historiographie zur deutschen Geschichte 1898 bis 1917, Berlin 1975 (Zur Kritik der bürgerlichen Ideologie, Bd. 63).

130 H.-U. Wehler, Modernisierungstheorie und Geschichte, a. a. O., S. 61.

131 G. Lozek, Aktuelle Fragen der Entwicklung von Theorie und Methodologie in der bürgerlichen Historiographie, a. a. O., S. 1024/1025.

vor allem gegen die gesellschaftspolitischen Auffassungen jener Historikergruppe.[132]

Worin besteht das klassenmäßige und politische Wesen der von der Historikergruppe um die Zeitschrift „Geschichte und Gesellschaft" vertretenen gesellschaftspolitischen Konzeption? In der marxistischen Literatur, die sich bisher vor allem auf Wehler als ihrem profiliertesten und engagiertesten Vertreter konzentrierte, gibt es dazu bisher keine einheitliche Meinung. H.-D. Kittsteiner sieht in Wehler im wesentlichen einen Apologeten des Kapitalismus, der die apologetischen Gehalte bürgerlicher ökonomischer Theorien auf den historischen Prozeß projiziere und damit nicht nur einen „Scheinbeweis für die Dauerhaftigkeit des kapitalistischen Systems" erbringe, sondern auch eine Orientierungshilfe im Reproduktionsprozeß des Kapitals liefere. Der ganze historische Prozeß werde bei Wehler „zum Bewährungsfeld für Wachstums- und Konjunkturtheorien degradiert", der bei ihm in einer „zwar zeitweilig disproportionalen, aber insgesamt kontinuierlichen Kapitalakkumulation ad infinitum bestehe."[133] G. Fülberth kritisiert den „Hang zum Unbestimmten", die normative Vorentscheidung für die „Industriegesellschaft".[134] G. Lozek und K. Irmschler bestimmen die gesellschaftspolitische Konzeption dieser Gruppe als „bürgerlich-sozialreformistisch"[135] bzw. „sozialreformistisch".[136]

Abgesehen davon, daß sich die gesellschaftspolitischen Intentionen ihrer Vertreter z. T. erheblich unterscheiden[137], erscheinen letztere beide Auffassungen vor allem aus zwei Gründen problematisch. Erstens ist der Sozialreformismus eine

132 Vgl. dazu die detaillierten Belege bei K. Irmschler, Zur Genesis, Wandlung und Wirksamkeit des theoretischen und methodologischen Konzepts der bürgerlichen „Sozialgeschichte" in der BRD in den 60er und 70er Jahren, a. a. O., S. 168–173, 186–196.

133 H.-D. Kittsteiner, Theorie und Geschichte. Zur Konzeption der modernen westdeutschen Sozialgeschichte, in: Das Argument, Nr. 75, Sonderbd.: Kritik der bürgerlichen Geschichtswissenschaft (II), a. a. O., S. 31/32.

134 Rez. zu: Krisenherde des Kaiserreichs, a. a. O., in: Ebenda, S. 321 ff.

135 G. Lozek, Aktuelle Fragen der Entwicklung von Theorie und Methodologie in der bürgerlichen Historiographie, a. a. O., S. 1025.

136 So spricht K. Irmschler von einer Bindung an einen „teilweise recht konsequenten Sozialreformismus", in: Zur Genesis, Wandlung und Wirksamkeit des theoretischen und methodologischen Konzepts der bürgerlichen „Sozialgeschichte in der BRD in den 60er und 70er Jahren", a. a. O., Thesen, S. 12.

137 So richtet sich die Funktion einer „historischen Sozialwissenschaft" bei W. J. Mommsen, wie Irmschler richtig herausgearbeitet hat, auf die Rationalisierung *„jeglicher* politisch-ideologischer Positionen", auf die weitgehende Übereinstimmung über ‚Grundwerte' der bürgerlichen Demokratie" sowie auf die „Zusammenfassung *aller* für die Erhaltung der kapitalistischen Gesellschaftsordnung eintretenden Kräfte" (K. Irmschler, Zur Genesis, Wandlung und Wirksamkeit des theoretischen und methodologischen Konzepts der bürgerlichen „Sozialgeschichte" in der BRD in den 60er und 70er ‚Jahren, a. a. O., S. 166/167.

Erscheinung in den Teilen der Arbeiterbewegung, die sich von den Grundsätzen des revolutionären Klassenkampfes losgesagt und damit die Positionen des Marxismus-Leninismus verlassen haben[138] – davon kann bei dieser Gruppe natürlich keine Rede sein. Zweitens fehlt bei dieser Gruppe auch jeglicher Bezug zur und auf die Arbeiterbewegung, gleichviel ob revolutionär oder opportunistisch, als sozialer Kraft zur Verwirklichung ihrer gesellschaftspolitischen Vorstellungen. Sie begreift sich vielmehr in der Nachfolge K. Mannheims als „freischwebende Intelligenz", deren Kritik gerade wegen fehlender Standortgebundenheit ihre Genauigkeit und Objektivität erhalte, woraus die Illusion erwächst, allein durch Kritik und Aufklärung eine emanzipatorische Funktion erfüllen zu können. Dabei begünstigt die relative Isoliertheit des Intellektuellen die Illusion der Klassenunabhängigkeit. Auch bewirken soziale Unterschiede zwischen der ideologieproduzierenden Intelligenz und der Bourgeoisie, „daß die Intelligenz in die ideologische Artikulierung der sozialen und historischen Erfahrungen als Klasse zugleich die eigene Erfahrung als Angehörige kleinbürgerlicher Zwischenschichten einfließen läßt."[139] Die „Salus Publica", schreibt Wehler, besitze „keinen eindeutig auszumachenden sozialen Träger."[140]

Ihre Auffassungen übersteigen in keinem Falle – mit starken Einschränkungen in gewissem Maße mit Ausnahme Wehlers – den Horizont eines bürgerlichen Reformkapitalismus. Zugespitzt gesagt: Sie steht John K. Galbraith näher als dem „demokratischen Sozialismus". Aus allen diesen Gründen wird man ihre gegenwärtige Position eher als liberal-demokratisch mit *objektiv* sozialreformistischen Zügen charakterisieren dürfen. Das schließt eine Reihe von Ansatzpunkten für die Formierung progressiver gesellschaftlicher Kräfte sowie für eine wirkliche Annäherung an marxistisch-leninistische Standpunkte nicht aus.[141]

4. Das Theoriedefizit oder Die Untauglichkeit der traditionellen Industriegesellschaftslehre als Grundlage einer „historisch-kritischen Sozialwissenschaft"

In den Sozialwissenschaften der entwickelten kapitalistischen Länder hat sich seit Anfang der siebziger Jahre die Theoriediskussion außerordentlich verstärkt. Ausdruck dessen sind die rasche Zunahme von gesellschaftstheoretischer Literatur, das Aufbrechen von Kontroversen, der Verschleiß alter Konzeptionen und Leitbilder, die Suche nach und die Produktion von neuen.

138 Philosophisches Wörterbuch, Bd. 2, Stichwort Sozialreformismus, Leipzig 1974, S. 1146.

139 E. Hahn, Theoretische Fragen des ideologischen Kampfes, a. a. O., 1162.

140 H.-U. Wehler, Krisenherde des Kaiserreichs, S. 325.

141 K. Irmschler, Zur Genesis, Wandlung und Wirksamkeit des theoretischen und methodologischen Konzepts der bürgerlichen „Sozialgeschichte" in der BRD in den 60er und 70er Jahren, a. a. O., Thesen, S. 12.

Die Ursachen für das sprunghafte Anwachsen des Theoriebedarfs in der bürgerlichen Ideologie liegen in dem Bedürfnis der Bourgeoisie nach theoretischer Bewältigung der allgemeinen Krise des Kapitalismus.

Das trifft in vollem Maße auch auf die seit Jahren anhaltende Theorie- und Methodendiskussion in der bürgerlichen Geschichtswissenschaft der BRD zu. Die Anstöße für neue Fragestellungen und Lösungsversuche gehen vorwiegend von solchen Historikern aus, die für eine engagierte, kritische und „emanzipatorische" Funktion der bürgerlichen Geschichtswissenschaft eintreten. Ihre Bestrebungen richten sich nicht allein auf eine Erneuerung der *Methodologie* der Geschichtswissenschaft, sondern vor allem auf die Ausarbeitung einer über die Industriegesellschaftslehre hinausgehenden *Theorie* bzw. von *Theorien* des Geschichtsprozesses. Diese werden nicht nur schlechthin als Instrumente, sondern in zunehmendem Maße auch als unabdingbare Voraussetzungen für die Forschungsarbeit angesehen.

Vertreter eines traditionalistischen Wissenschaftsverständnisses zeigen sich dagegen den Forderungen nach einer verstärkten theoretischen Fundierung der Geschichtswissenschaft weniger aufgeschlossen. Sie halten ihr geschichtstheoretisches Konzept mit der Industriegesellschaftslehre für genügend abgesichert und wenden sich gegen eine darüber hinausgehende Anwendung von allgemeinen und umfassenden Theorien auf die Geschichte. Durch den Ruf nach „mehr Theorie" herausgefordert und unterschiedlich reagierend, werden sie jedoch gezwungen, ihre theoretisch-methodologischen Auffassungen erneut zu begründen, zu verteidigen und partiell zu modifizieren, z. B. durch die Einführung einer „anthropologischen Dimension" in die Geschichte durch Th. Nipperdey. Da sie die Industriegesellschaftslehre für ein ausreichendes Konzept zur Deutung der historischen Gesamtentwicklung halten, konzentriert sich ihr Interesse auf die Ausarbeitung einer Theorie der Geschichts*wissenschaft*, auf erkenntnistheoretische Fragen der Forschung und der Darstellung, d. h. im Grunde einer Methodologie; dagegen wird von ihnen eine Theorie der Geschichte als Theorie der historischen Entwicklung der Gesellschaft abgelehnt oder entscheidend eingeengt.[142] Die Unterschiede in den Auffassungen über den Stellenwert von Theorien im allgemeinen und über die Notwendigkeit der Ausarbeitung einer Theorie des Geschichtsprozesses im besonderen korrespondieren in auffälliger Weise mit den gesellschaftspolitischen Auffassungen der „traditionalistisch" und der „emanzipatorisch" orientierten Richtung. Während die erstere auf die absolute Bewahrung des Bestehenden, d. h. auf die Absicherung des kapitalistischen Systems gegen jegliche Kritik eingeschworen ist, zielt letztere auf seine wie auch immer geartete Reformierung.

Worin besteht der Zusammenhang zwischen der gesellschaftspolitischen Konzeption der „historisch-kritischen Sozialwissenschaft" und ihren geschichts- und

142 Dies wurde von H. Schleier richtig herausgearbeitet: Theorie der Geschichte – Theorie der Geschichtswissenschaft, a. a. O., bes. S. 18/19, 86/87

gesellschaftstheoretischen Ambitionen und Aktivitäten? Allgemein gesagt: in dem Bedürfnis, das angestrebte Ziel einer „vernünftig organisierten zukünftigen Gesellschaft" durch eine kritische Durchleuchtung der Vergangenheit und Gegenwart[143] und durch Ausarbeitung von umfassenden und übergreifenden Theorien des gesellschaftlichen Wandels theoretisch fundieren zu können. Damit soll zugleich eine überzeugende Alternative zum historischen Materialismus begründet werden. Gegen das quasi-natürlich erscheinende, gegenwärtig Etablierte und anscheinend Versteinerte soll die Idee der Geschichtlichkeit dieser Verhältnisse mobilisiert, sollen diese Verhältnisse als geschichtlich gewordene und geschichtlich vergängliche gezeigt und damit „Energien, Perspektiven, Einsichten für die Opposition gegen die vermeintlichen Sachzwänge, gegen das ‚Gehäuse der Hörigkeit der Zukunft' in einer technokratischen Industriezivilisation" freigesetzt werden.[144] Die Hindernisse auf dem Weg der Realisierung der „konkreten Utopie" einer „human-rationalen Gesellschaft" (M. Horkheimer) sollen durch Aufdeckung der Herkunft und der Entfaltungstendenzen der fortschrittshemmenden Strukturen und der gesellschaftlichen Mächte enthüllt werden. Um gefährliche Disproportionen zwischen der ökonomisch-sozialen und der politisch-ideologischen Sphäre zu vermeiden und die gesamtgesellschaftliche Entwicklung zu synchronisieren und zu kontrollieren, bedarf es einer übergreifenden Theorie des gesamtgesellschaftlichen Wandels. Diese wiederum – und hier schließt sich der Kreis – läßt sich nicht aus einem zu vorschnellen Formeln flinker Welterklärung[145] neigenden abstrakten Soziologismus ableiten, sondern nur aus der Verallgemeinerung der gesamten historischen Erfahrungen auf dem Weg in die „moderne Welt" aufbauen. Das erfordert die Aufarbeitung und Neuinterpretation der Weltgeschichte, zumindest seit der Entstehung des Kapitalismus, einschließlich der Erfahrungen bei der „Modernisierung" der Entwicklungsländer als Bezugsrahmen für die Detailforschung. „Eine, wenn auch nur vorläufige und perspektivische Vorstellung vom Ganzen ist Voraussetzung der angemessenen Erfassung von Teilbereichen und Einzelproblemen; deren Analyse bleibt unvollkommen und in der Gefahr der Verzerrung, solange ihr gegenseitiger Zusammenhang und ihr Stellenwert innerhalb des Gesamtsystems nicht bestimmt werden können." Wollte die Geschichtswissenschaft sich ausschließlich auf Detailprobleme konzentrieren, so würde das nicht nur der Analyse unzuträglich sein" sondern auch die Befriedigung des bestehenden und legitimen Bedürfnisses nach historischer, gegenwartsbezogener Gesamtinterpretation „wissenschaftlich nicht kontrollierten Ideologien und Mythen überlassen."[146]

Die gegenwärtige Situation auf dem Gebiet der historischen Theorienbildung

143 H.-U. Wehler, Geschichte als historische Sozialwissenschaft, a. a. O., S. 107.

144 H.-U. Wehler, Geschichte als historische Sozialwissenschaft, S. 28.

145 Ebenda, S. 22.

146 J. Kocka, Sozialgeschichte – Strukturgeschichte – Gesellschaftsgeschichte, in: Archiv für Sozialgeschichte, Bd. 15, 1975, S. 34.

ist aber gerade dadurch gekennzeichnet, daß – wie vor allem die bisher erschienenen Hefte der Zeitschrift „Geschichte und Gesellschaft" zeigen – bestimmte, auf einen begrenzten Untersuchungsgegenstand bezogene, sog. gegenstandsbezogene Theorien und Methoden angewendet werden, eine Theorie der gesamtgesellschaftlichen Entwicklung jedoch nach wie vor fehlt. So konstatierte J. Kocka den Mangel an „übergreifenden, integrierenden theoretischen Zugriffen höherer Ordnung".[147] Daher ist die Suche nach einer Theorie der gesamtgesellschaftlichen Entwicklung ein zentrales Anliegen der „historisch-kritischen Sozialwissenschaft".

Eine wissenschaftliche Theorie der gesamtgesellschaftlichen Entwicklung hat zumindest dreierlei zu leisten: *erstens* eine Erklärung der Gesetzmäßigkeiten der gesellschaftlichen Entwicklung als Stufenfolge progressiver ökonomischer Gesellschaftsformationen in ihrem konkret-historischen Verlauf und in ihren geographischen Dimensionen; *zweitens* eine Erklärung des Funktionsmechanismus sozialer Strukturen; *drittens* eine Erklärung der Dialektik von Prozeß und Struktur, die Enthüllung der Historizität aller Strukturen und die Bestimmung derjenigen Elemente, die den Fortschritt über die gegebene Struktur bewirken, d. h. der Triebkräfte der gesellschaftlichen Entwicklung. Die marxistisch-leninistische Geschichtswissenschaft besitzt im historischen Materialismus das theoretische Fundament zur wissenschaftlichen Erklärung der gesamtgesellschaftlichen Entwicklung. „Vor über 100 Jahren legten Marx und Engels das Fundament erstens zur *interdisziplinären* Erforschung des gesellschaftlichen Lebens, zweitens zu *System*untersuchungen des sozialen Prozesses und drittens zur Erforschung der *Entwicklung* der Gesellschaft. Sie überragten nicht nur die damaligen Historiker, Ökonomen und Soziologen, sie antizipierten auch die Forschungsmethoden, die heute auch in den Naturwissenschaften allgemeine Anerkennung finden."[148]

Von einer wissenschaftlichen Auffassung über die Aufgaben einer Theorie der gesamtgesellschaftlichen Entwicklung sind auch die profiliertesten Vertreter der „historisch-kritischen Sozialwissenschaft" allerdings weit entfernt. In ihrem z. T. widersprüchlichen, sich in einem Zeitraum von mehr als zehn Jahren entwickelnden und durchaus nicht konstant bleibenden Theorieverständnis werden die Aufgabe einer Gesellschaftstheorie im Sinne der Wissenschaftslehre von Th. S. Kuhn[149] als Aufstellung von Paradigmata, d. h. allgemeinen Problemlö-

147 J. Kocka, Gegenstandsbezogene Theorien in der Geschichtswissenschaft, in: Theorien in der Praxis des Historikers, Forschungsbeispiele und ihre Diskussion, hg. von J. Kocka, Göttingen 1977 (Gesch. u. Gesell., Sonderheft 3), S. 184.

148 Vgl. hierzu, Die sich schöpferisch entwickelnde revolutionäre Lehre. Zusammenfassung der Diskussion einer internationalen Forschungsgruppe in der Redaktion der Zeitschrift Probleme des Friedens und des Sozialismus anläßlich des 160. Geburtstages von Karl Marx, in: Probleme des Friedens und des Sozialismus, 6/1978, S. 745.

149 Vgl. Th. S. Kuhn, Die Struktur wissenschaftlicher Revolutionen, Frankfurt a. M. 1967; ders. Die Suche nach dem Neuen, Frankfurt a. M., 1977. – Dazu: W. Hollitscher, Der Mensch im Weltbild der Wissenschaft, Wien 1969; W. N. Porus, Die

sungsmodellen bzw. deren Ablösung durch ein erklärungskräftigeres Modell verstanden, das neuen erkenntnisleitenden Interessen und Forschungsergebnissen genügt.[150] Der 1975 von Kocka und 1978 von Wehler aufgestellte theoretische Bezugsrahmen zur Analyse langfristiger historisch-gesellschaftlicher Entwicklungen kann wohl als gegenwärtiger Stand ihres Theorieverständnisses angesehen werden. Er enthält sowohl Elemente, die sich auf die Methodologie der Forschung als auch auf die Entwicklung einer Theorie des gesamtgesellschaftlichen Prozesses beziehen.

Nach Kocka hat eine geschichtswissenschaftlich fruchtbare Theorie folgende Aufgaben zu erfüllen. *Erstens* soll sie überzeugende Kriterien zur Auswahl des Untersuchungswertes, zur Abgrenzung des Gegenstandes und zur Begründung der Erkenntnisziele anbieten. *Zweitens* soll sie überprüfbare Hypothesen zur Verknüpfung der untersuchten Wirklichkeitsbereiche bereitstellen. „Determinanten des Wandels" und „treibende Kräfte" sollen in einer Weise bestimmt werden, daß die „Vermittlungen zwischen Ökonomie, Sozialstruktur, Politik, Kultur und anderen begrifflich separierbaren Teilsystemen" nachvollzogen und eine „Erklärung des gesellschaftlichen Wandels in der Zeit" in Angriff genommen werden kann. *Drittens* soll sie eine der zu untersuchenden Sache wie dem verfolgten Erkenntnisziel angemessene Periodisierung ermöglichen. *Viertens* soll sie die begrifflichen Instrumene für „synchrone und diachrone Vergleiche zwischen den Gesellschaften bereitstellen". *Fünftens* soll sie offen für die Ergänzung durch speziellere Theorien und Erklärungsmuster sein.[151] Wehler stellt im Anschluß an Kocka einen Katalog von zehn Bedingungen auf, denen historische Theorien „möglichst weitreichend" entsprechen sollen:

„1. die Synthese- bzw. Integrationsfähigkeit gegenüber z. T. extrem heterogenen Elementen;
2. das Angebot von Selektionskriterien für die Problemauswahl;
3. das Angebot an funktionalen und kausalen Erklärungshypothesen;
4. die Kombinationsfähigkeit im Hinblick auf spezifische Theoreme, überhaupt ein beträchtliches Maß an Flexibilität;
5. das Maximum an empirischem Informationsgehalt;
6. die Nützlichkeit der Periodisierungskriterien;
7. die Fähigkeit zur Erfassung verschiedener Entwicklungsgeschwindigkeiten historischer Prozesse und Strukturen;
8. die Ermöglichung des Vergleichs;

„Struktur wisenschaftlicher Revolutionen" und die Dialektik der Wissenschaftsentwicklung, in: Sowjetwissenschaft, Gesellschaftswissenschaftliche Beiträge, 1/1978, S. 29 ff.

150 Vgl. H.-U. Wehler, Vorüberlegungen zu einer modernen deutschen Gesellschaftsgeschichte, a. a. O., S. 3.

151 J. Kocka, Sozialgeschichte – Strukturgeschichte – Gesellschaftsgeschichte, a. a. O., S. 37/38.

9. die Bewährung gemäß den Kriterien der empirischen Triftigkeit, der Behauptung in komparativen Studien, der Übereinstimmung mit dem nomologischen und empirischen Wissen der Nachbarwissenschaften;
10. die praktische Relevanz in einem weiten Sinn."[152]

Angesichts der von ihm geplanten „größeren Darstellung zur deutschen Gesellschaftsgeschichte im 19. und 20. Jahrhundert" sieht sich Wehler jedoch „einem außergewöhnlich schmalen Angebot" von theoretischen Ansätzen, Interpretationskonzeptionen oder „Paradigmata" gegenüber.[153] Von den bürgerlichen Sozialwissenschaften wurde Ende der siebziger Jahre bezüglich der Vorbereitung einer „deutschen Gesellschaftsgeschichte" folgendes Theorieangebot unterbreitet:
1. Soziologische Theorien des „sozialen Wandels";
2. Theorien historischer Abläufe auf unterschiedlichen Abstraktionsebenen und in verschiedenen zeitlichen Dimensionen;
3. Theorien zur Erklärung des Funktionierens sozialer Systeme (System-, Struktur- und Konflikttheorien);
4. die Industriegesellschaftslehre als universalhistorisches Interpretations- und Deutungsmuster;
5. die Modernisierungstheorien.

Zu 1): Die aktuellen Theorien des sozialen Wandels[154] gehen wesentlich auf den amerikanischen Soziologen William F. Ogburn (1886–1959), namentlich auf sein 1922 erschienenes Werk „Social Change", zurück. Unter *sozialem Wandel* wird die „Gesamtheit der in einem Zeitabschnitt erfolgenden Veränderungen in der Struktur einer Gesellschaft" verstanden. Im Gegensatz zu den Begriffen *Fortschritt* und *Entwicklung*, die in den Evolutionstheorien und Dichotomie-Theoremen des 19. Jh. gegeben waren, impliziert der Begriff des *sozialen Wandels* keine Angaben über die Richtung, in der sich der Wandel vollzieht.[155] Der „soziale Wandel" werde durch das unterschiedliche Entwicklungstempo der einzelnen sozialen Sphären charakterisiert: die technisch-ökonomische Entwicklung eile der sozialen, der politischen und der kulturellen Sphäre voraus und löse dadurch Spannungen zwischen ihnen aus; „sozialer Wandel" bestehe im wesentlichen in

152 H.-U. Wehler, Vorüberlegungen zu einer modernen deutschen Gesellschaftsgeschichte, a. a. O., S. 8.

153 Ebenda, S. 3.

154 Vgl. als komprimierte bürgerliche Selbstdarstellungen des „sozialen Wandels": Fischer-Lexikon Soziologie, hg. von R. König, Frankfurt a. M. 1958, Stichwort „Sozialer Wandel", S. 268–274; IESS, Bd. 14, 1968, Stichwort „Social Change", S. 365 bis 375; Sozialer Wandel. Zivilisation und Fortschritt als Kategorien der soziologischen Theorie, hg. von H.-P. Dreitzel, Neuwied-Berlin (West), 1967; Theorien des sozialen Wandels, a. a. O. Zur Einschätzung vgl. K.-H. Tjaden, Soziales System und sozialer Wandel. Untersuchungen zur Geschichte und Bedeutung zweier Begriffe, Stuttgart 1969; Wörterbuch der marxistisch-leninistischen Soziologie, hg. von G. Assmann u. a., Berlin 1977, Stichwort Wandel, sozialer, S. 706/707.

155 Fischer-Lexikon Soziologie, a. a. O., S. 268.

der Überwindung der durch diese Spannungen (*social and cultural lags*) hervorgerufenen Dyfunktionen durch Anpassungsprozesse.

Obwohl das „lag"-Theorem – wie bereits gezeigt – als ein zentraler Bezugspunkt der „historisch-kritischen Sozialwissenschaft" rezipiert wurde, wird die Theorie des „sozialen Wandels" als allgemeiner theoretischer Bezugsrahmen einer Gesellschaftsgeschichte wegen ihrer inhaltlichen abstrakt-soziologischen Unbestimmtheit abgelehnt: Der „ominöse soziale Wandel... bleibt in den Sozialwissenschaften oft diffus, da die gesamte Fragestellung von makrosoziologischen Problemen, und das heißt immer: von der Geschichte, die man erst kennenlernen muß, bestimmt wird."[156]

Zu 2): Darunter sind vor allem die diversen Theorien *mittlerer Reichweite* zu verstehen. Die Theorien mittlerer Reichweite gehen auf den amerikanischen Soziologen Richard K. Merton zurück.[157] Sie beziehen sich sowohl auf die zeitliche wie auf die strukturelle Dimension der Geschichte. Die zeitliche Dimension soll durch an bestimmte historische Abläufe unterschiedlicher Dauer gebundene und nur für sie geltende Theorien erfaßt werden. Wehler unterschied 1973 vier historische Zeiten: die kurze Zeit der Ereignisgeschichte; die naturale Zeit einer Generation; die langen Wellen der Konjunktur bis hin zum Säkulartrend wirtschaftlicher und sozialer Entwicklungsprozesse; die „eigentlichen" Zeiten langer Dauer, die z. B. die alteuropäischen Agrargesellschaften bis ins 18. Jahrhundert kennzeichnen bis hin zu den quasi immobilen Zeiten des französischen Historikers F. Braudel.[158] Während R. Kosseleck derartige Theoreme „sozusagen zum zentralen Reformpunkt der Geschichtstheorie"[159] erheben will, hatten Wehler und Kocka schon Anfang der siebziger Jahre ein zwiespältiges Verhältnis zu ihnen. Einerseits strebten sie eine Theorie der gesamtgesellschaftlichen Entwicklung an, andererseits schränkten sie diese Position durch Betonung des heuristischen Charakters einer solchen Theorie und durch Begrenzung auf die Dimension „mittlerer Reichweite" als auf dem gegenwärtigen Entwicklungsstand der Theoriebildung allein verifizierbaren Möglichkeit ein. Darin reflektierte sich letztlich die Unfähigkeit der bürgerlichen Geschichtsideologie, die Dialektik von Allgemeinem und Besonderem in der Weltgeschichte theoretisch zu bewältigen. Daraus erwächst stets aufs neue das Dilemma, daß die Verallgemeinerung zu einem abstrakten Soziologismus, die Historisierung zu einem platten Idiographismus tendiert. Inzwischen sind von Wehler und Kocka die Theorien „mittlerer Reichweite" zugunsten der historischen Modernisierungstheorie fallengelassen worden. Die strukturellen Dimensionen der Geschichte sollen durch auf die einzelnen Bereiche des sozialen Lebens „objektbezogene" Theorien erfaßt werden, wie etwa der Theo-

156 H.-U. Wehler, Geschichte als historische Sozialwissenschaft, a. a. O., S. 30.

157 Vgl. R. K. Merton, Social Theory and Social Action, Glencoe/Ill. 1957.

158 H.-U. Wehler, Geschichte als historische Sozialwissenschaft, a. a. O., S. 18.

159 H. Schleier, Theorie der Geschichte – Theorie der Geschichtswissenschaft, a. a. O., S. 46.

rie der drei Berufssektoren (J. Fourastié),[160] demographischer Theorien,[161] Theorien des Strukturwandels im Verhältnis von Staat und Gesellschaft[162] und der sozialpsychologischen Veränderungen[163]. Diese werden von der historischen Modernisierungstheorie sozusagen als Füllmaterial empirischer Daten zur Gewinnung einer komplexen historischen Querschnittsanalyse rezipiert[164] – nicht aber als theoretischer Ansatzpunkt einer „Gesellschaftsgeschichte" verstanden.

Zu 3): *Theorien zur Erklärung des Funktionierens sozialer Systeme* erleben gegenwärtig in der bürgerlichen Soziologie eine Konjunktur.[165] Dabei stehen sich System- und Konflikttheorien kontrovers gegenüber. Die Systemtheorien wurzeln in der strukturell-funktionalistischen Soziologie von T. Parsons. Danach werden die Elemente eines sozialen Systems in erster Linie unter dem Aspekt betrachtet, welche Bedeutung ihre Wechselbeziehungen für das Funktionieren des Systems haben. Fragen nach dem Woher und dem Wohin von Gesellschaften sowie nach der Dynamik der in jedem antagonistischen System gegebenen systemüberwindenden Elemente wurden als illegitim betrachtet. Die innere Dynamik sozialer Systeme wurde als ständiger Integrations- oder Anpassungsprozeß verstanden, strukturelle und historische Analyse fallen auseinander. Die Fragestellung lautete nicht mehr: Was treibt Gesellschaften voran? sondern Was hält sie zusammen?[166]

In den meisten gegenwärtigen Systemtheorien werden soziale Systeme als kybernetische Regelsysteme begriffen, die durch endogene und exogene Faktoren beeinflußt und durch den Staat gesteuert werden müssen, um Gleichgewichtsstörungen und damit Konflikte zu vermeiden. In der weitgehenden Ignorierung der Geschichtlichkeit sozialer Strukturen sind sie dem Strukturalismus verwandt, der an die Stelle des geschichtlichen Prozesses autonome Strukturen setzt, die absolut stabil sein sollen. Die Frage, wie diese Strukturen entstanden sind, bleibt ebenso unbeantwortet, wie die Frage, wodurch sich diese Strukturen verändern

160 Vgl. J. Fourastié, Die große Hoffnung des XX. Jahrhunderts Köln – Deutz 1954.

161 Vgl. G. Mackenroth, Bevölkerungslehre, Berlin (West) – Göttingen – Heidelberg 1953.

162 Vgl. J. Habermas, Strukturwandel der Öffentlichkeit. Untersuchungen zu einer Kategorie der bürgerlichen Gesellschaft, Neuwied 1962.

163 Vgl. D. Riesman, Die einsame Masse. Eine Untersuchung der Wandlungen des amerikanischen Charakters, Hamburg 1958.

164 Vgl. P. Flora, Indikatoren der Modernisierung. Ein historisches Datenhandbuch, Opladen 1975.

165 Zur marxistischen Einschätzung der bürgerlichen Systemtheorien vgl. C. Warnke, Die „abstrakte" Gesellschaft. Systemwissenschaften als Heilsbotschaft in den Gesellschaftsmodellen Parsons', Dahrendorfs und Luhmanns, a. a. O.; B. P. Löwe, Klassenkampf oder sozialer Konflikt. Zu den Gleichgewichts- und Konflikttheorien in der bürgerlichen Soziologie, Berlin 1973 (Zur Kritik der bürgerlichen Ideologie, Bd. 23).

166 R. Dahrendorf, Zu einer Theorie des sozialen Konflikts, in: Theorien des sozialen Wandels, a. a. O., S. 108.

und wie neue entstehen. Von den Strukturen her ist geschichtlicher Wandel nicht zu erfassen, vom „sozialen Wandel" her nicht die Totalität der Systeme.

Es verwundert daher nicht, daß die Systemtheorien und der Strukturalismus wegen ihrer prononcierten Geschichtsfeindlichkeit bei den bürgerlichen Historikern aller Richtungen und Schattierungen auf entschiedenen Widerspruch stießen. Wehler ironisiert diejenigen, „die mit ehernen Gesetzestafeln vom Berge Sinai der Systemtheorie herabsteigen" und stellt fest: „Systemtheorien frieren dynamische Prozesse ein".[167] Den Vertretern der „historisch-kritischen Sozialwissenschaft" waren die Systemtheorien auch wegen ihres offenkundigen apologetischen Charakters obsolet: Sie liefern scheinwissenschaftliche Beweise für die Ewigkeit des Kapitalismus in seiner gegenwärtigen Gestalt. Aus diesen Gründen werden Systemtheorien und Strukturalismus als theoretische Ansätze einer Gesellschaftsgeschichte nicht in Betracht gezogen,[168] eher Konflikttheorien, da sie der „prozessualen Bewegung in der Zeit besser gerecht werden".[169] Aber auch sie reichen wegen ihrer Begrenztheit auf einen Aspekt der gesellschaftlichen Entwicklung als theoretische Grundlage nicht aus.

Zu 4): Überblickt man die einschlägige bürgerliche gesellschaftstheoretische Literatur, so macht man die auf den ersten Blick überraschende Feststellung, daß die bürgerliche Ideologie die *Industriegesellschaftslehre* nie als „Industriegesellschafts*lehre*" bzw. *-theorie* begriffen hat und diese Begriffe selten verwendet – es sei denn in der Auseinandersetzung mit marxistischen Publikationen –, im Unterschied etwa zu Konvergenztheorie, Modernisierungstheorie oder anderen Theorien, die als solche thematisiert und problematisiert werden. So findet man in den internationalen sozialwissenschaftlichen Standardenzyklopädien[170] zwar Stichwörter wie *Industrialization, Industrial Revolution, Modernization, Konvergenz, Konvergenztheorie* usw. jedoch nicht die Stichwörter *Industriegesellschaft* und *Industriegesellschaftstheorie* bzw. analoge Stichwörter. Die Kategorie „Industriegesellschaft" hat in der spätbürgerlichen Ideologie den Charakter einer nicht mehr hinterfragbaren, gleichsam ontologischen Formel zur Kennzeichnung der „modernen" Gesellschaft angenommen und wird von ihr nicht mehr in Frage gestellt.[171] In *diesem* Sinne stellt die „Industriegesellschaft" als Scheinalternative

167 H.-U. Wehler, Geschichte als historische Sozialwissenschaft, S. 30

168 H.-U. Wehler, Vorüberlegungen zu einer modernen deutschen Gesellschaftsgeschichte, a. a. O., S. 3.

169 H.-U. Wehler, Geschichte als historische Sozialwissenschaft, a. a. O., S. 30.

170 International Encyclopaedia of Social Sciences, 18 Bd., New York 1968 ff.; Sowjetsystem und demokratische Gesellschaft, Eine vergleichende Enzyklopädie, 8 Bde., Freiburg – Basel – Wien, 1966–1972. Eine überarbeitete englischsprachige Ausgabe erschien unter dem Titel Marxism, Communism and Western Society. A Comparative Encyclopaedia in 8 vols., New York 1972/1973.

171 Die letzte bedeutende Erörterung dieser Problematik fand wohl auf dem 16. Soziologenkongreß der BRD 1968 statt. Vgl. Spätkapitalismus oder Industriegesellschaft? Verhandlungen des 16. Deutschen Soziologentages in Frankfurt/M. v. 8. bis 11.

zum realen Sozialismus nach wie vor die zentrale Kategorie spätbürgerlichen Geschichts- und Gesellschaftsdenkens dar, und die Industriegesellschaftslehre als bürgerliche Gegenkonzeption zur marxistisch-leninistischen Formationstheorie dürfte für einen noch nicht absehbaren Zeitraum das allgemeine Modell für die Deutung der Universalgeschichte, der neueren Geschichte, der Gegenwart und der Zukunft (in Gestalt von „Ortsbestimmungen", Zeitdiagnosen und Prognosen) sowie die allgemeine Integrationsebene der verschiedenen Strömungen der spätbürgerlichen Ideologie bleiben. *Insofern* steht sie „außerhalb des Theorie-Empirie-Rhythmus der bürgerlichen Sozialwissenschaft".[172]

Daraus darf jedoch nicht die Schlußfolgerung gezogen werden, daß die Industriegesellschaftslehre, wie sie sich in den fünfziger Jahren herausgebildet hat, in der gleichen Gestalt ein für allemal gegeben ist, daß sie etwas Starres und Unveränderliches darstellt. Im Gegenteil: Aus ihr wurden nicht nur diverse, mehr oder weniger langlebige z. T. kontroverse Subtheorien abgeleitet, wie die Konvergenztheorie, die Evolutionskonzeption, die Theorie der „postindustriellen Gesellschaft" und die Kommutationskonzeption,[173] auch ihr theoretisch-methodologisches Instrumentarium unterlag einer Veränderung. Dabei korrespondieren in der Regel die theoretisch-methodologischen Modifikationen mit den gesellschaftspolitischen Zielsetzungen. Das zeigt sich mit aller Deutlichkeit in den geschichtstheoretischen Diskussionen in der BRD. Während die gegenwärtig vorherrschende Gruppe von Historikern um Th. Schieder, W. Conze und Th. Nipperdey den theoretisch-methodologischen Rahmen der traditionellen Industriegesellschaftslehre als ausreichend für die Realisierung ihrer auf die Absicherung des kapitalistischen Systems gerichteten gesellschaftspolitischen Vorstellungen betrachtet, halten die Anhänger einer historisch-kritischen Sozialwissenschaft" die traditionelle Industriegesellschaftslehre auf Grund ihrer anders gearteten „erkenntnisleitenden Interessen" für unbrauchbar zur geschichtstheoretischen Fundie-

April 1968, hg. von Th. W. Adorno, Stuttgart 1969. Adorno charakterisierte in seinem Einleitungsvortrag die gegenwärtige bürgerliche Gesellschaft als „Industriegesellschaft nach dem Stand ihrer Produktiv*kräfte* . . . Kapitalismus in ihren Produktions*verhältnissen*." (S. 18.) D. Bell übernahm diese Charakterisierung: The Coming of Post-Industrial Society. A Venture in Social Forecasting, New York 1973.

172 D. Bergner/R. Mocek, Bürgerliche Gesellschaftstheorien, a. a. O., S. 45.

173 Vgl. Unbewältigte Vergangenheit, S. 26–32. Die Kommutationskonzeption, Anfang der siebziger Jahre von sozialdemokratischen Gesellschaftstheoretikern in der BRD propagiert, fordert die gegenseitige Annäherung der antagonistischen Gesellschaftssysteme durch „Demokratisierung aller gesellschaftlichen Strukturen." „An Stelle von Konvergenz, der illusionären Vorstellung automatischer Annäherung, trete Kommutation als Vorstellung und Forderung der Annäherung durch Gesellschaftsreform" (W. Möller/F. Vilmar, Sozialistische Friedenspolitik für Europa. Kein Frieden ohne Gesellschaftsreform in West und Ost, Reinbek b. Hamburg, 1972, S. 118. Die Kommutationskonzeption stellt eine Variante der Theorie eines „dritten Weges" dar.

rung ihrer Gesellschaftskonzeption wie auch für die Geschichtsschreibung. Zugleich bleiben sie dem Denken in den Kategorien der „Industriegesellschaft" als dem allgemeinen Grundmuster spätbürgerlicher Ideologie im o. g. Sinne verhaftet. Ihre profiliertesten Vertreter distanzieren sich aber mehr oder weniger von der traditionellen Industriegesellschaftslehre und erblicken zunehmend in der historischen Modernisierungstheorie das theoretische Fundament der „Gesellschaftsgeschichte".

Worin besteht die Unbrauchbarkeit der traditionellen Industriegesellschaftslehre für die „historisch-kritische Sozialwissenschaft"?

Erstens im apologetischen und affirmativen Charakter: Man distanziert sich sowohl von den Harmonisierungsvorstellungen des Industrialisierungs/Demokratisierungs-Theorems als auch von den von seiten konservativ-technokratischer Ideologen behaupteten „Sachzwängen" und „Sachgesetzlichkeiten". Im Sinne einer emanzipatorischen Funktion der Geschichtswissenschaft sollen gegen die vermeintlichen „Sachzwänge" oppositionelle Energien und Perspektiven freigesetzt, dem Bestehenden durch Aufdeckung seiner Historizität der Schein des Natürlichen genommen und die Alternativstruktur der Geschichte entgegengesetzt werden.

Zweitens erweist sich die Industriegesellschaftslehre in ihrem Abstraktionsgrad als zu hoch angesetzt für die Erklärung von Inhalt, Verlauf, Trieb- und Gegenkräften historischer Entwicklungsprozesse. Gleichzeitig sind die aus ihr abgeleiteten Subtheorien der Konvergenz und der Evolution zu eng und nicht ausbaufähig für die historische Theorienbildung, da sie sich lediglich auf die Entwicklungsperspektiven von Sozialismus und Imperialismus beziehen, wegen ihrer vordergründigen antikommunistischen Kampfposition und der Orientierung auf die USA als normativer Zielpunkt der Menschheitsgeschichte obsolet erscheinen und auf Grund ihrer engen Bindung an die imperialistische Strategie einem rapiden Verschleiß unterliegen. Schließlich steht die „Dritte Welt" weitgehend außerhalb des Blickfeldes der Industriegesellschaftslehre. Ihre gesellschaftliche Entwicklung wird im wesentlichen in der Perspektive des bloßen Nachvollzugs der kapitalistischen Industrialisierung gesehen. Ihre spezifischen Probleme, wie sie etwa in den „reformierten" Modernisierungstheorien der sechziger Jahre reflektiert wurden, finden jedoch kaum Berücksichtigung.

Zur präziseren Bestimmung bürgerlicher gesellschafts- und geschichtstheoretischer Konzeptionen erscheint die von Bergner und Mocek getroffene Unterscheidung zwischen Geschichtsphilosophie, Gesellschaftstheorie und Sozialwissenschaften im engeren Sinne fruchtbar.[174]

In Anknüpfung daran kann festgestellt werden, daß die bürgerliche Geschichtsphilosophie versucht, eine universalhistorisch fundierte Zeitdiagnose vorzunehmen, die Frage nach dem Charakter der gegenwärtigen Epoche zu beantworten und in ihren Denkgebilden die Grundsituation der bürgerlichen Klasse in viel-

174 D. Bergner/R. Mocek, Bürgerliche Gesellschaftstheorien, a. a. O., S. 29 f. u. 37 ff.

fältig vermittelter Weise zu reflektieren und zu deuten. Die bürgerlichen Gesellschaftstheorien dagegen beziehen sich weniger auf die Deutung universalhistorischer Epochenzusammenhänge mit der Gegenwart, sondern versuchen, reale geschichtliche Prozesse und Strukturen theoretisch zu erklären, wobei sie in der Regel von den allgemeinen weltanschaulichen Prämissen der bürgerlichen Geschichtsphilosophie ausgehen. Die bürgerlichen Sozialwissenschaften im engeren Sinne schließlich analysieren begrenzte Bereiche der gesellschaftlichen Wirklichkeit und produzieren in Gestalt von Sachverhaltbeschreibungen, Trenduntersuchungen und Verhaltensempfehlungen unmittelbar anwendbares Herrschaftswissen als Grundlage bürgerlicher Herrschaftstechniken. Die Arbeitsteilung funktioniert also derart, daß die Geschichtsphilosophie Weltanschauung produziert, während die Sozialwissenschaften direkt in die Optimierung sozialer Prozesse einbezogen sind und auf ihre Weise kapitalistische Produktionsverhältnisse realisieren. Bürgerliche Gesellschaftstheorien stehen gewissermaßen dazwischen. Sie besitzen offensichtlich kein klar abgegrenztes eigenes Erkenntnisfeld, jedoch wird ihr Feld wiederum nicht unmittelbar von der Geschichtsphilosophie noch von den Sozialwissenschaften im engeren Sinne erreicht: „Bürgerliche Gesellschaftstheorien beziehen sich nicht primär auf einen Erkenntnisgegenstand, sondern auf die Relation zweier Erkenntnisprodukte – eben auf die Relation von Geschichtsphilosophie und Sozialwissenschaft."[175]

Unter dem Gesichtspunkt des Abstraktionsgrades und der Funktion ist die traditionelle Industriegesellschaftslehre im wesentlichen als Geschichtsphilosophie zu charakterisieren. Sie bietet in erster Linie eine konservative weltanschauliche *Deutung* der gegenwärtigen Epoche *mit den Mitteln der Geschichte* an, jedoch weniger eine theoretische *Erklärung* des Geschichtsprozesses und erscheint daher als theoretische Grundlage einer „historisch-kritischen Sozialwissenschaft" zu allgemein und nicht „operationalisierbar". Zugleich verbleiben aber die Vertreter der „historisch-kritischen Sozialwissenschaft" im Rahmen der allgemeinen weltanschaulichen Prämissen der Industriegesellschaftslehre. Die Kritik, die von ihnen an deren traditionellen Variante geübt wird, läßt beide Seiten erkennen. Die Kritik besteht in ihrem Kern darin, daß die Industriegesellschaftslehre bisher zu keiner hinreichenden Erklärung der Geschichte geführt habe, weil sie den eigenen theoretischen Ansatz zur Neuinterpretation der Geschichte nicht konsequent genug weiterentwickelt habe. So sei die industrielle Revolution zu einem „verwaschenen Allgemeinbegriff" geworden.[176]

Wehler erklärt im Vorwort zu seinem Bismarck-Buch, daß es von der Voraussetzung der Industrialisierung als der tiefsten Zäsur der Menschheitsgeschichte seit dem Neolithikum ausgehe. Angesichts der Tragweite dieser Zäsur könne es die Historie nicht dabei bewenden lassen „daß sie den traditionellen Untersuchungen über ‚die' Politik einige ornamentale Worte über die industrielle Welt

175 Ebenda, S. 37.
176 H.-U. Wehler, Krisenherde des Kaiserreiches, a. a. O., S. 301.

hinzufügt. Sondern der zur Schablone erstarrte und vom unablässigen Gebrauch ausgehöhlte Begriff der ‚Industriellen Revolution' ist von ihr immer wieder ganz ernst zu nehmen, und die in ihm chiffrenartig zusammengezogenen ungeheuren Veränderungen in allen Bereichen des modernen Lebens müssen mit Hilfe ausführlicher differenzierter historischer Analysen dargestellt und ihre Bedeutung bewertet werden."[177] Dieser Aufgabe aber sei die gesamte etablierte akademische bürgerliche Geschichtsschreibung Deutschlands im 19. und im 20. Jh. nicht gerecht geworden. Ihr hätten sich vielmehr Außenseiter gestellt – wie Eckart Kehr – den Wehler gewissermaßen zum Ahnherrn der „historisch-kritischen Sozialwissenschaft" erhebt,[178] und Hans Rosenberg, der als erster den Versuch unternommen habe, „von dem allgemeinen Reden über ‚die' Industrialisierung in Deutschland wegzukommen"[179] und die Sozialgeschichte der industriellen Welt historisch-konkret zu erforschen. Kaum ein anderer deutscher Historiker vor Kehr habe die durch die „Revolutionierung der modernen Welt" durch die Industrialisierung ausgelöste „Kettenreaktion des technologischen Fortschritts ... so vorbehaltlos ernst genommen wie er".[180] Die offizielle Geschichtsschreibung habe dazu auf dreierlei Weise reagiert: Sie verharrte entweder in einem „schlichte(n) Ignorieren" der durch die industrielle Revolution hervorgerufenen Probleme, oder sie fand den „ingeniösen Ausweg" der sog. Ideengeschichte während der Spätblüte des Historismus, in der der Nationalstaat zum „letzten unangefochtenen Wert an sich geworden war", oder sie entwickelte eine „gesellschaftsfromme" Sozialgeschichtsschreibung, welche die der „staatsfrommen Geschichtsschreibung ursprünglich eigene harmonische Übereinstimmung mit der Staatsentwicklung auf die Gesellschaftsentwicklung überträgt, ohne die Probleme der hochkapitalistischen Epoche in kritischer Reflexion aufzugreifen."[181]

Dagegen verkörpere Kehr die vierte Möglichkeit: Maßgeblich von M. Weber und K. Marx beeinfußt, habe er „im Rahmen einer kritischen Theorie eine vergangene Wirklichkeit" befragt, um der Gesellschaft, in der gewaltige Kräfte das schier unentrinnbare, von sozialen Zwängen beherrschte „Gehäuse der Zukunft" (Max Weber) errichten würden, „den historisch gewordenen prinzipiell immer noch offenen Charakter ihrer Institutionen und Entwicklungstendenzen" aufzuweisen.[182]

Drittens war der traditionellen Industriegesellschaftslehre teils durch die monokausale Ableitung geschichtlicher Prozesse aus der Industrialisierung, teils durch ihre voluntaristische Deutung historischer Zäsuren und Varianten eine ungenü-

177 H.-U. Wehler, Bismarck und der Imperialismus, a. a. O., S. 16.

178 Vgl. die biographischen Skizzen Kehrs in: Krisenherde des Kaiserreiches, a. a. O., S. 259–279; Deutsche Historiker, Bd. I, hg. von H.-U. Wehler, Göttingen 1971, S. 100–113.

179 Sozialgeschichte heute, a. a. O., S. 19.

180 H.-U. Wehler, Krisenherde des Kaiserreiches, a. a. O., S. 273 f.

181 Ebenda S. 276 f.

182 Ebenda, S. 278 f.

gende Erklärungskraft für die Komplexität der Geschichte eigen. Daher war es zur Auflösung der bis Mitte der sechziger Jahre behaupteten Identität von Industrialisierung und „Modernisierung" gekommen. Dem lag die historische Erfahrung des Scheiterns der bis dahin auf die kapitalistische Industrialisierung in den Entwicklungsländern orientierten neokolonialistischen Entwicklungsstrategie zugrunde. An ihre Stelle trat eine Synthese von ökonomischen und außerökonomischen Faktoren, mit der eine komplexe Analyse der Entwicklungsprozesse in der „Dritten Welt" angestrebt wurde. Bürgerliche Soziologen und Historiker begannen die monokausale Interpretation der Geschichte durch die Industriegesellschaftslehre in Frage zu stellen. Ihre Kritik richtete sich in erster Linie gegen den in ihr explizit oder implizit enthaltenen vulgärmaterialistischen ökonomischen Determinismus, der die Komplexität des gesellschaftlichen Entwicklungsprozesses weitgehend verfehle, „weil er alles aus dem technischen Fortschritt zu erklären versucht",[183] weniger gegen ihre subjektiv-idealistische und voluntaristische Kehrseite und Ergänzung, die wie bei Freyer entscheidende Wendepunkte der Menschheitsgeschichte schlicht mit „Entschlüssen", die von den Menschen jeweils gefaßt wurden, oder bei Rostow die unterschiedlichen Entwicklungsvarianten mit den Kategorien der „Neigungen" und „Wahlmöglichkeiten" erklärt.

Charakteristisch dafür ist die Kritik an der bereits erwähnten Drei-Sektoren-Theorie J. Fourastiés.[184] Nach dieser Theorie ist die gesellschaftliche Entwicklung ein dreistufiger Modernisierungsprozeß – von der „agrarischen" über die „industrielle" bis zur „tertiären" Zivilisation reichend, resultierend aus der unterschiedlichen Steigerung der Arbeitsproduktivität im primären Sektor (der Landwirtschaft), dem sekundären (der Industrie) und dem tertiären Sektor (Dienstleistungen, Verwaltung, Handel, Verkehr, „Freizeit"-Industrie). Die Steigerung der Arbeitsproduktivität führe zunächst zur Freisetzung von landwirtschaftlicher Bevölkerung und deren Übergang in den sekundären Sektor der Industrieproduktion. Von einem bestimmten Sättigungsgrad an übersteige die Nachfrage nach tertiären Leistungen die nach primären und sekundären Gütern. Da die Steigerung der Arbeitsproduktivität im tertiären Sektor jedoch auf Grund des ihm eigentümlichen Charakters der Arbeit begrenzt sei, verschiebe sich die Zahl der Beschäftigten vom primären über den sekundären zum tertiären Sektor: bei einer Verteilung der Arbeitskräfte im Verhältnis von 10 : 10 : 80 werde die agrarische Ausgangssituation umgekehrt und die „tertiäre" Zivilisation erreicht. W. Zapf charakterisiert die Gesellschaftstheorie Fourastiés als eine Ein-Faktor-Theorie, die mit einem lupenreinen Drei-Stadien-Modell arbeitet. Sie sage nichts aus über die „große Verschiedenheit traditionaler Ausgangslagen, nichts über unterschiedliche Entwicklungspfade, abortive Aufschwünge, blockierte Entwicklungen ... über die konkurrierenden ‚Verfassungen' moderner Gesellschaften – gerade weil sie den wissenschaftlich-technischen Fortschritt als unabhängige Wachstums-

183 P. Flora, Modernisierungforschung, a. a. O., S. 28.

184 Jean Fourastié, Die große Hoffnung des XX. Jahrhunderts, a. a. O.

größe einführt."[185] Daher seien derartige Theoreme zwar als heuristische Erklärungsmodelle brauchbar, nicht zuletzt durch die Falsifizierbarkeit kausaler Behauptungen, jedoch nicht geeignet, den Geschichtsprozeß in seiner Komplexität und Totalität zu erfassen. „Wenn die Gesellschaftsgeschichte aber wirklich Universalgeschichte sein will, dann darf sie ‚Totalität' nicht nur proklamieren, sondern muß diese in ihrer Komplexität und ihren Widersprüchen sehen."[186] Der Distanzierung von der dominierenden Rolle der Industrialisierung im gesellschaftlichen Entwicklungsprozeß liegt auf theoretisch-methodologischem Gebiet die Furcht vor materialistischen Implikationen zugrunde. Die Betonung des Primats der Ökonomie, selbst in ihrer vulgärmaterialistischen Form, ist dem spätbürgerlichen sozialtheoretischen Denken wesensfremd und mußte auf die Dauer als ein seine idealistischen Grundlagen bedrohendes Element empfunden werden. Daher orientieren die Modernisierungstheoretiker im Unterschied zur Industriegesellschaftslehre im Sinne der bürgerlichen Theorie vom Pluralismus der Faktoren auf eine multikausale und mehrdimensionale Methodologie der Gesellschaftsanalyse.

Viertens folgte aus dem monokausalen ökonomischen Determinismus ein lineares Entwicklungsdenken. Ausgehend vom Industrialisierungs/Demokratisierungs-Theorem wird die Geschichte als eine aufsteigende unilineare Bewegung der „Logik der Industrialisierung" dargestellt, die mit wachsender Demokratisierung synchronisiert sei. Sie könne sich zwar verzögern oder auch zurückbilden, nicht aber Varianten hervorbringen, die nicht zufallsbestimmt wären und daher theoretisch reflektiert werden müßten. Diese Geschichtsauffassung fand in der Stadientheorie Rostows ihre am schärfsten ausgeprägte und einflußreichste Fassung. Gegen die Annahme einer im wesentlichen für alle Länder gültigen mechanistischen Abfolge wirtschaftlicher Entwicklungsstufen führte die bürgerliche wirtschaftshistorische Kritik einen Frontalangriff. Wehler charakterisierte die von der Annahme einer einzigen „Logik *der* Industrialisierung" ausgehenden Theoreme eines globalen simultanen Entwicklungsprozesses als tendenzielle Konvergenztheorien, in der die Umwandlung der Welt nach dem Bild der höchstentwickelten Industrienation für unvermeidbar oder zumindest doch für wünschenswert und erreichbar gehalten wurde, „sofern nicht politische, sprich: sowjetische oder maoistische Böswilligkeit Barrieren dagegen errichtete."[187]

Aus dem Scheitern der imperialistischen Entwicklungsstrategie der fünfziger und frühen sechziger Jahre sowie aus den historisch-vergleichenden Modernisierungsforschungen von R. Bendix, S. N. Eisenstadt, A. Gerschenkron, B. Hoselitz und B. Moore jr. wird der Schluß gezogen, „daß es irreführend wäre, sich den Gang der industriellen Entwicklung als einen unilinearen Prozeß vorzustellen, der von allen Entwicklungsgesellschaften zu durchlaufen wäre, daß es vielmehr eine Vielfalt alternativer Entwicklungspfade gibt, die entscheidend durch die je

185 W. Zapf, Modernisierungstheorien, a. a. O., S. 304.
186 Ebenda, S. 305.
187 H.-U. Wehler, Modernisierungstheorie und Geschichte, a. a. O., S. 16.

spezifischen Ausgangsbedingungen und durch das Verhältnis zu den Nationen bestimmt ist, die diesen Prozeß zeitlich früher absolviert haben".[188]

Schließlich wird *fünftens* die Zentrierung auf die industrielle Revolution als Drehachse der Menschheitsgeschichte nach der „neolithischen Revolution" für die universalhistorische Periodisierung als weiterhin gültig angesehen. Sie wird jedoch als zu eng und nicht ausbaufähig für die Ausarbeitung einer Theorie des universalhistorischen Prozesses betrachtet, weil sie nur für die Geschichte seit Entstehung des Kapitalismus „operationalisierbare" Interpretationsmuster hergebe, nicht aber für die vorkapitalistischen Gesellschaftsformationen. Eine Theorie des universalhistorischen Prozesses könne jedoch nicht allein aus der Verallgemeinerung der Geschichte seit dem Kapitalismus gewonnen werden. In jüngster Zeit zeichnet sich die Tendenz ab, den Begriff der Industrialisierung als eine zentrale Kategorie der bürgerlichen Geschichtsschreibung zu relativieren und ihn durch die Kategorie „Modernisierung" zu ersetzen, die zugleich universalhistorisch ausgeweitet wird.

Angesichts der Begrenztheit und offenkundigen Mängel des vorliegenden Theorieangebots wird die gegenwärtige Situation von den Vertretern einer „historisch-kritischen Sozialwissenschaft" als zutiefst unbefriedigend empfunden. Das Theoriedefizit mußte mit aller Schärfe als ungelöstes Problem spätestens zu dem Zeitpunkt bewußt werden, als man über die Untersuchung begrenzter Zeitabschnitte und Probleme hinausgehen und zu umfassenden Darstellungen längerer historischer Prozesse übergehen wollte. Von derartigen Vorhaben geht ein ungleich stärkerer Zwang zur weltgeschichtlichen Verallgemeinerung und theoretischen Fundierung aus als von der punktuellen Forschung. Daher kann es nicht verwundern, daß Wehler bei der Vorbereitung einer „modernen deutschen Gesellschaftsgeschichte" seit dem Zeitalter der „politisch-industriellen Doppelrevolution im ausgehenden 18. Jahrhundert" die Zeit für einen „Paradigmawechsel" für gekommen ansieht, der „zu einer realitätsadäquateren Leitvorstellung von Gesellschaftsgeschichte (und damit vermutlich auch von einer modernen Politikgeschichte) führen wird." Angesichts des bestehenden Theoriedefizits könnten zwei Theoriekomplexe am ehesten dazu beitragen: der historische Materialismus und die historisch-komparative Modernisierungstheorie, die beide, „was den umfassenden Erfassungs- und Erklärungsanspruch angeht, keine gleichwertigen Rivalen zu haben scheinen."[189]

Bei den profiliertesten Vertretern der „historisch-kritischen Sozialwissenschaft" hat sich also über einen Zeitraum von mehr als einem Jahrzehnt ein Wandel des Theorieverständnisses und eine Umorientierung vollzogen, die in der marxistischen Literatur bisher ungenügend berücksichtigt wurden.[190]

188 G. Brandt, Industrialisierung, Modernisierung, gesellschaftliche Entwicklung, a. a. O., S. 11.

189 H.-U. Wehler, Vorüberlegungen zu einer modernen deutschen Gesellschaftsgeschichte, a. a. O., S. 3f.

190 Indem auch neuere Untersuchungen nur den Stand der Theorienbildung der sech-

In den sechziger Jahren war das Theorieverständnis Wehlers durch das Bestreben gekennzeichnet, der bürgerlichen Historie einen „sozialökonomischen Unterbau" zu verschaffen. Mit Theorien „mittlerer Reichweite" sollten „Schneise(n) durch das Dickicht der vergangenen Ereignisse und Motive" geschlagen und „mit Hilfe eines Bündels von Theorien" das Fernziel einer expliziten Theoriebildung anvisiert werden.[191] 1973 wird der theoriebedürftigen Geschichtswissenschaft dadurch Abhilfe empfohlen, „daß sie mehrere Theorien verknüpfen oder multidimensionale Theorien erarbeiten muß, um ihren Problemkomplexen gerecht zu werden".[192] 1975 wird die beginnende Umorientierung auf die historische Modernisierungstheorie deutlich: Sie beanspruche „tendenziell die moderne Epoche allmählich auf eine adäquate historische Theorie zu bringen."[193] In einer programmatischen Studie erörterte J. Kocka 1975 drei in Frage kommende „theoretische Zugriffe": den historischen Materialismus, die „langen Wellen" der wirtschaftlichen Konjunktur H. Rosenbergs und das „Modernisierungs-Theorem".[194] 1978 stellte Wehler nur noch den historischen Materialismus und die historischen Modernisierungstheorien als mögliche theoretische Grundlagen einer Gesellschaftsgeschichte zur Diskussion. In der mit Elementen des historischen Materialismus eklektisch angereicherten, durch eine Synthese von K. Marx und M. Weber, der beiden „anregendsten Figuren einer Historischen Sozialwissenschaft"[195] fundierten historischen Modernisierungstheorie wird gegenwärtig der allgemeine theoretische Rahmen der Gesellschaftsgeschichte erblickt.

ziger und frühen siebziger Jahre erfassen, gelangen sie zu einer im wesentlichen statischen Sicht dieser Problematik.

191 Vgl. H. Schleier, Explizite Theorie, Imperialismus, Bismarck und Herr Wehler, in: Jahrbuch für Geschichte, 6, Berlin 1972, S. 481 ff.

192 H.-U. Wehler, Geschichte als historische Sozialwissenschaft, a. a. O., S. 29.

193 H.-U. Wehler, Modernisierungstheorie und Geschichte, a. a. O., S. 59.

194 J. Kocka, Theorien in der Sozial- und Wirtschaftsgeschichte, a. a. O., S. 22 ff.

195 H.-U. Wehler, Vorüberlegungen zu einer modernen deutschen Gesellschaftsgeschichte, a. a. O., S. 20.

KAPITEL 4

Historische Modernisierungstheorien und historische Modernisierungsforschung

1. Zum Problem von Kontinuität und Diskontinuität von Industriegesellschaftslehre und Modernisierungstheorien

Zwischen der Industriegesellschaftslehre und den Modernisierungstheorien gibt es wesentliche Gemeinsamkeiten und wesentliche Unterschiede. Diese Problematik wurde in der marxistischen Literatur bis Mitte der siebziger Jahre nicht erörtert.[1] Einige charakterisieren das Modernisierungskonzept als eine „direkte Anwendung der Industriegesellschaftslehre auf eine spezifische Zeitspanne der Geschichte der menschlichen Gesellschaft".[2] K. Irmschler ordnet die auf der „bürgerlichen Industriegesellschaftslehre und bürgerlichen Evolutionskonzeptionen beruhenden" Modernisierungstheorien in die Gruppe der „relativ umfassende(n) soziologische(n) Theorien eines ‚langfristigen Wandels' von Gesellschaften" ein.[3] G. Lozek charakterisiert die Modernisierungstheorie als eine „ebenso aktuell wie langfristig angelegte neue Variante bürgerlicher Evolutionsauffassung", die von der Industriegesellschaftslehre „relativ organisch in die Geschichtsbetrachtung" aufgenommen wird.[4] Erstmals konstatierte J. Herzog 1975 neben prinzipiellen Gemeinsamkeiten Unterschiede zwischen Industriegesellschaftslehre und Modernisierungskonzeption, leitete sie jedoch ausschließlich aus der „spezifischen Zielsetzung her, die die ‚Modernisierungskonzeption' in der imperialistischen Strategie des Neokolonialismus erfüllen soll."[5] H. Schleier charakterisiert die Modernisierungstheorien als die „gegenwärtig modernste Form neuzeitlich universalen Denkens und zugleich der Alternativkonzeptionen der bürgerlichen Ideologie zur marxistischen Kategorie der Gesellschaftsformationen", die auf der In-

1 Vgl. Unbewältigte Vergangenheit, S. 23–38, a. a. O.

2 R. Richter, Historisch-politische Grundprobleme der Faschimusinterpretation der dominierenden bürgerlichen US-Historiographie, a. a. O., S. 110.

3 K. Irmschler, Zur Genesis, Wandlung und Wirksamkeit des theoretischen und methodologischen Konzepts der bürgerlichen „Sozialgeschichte" in der BRD in den 60er und 70er Jahren, a. a. O., S. 206, 132/133.

4 G. Lozek, Grundfragen der aktuellen Auseinandersetzung mit der bürgerlichen Historiographie, in: Beiträge zur Geschichte der Arbeiterbewegung, 1/1980, S. 25/26.

5 J. Herzog, Das Traditionsproblem und der Neokolonialismus. Bemerkungen zur ‚Modernisierungskonzeption' der amerikanischen Politischen Soziologie, a. a. O., S. 25.

dustriegesellschaftslehre fußen.[6] A. Bauer bestimmt die Modernisierungstheorien „als eine den gegenwärtigen Bedürfnissen imperialistischer ideologischer Krisenbewältigung entsprechende Weiterentwicklung der Industriegesellschaftslehre" bzw. die Industriegesellschaftslehre als deren „ältere Schwester".[7]

In der Tat stellen die Modernisierungstheorien weder aus der Industriegesellschaftslehre abgeleitete Subtheorien (wie die Konvergenz- und die Evolutionstheorie) noch eine Ergänzung (wie die Theorie der post-industriellen Gesellschaft) dar. Sie sind vielmehr eine Weiterentwicklung der Industriegesellschaftslehre. Vorgenommene Veränderungen und Distanzierung von Prämissen und Aussagen der Industriegesellschaftslehre sind jedoch so gravierend, daß seit Mitte der siebziger Jahre, zumindest für die bürgerliche historisch-soziologische Theorienbildung – auch unter dem Gesichtspunkt der Prognose der bürgerlichen Ideologieentwicklung –, die Modernisierungskonzeption als eine zweite Entwicklungsphase der Industriegesellschaftslehre angesehen werden, und daß damit zwischen einer traditionellen und einer modernen Spielart der Industriegesellschaftslehre unterschieden werden muß. Das bedeutet nicht die Ersetzung der Industriegesellschaftslehre durch die Modernisierungstheorien als Grundmuster spätbürgerlichen sozialtheoretischen Denkens und als allgemeine weltanschauliche Integrationsebene. Gerade ihre wesentlichen Gemeinsamkeiten erweisen, daß die Modernisierungskonzeption von der Industriegesellschaftslehre ausgeht und weltanschaulich in ihrem Rahmen verbleibt. Die Dialektik von Kontinuität und Diskontinuität, von Konstanz und Wandel in der bürgerlichen Theoriebildung besteht darin, „daß die theoretischen und methodologischen Grundstrukturen bürgerlichen Gesellschaftsdenkens über längere Zeitperioden hinweg konstant sind, daß innerhalb dieses Rahmens – gewissermaßen nach dem Baukastenprinzip – entsprechend den wechselnden politischen und sozial-ökonomischen Bedingungen neue Konzeptionen und Theorien entwickelt werden" um die „Theoreme und Begriffe stets den sich wandelnden Bedingungen anzupassen." Die Gestaltwandlungen sind derart, „daß bestimmte theoretische Grundstrukturen, weltanschauliche Prämissen imperialistischen Denkens nicht verletzt werden".[8]

Die Gemeinsamkeiten zwischen der traditionellen Industriegesellschaftslehre und den Modernisierungstheorien reflektieren allgemeine, weitgehend von spezifisch nationalen Bedingungen und Traditionen unabhängige Wesenszüge des bürgerlichen und spätbürgerlichen sozialtheoretischen Denkens, die im Zuge der zunehmenden Internationalisierung des Klassenkampfes in der dritten Etappe der allgemeinen Krise des Kapitalismus über die nationalen Besonderheiten dominieren und auf die Ausbildung einer imperialistischen Durchschnittsideologie tendieren. So kommt es trotz paralleler und weitgehend autochthoner Entstehung

6 Formationstheorie und Geschichte, a. a. O., S. 713 f.

7 A. Bauer, Bürgerliche Modernisierungstheorie und moderne Epoche, a. a. O., S. 3.

8 H. Meißner, Methodologische Probleme der ideologischen Auseinandersetzung unter dem Einfluß der friedlichen Koexistenz, Berlin 1975, S. 13.

von Industriegesellschaftslehre in Westeuropa und Modernisierungskonzeption in den USA an der Wende der fünfziger zu den sechziger Jahren zur Herausbildung wesentlicher gemeinsamer gesellschaftstheoretischer Grundauffassungen. Die Unterschiede zwischen Industriegesellschaftslehre und Modernisierungskonzeption reflektieren den Anpassungsprozeß der bürgerlichen Ideologie an die veränderten Klassenkampfbedingungen, da die traditionelle Industriegesellschaftslehre den gegenwärtigen Bedürfnissen sozialtheoretischer Theorienbildung nicht mehr genügt. In einer solchen Situation kommt es, wie die Geschichte der bürgerlichen Ideologie lehrt, zu einem sprunghaften Anwachsen der Rolle der flexibelsten, am schnellsten und feinsten reagierenden bürgerlichen Ideologen als Ideengeber eines „Paradigmawechsels". Es ist daher kein Zufall, daß angesichts der Verschärfung der allgemeinen Krise des Kapitalismus dem Kapitalismus gegenüber kritisch bzw. reformistisch eingestellte Ideologen die Initiative ergreifen. Bei einer Analyse des Verhältnisses von Kontinuität und Diskontinuität in der bürgerlichen Theorienbildung ist zu berücksichtigen, daß die bürgerliche Ideologieproduktion und -entwicklung innerhalb gewisser Grenzen dem Konkurrenzkampf und der Wirkung des Profitprinzips sowie den Besonderheiten der sozialen Stellung der Intelligenz als hauptsächlicher Ideologieproduzent unterliegen. „Der Zwang, sich als individuelles oder kollektives Subjekt der Ideologieproduktion dem Wirken des Gesetzes von Angebot und Nachfrage unterordnen zu müssen ... verleitet nicht selten dazu, die Einmaligkeit, Originalität und natürlich gleichzeitige Allgemeingültigkeit, Verbindlichkeit des eigenen Produktes über Gebühr hervorzukehren, geringfügige Nuancen der eigenen Variante beim Verfolgen einer allgemeinen Grundströmung als grundsätzliche Überwindung alles Vorangegangenen hinzustellen."[9] Dies erfordert eine genaue Bestimmung von Altem und Neuem, von Tradiertem oder Originellem. Einer solchen Bestimmung muß das Selbstverständnis der bürgerlichen Ideologen zugrunde liegen; sie kann jedoch nicht aus ihrem Erkenntnishorizont gewonnen werden.

2. Axiomatische Gemeinsamkeiten

Die wichtigsten Gemeinsamkeiten von Industriegesellschaftslehre und Modernisierungskonzeption sind die Ontologisierung des Kapitalismus – die Verwandlung seiner historisch gewordenen und historisch vergänglichen Wesenszüge in seinshafte und daher „ewige" Wesenszüge – und die Ideologie des „Industrialismus". Spezifische, allein der kapitalistischen Gesellschaftsformation eigene gesellschaftliche Verhältnisse werden als seinshafte, übergeschichtliche Verhältnisse aufgefaßt, historisch Entstandenes und Vergehendes wird in Ewig-Seiendes, Natürliches verwandelt. Die Auffassung von der Ewigkeit und der Unveränderlichkeit der kapitalistischen Gesellschaftsordnung ist eine zentrale Idee jeglichen

9 E. Hahn, Theoretische Fragen des ideologischen Kampfes, a. a. O., S. 1161 f.

bürgerlichen sozialtheoretischen Denkens und der bürgerlichen Ideologie überhaupt.[10] Sie durchlief in der Geschichte des Kapitalismus mehrere Metamorphosen, kann jedoch von der bürgerlichen Ideologie grundsätzlich nicht überwunden werden. „Von dem Moment aber, wo die bürgerliche Produktionsweise und die ihr entsprechenden Produktions- und Distributionsverhältnisse als *geschichtliche* erkannt sind, hört der Wahn, sie als Naturgesetze der Produktion zu betrachten, auf, und eröffnet sich die Aussicht auf eine neue Gesellschaft, ökonomische Gesellschaftsformation, wozu sie nur den Übergang bildet."[11] Der Ontologisierung des Kapitalismus liegen verschiedene klassenmäßige, ökonomische, methodologische und erkenntnistheoretische Ursachen zugrunde:

Eine *erste* Ursache ist die bürgerliche Klassengrundlage. Marx schrieb über die Dialektik, daß sie in ihrer rationellen Gestalt „dem Bürgertum und seinen diktrinären Wortführern ein Ärgernis und ein Greuel (ist), weil sie in dem positiven Verständnis des Bestehenden zugleich auch das Verständnis seiner Negation, seines notwendigen Untergangs einschließt, jede gewordene Form im Flusse der Bewegung also auch nach ihrer vergänglichen Seite auffaßt".[12] Da das Verständnis des notwendigen Untergangs des Kapitalismus dem bürgerlichen sozialtheoretischen Denken nicht immanent ist, ist es nicht in der Lage, die Bewegungsgesetze des Kapitalismus und seine Wesenseigenschaften aufzudecken. Die Theorie der Überwindung des Kapitalismus konnte nur auf dem Boden der revolutionären Praxis und vom Klassenstandpunkt des Proletariats geschaffen werden; umgekehrt bedingt das Verharren auf der bürgerlichen Klassenposition bei gleichzeitiger kritischer Einstellung zum Kapitalismus ideell das Stehenbleiben beim Gegensatz von Kapital und Arbeit und das Nichtbegreifen der Auflösung dieses Gegensatzes als praktischer Aufgabe.

Von der Position der Bejahung des Kapitalismus kann daher heute Geschichte als Fortschritt, der ja ein Fortschreiten zum Kommunismus ist, nicht erfaßt werden. Das Interesse an der Konservierung des Kapitalismus erzeugt mit Notwendigkeit auch ein antihistorisches Verhältnis zu den vorangegangenen Gesellschaftsformationen und zur Gesetzmäßigkeit in der Geschichte. Hierin zeigt sich, „daß ein kritisch-revolutionäres Verhältnis zur Gegenwart ... die Bedingung darstellt, ohne die ein wirklich objektives, historisches Herangehen auch an die Vergangenheit unmöglich ist." Bei einem unkritischen Verhältnis einer Epoche zu sich selbst „wird alle voraufgegangene Entwicklung ihrem Wesen nach als Prozeß der Annäherung an einen gewissen idealen Endzustand gekennzeichnet,

10 „Zweierlei muß die bürgerliche Ideologie vor allem in Abrede stellen: erstens, daß es sich um die Herrschaft einer Klasse mit *besonderen*, denen der Werktätigen unversöhnlich entgegengesetzten, sie ausschließenden *Interessen* handelt; zweitens, daß ihre Herrschaft *historischen*, also vorübergehenden und vergänglichen Charakter trägt" (ebenda, S. 1145).

11 K. Marx, Theorien über den Mehrwert, Dritter Teil, in: MEW, Bd. 26/3, Berlin 1972, S. 422.

12 K. Marx, Das Kapital, Erster Band, in: MEW, Bd. 23, Berlin 1969, S. 28.

als welcher sich die Gegenwart selbst vorkommt ... Auf diese Weise verwandelt sich die einseitig evolutionistisch aufgefaßte Geschichte in die natürliche und zwangsläufige Ergänzung zur apologetischen Ansicht von der Gegenwart."[13] Da die gegenwärtigen apologetischen Bedürfnisse der Bourgeoisie in die Vergangenheit projiziert werden, kommt es auch zur Liquidierung des progressiven geschichtsideologischen Erbes der Aufklärung und der Klassik wie auch der noch fortschrittsgläubigen Evolutionstheorien des 19. Jh. Sozialökonomisch wurzelt die Wendung zum antihistorischen Denken in den Veränderungen der Existenzbedingungen des Kapitals im Ergebnis der Konsolidierung der kapitalistischen Produktionsweise. In dem Maße nämlich, in dem die Voraussetzungen, die ursprünglich als Bedingungen des Werdens des Kapitals erschienen, als Resultate seiner eigenen Verwirklichung, *„nicht als Bedingungen seines Entstehens, sondern als Resultate seines Daseins"*[14] erscheinen, wie das Kapital also als geschichtlich entstandene Produktionsweise autonom wird, sich aus sich selbst heraus reproduziert, wird es überflüssig, zur Erklärung seiner speziellen ökonomischen Gesetze die Geschichte heranzuziehen. „Die Bedingungen daher, die der Schöpfung des Surpluskapital I vorausgingen, oder die das Werden des Kapitals ausdrücken, fallen nicht in die Sphäre der Produktionsweise, der das Kapital als Voraussetzung dient; liegen als historische Vorstufen seines Werdens hinter ihm ebenso wie die Prozesse, wodurch die Erde aus einem flüssigen Feuer- und Dunstmeer in ihre jetzige Form überging, jenseits ihres Lebens als fertige Erde liegen ... Es ist daher nicht nötig, um die Gesetze der bürgerlichen Ökonomie zu entwickeln, die *wirkliche Geschichte der Produktionsverhältnisse* zu schreiben."[15]

Unter den Bedingungen der Auseinandersetzung mit dem realen Sozialismus kommt es zur totalen Liquidierung der Idee der Geschichtlichkeit aller gesellschaftlichen Verhältnisse. Dem geschichtlichen Beziehungszusammenhang des Formationsganges der Menschheitsgeschichte werden antihistorische Schemata als Scheinalternativen entgegengesetzt. In diesen ökonomisch-politischen Sachverhalten liegen letzten Endes auch die Ursachen für die Krise der bürgerlichen Geschichtsideologie, für das „Unbehagen an der Geschichte", und, da man auf sie im ideologischen Kampf doch nicht verzichten kann, für ihren Einsatz im ideologischen Kampf nach Abzug der für die späte Bourgeoisie gefährlichen Elemente.

Eine *zweite* Ursache stellt die Befangenheit in der Mystifikation dar, die durch die kapitalistische Ökonomie erzeugt wird als *ökonomische* Grundlage der Ontologisierung. Diese Mystifikation besteht darin, daß die gesellschaftlichen Verhältnisse als Verhältnisse von Sachen in Erscheinung treten. Sie resultiert aus dem

13 Geschichte der materialistischen Dialektik. Von der Entstehung des Marxismus bis zur Leninschen Etappe, Berlin 1974, S. 252/253.

14 K. Marx, Grundrisse der Kritik der Politischen Ökonomie (Rohentwurf) 1857–1858, Berlin 1974, S. 364.

15 Ebenda

Warenfetischismus, der allen wareproduzierenden antagonistischen Klassengesellschaften eigen ist und in der kapitalistischen Gesellschaft seinen Höhepunkt erreicht. Marx deckte im „Kapital" das Wesen des Warenfetischismus mittels der Analyse des Doppelcharakters der Ware auf: „Das Geheimnis der Warenform besteht also einfach darin, daß sie den Menschen die gesellschaftlichen Charaktere der Arbeitsprodukte selbst, als gesellschaftliche Natureigenschaften dieser Dinge zurückspiegelt, daher auch das gesellschaftliche Verhältnis der Produzenten zur Gesamtarbeit als ein außer ihnen gesellschaftliches Verhältnis von Gegenständen."[16] Marx analysiert die Entfaltung des Warenfetischismus zum Geld- und Kapitalfetischismus aus der Bildung des relativen Mehrwerts, der Verwandlung des Mehrwerts in Profit, des Profits in Durchschnittsprofit, der Werte in Produktionspreise, ferner dem Ausgleichsprozeß der Kapitale, der zu Durchschnittspreisen und -profiten führt, so daß sich der Mehrwert vom Profit trennt und die Durchschnittsprofitrate dem Kapital immanent erscheint. Als äußerste Mystifikation erscheint jene „trinitarische Formel", nach welcher der Zins dem Kapital, die Grundrente der Erde und der Arbeitslohn der Arbeit zu entstammen scheinen, die Mehrwertproduktion, die Ausbeutung und die entsprechende Verteilung des Mehrwerts auf Kapitalisten und Landeigentümer, völlig verdeckt sind. Es ist eine „verzauberte, verkehrte und auf den Kopf gestellte Welt, wo Monsieur le Capital und Madame la Terre als soziale Charaktere und zugleich unmittelbar als bloße Dinge ihren Spuk treiben".[17] Damit ist eine für das bürgerliche gesellschaftstheoretische Denken unüberwindbare Erkenntnisschranke gezogen.[18] Es entsteht nicht nur ein falsches Bild des Ausbeutungsverhältnisses, die kapitalistische Gesellschaft als Ganzes wird verdinglicht und erhält Fetischcharakter. Sie erscheint zum quasinatürlichen Sein erstarrt. Im staatsmonopolistischen Kapitalismus entstehen Faktoren, die diesen Schein noch verstärken: die Konzentration der Produktion in riesenhaften Produktionssystemen, die wachsende Anonymität der Ausbeutungs- und Herrschaftsverhältnisse, die fortschreitende Trennung von Kapitaleigentum und Kapitalfunktion und die wachsende Rolle des Staates im Reproduktionsprozeß. Die aus diesen Bedingungen erwachsende spontane Mystifikation der gesellschaftlichen Verhältnisse wird durch die ideologische Manipulation weiter verfestigt.[19] Die bürgerliche Ideologie erklärt den in der kapitalistischen Gesellschaft objektiv existierenden Schein für das Wesen, die kapitalistischen Verhältnisse für dinglich-sachliche, natürliche Verhältnisse und verwandelt die transitorische Stufe des Kapitalismus in eine ewige Existenzform der Menschheit im „Industriezeitalter".

Dieser Mystifikation erliegen auch die der „historisch-kritischen Sozialwissen-

16 K. Marx, Das Kapital, Erster Band, in: MEW, Bd. 23, Berlin 1969, S. 86

17 K. Marx, Das Kapital, Dritter Band, in: MEW, Bd. 25, Berlin 1968, S. 838.

18 Zur Bedeutung des Warenfetischismus für die bürgerliche Ideologiebildung vgl. W. Heise, Aufbruch in die Illusion, Berlin 1964, S. 41–57.

19 Vgl. G. Rose, „Industriegesellschaft" und Konvergenztheorie, a. a. O., S. 262–265.

schaft" verpflichteten Modernisierungstheoretiker. Auf Grund ihrer bürgerlichen Klassenposition sind sie nicht in der Lage, ihr Programm der „Infragestellung des gegenwärtig Etablierten", der „Verfremdung des Quasi-Natürlichen", der „Verflüssigung des anscheinend Versteinerten" und der „Entzauberung der Mythen"[20] zu realisieren. Von der Warte der Selbsttäuschung einer „sozial freischwebenden Intelligenz" kann dieser Anspruch grundsätzlich nicht eingelöst werden. Dazu bedarf es *methodologisch* eines Verfahrens, den Kapitalismus von einem Standpunkt zu betrachten, der außerhalb dessen Systems liegt, eines Verfahrens, das Marx für die historische Relativierung der kapitalistischen Produktionsweise methodologisch durch den Vergleich der politischen Ökonomie des Kapitalismus mit der Robinsons, der der vorkapitalistischen Produktionsweisen und der des Sozialismus vorgenommen hat.[21] Eine solche methodologische Position setzt jedoch eine normative Vorentscheidung voraus: Sie kann nur aus der Perspektive des Kommunismus, nicht jedoch aus der eines reformierten Kapitalismus gewonnen werden.

Eine *dritte* Ursache besteht in den Erkenntnisschranken der bürgerlichen Ökonomie. Die bürgerliche Ökonomie reflektiert die ökonomische Gesamtbewegung der Gesellschaft – wie Marx gezeigt hat[22] – nur vom Standpunkt der Zirkulation, nicht der Produktion. Sie muß bei der Erklärung, wie aus äquivalentem Tausch Mehrwert entsteht, scheitern, weil sie nicht in der Lage ist, das Kapital aus einem Tauschvorgang abzuleiten, der nicht unter den Bedingungen der Gleichheit, sondern der Ungleichheit erfolgt. Somit entsteht ein Typ von Gesellschaftstheorie, „der den in der Zirkulationssphäre herrschenden Verhältnissen, indem er sie verdinglicht ..., die Aura der Naturwüchsigkeit verleiht."[23] Vom Standpunkt der Zirkulation muß daher gesellschaftliche Entwicklung verborgen bleiben. Sie ist in einer kreisförmigen, ständig nur sich selbst reproduzierenden Bewegungsform von äquivalenten Tauschakten *ad infinitum* aufgelöst. Denn die „Zirkulation trägt ... nicht in sich selbst das Prinzip der Selbsterneuerung",[24] ihre Erneuerung erfolgt vielmehr in der Produktion. Vom Standpunkt der Zirkulation kann lediglich die Vorstellung von der Objektivität gesellschaftlicher Verhältnisse gewonnen, nicht jedoch gesellschaftliche Entwicklung über den Kapitalismus hinaus erfaßt werden. Hier hat die Grundidee aller bürgerlichen Gesellschaftstheorien, die kapitalistischen Verhältnisse als ewige Verhältnisse aufzufassen, ihre metho-

20 J. Kocka, Wirtschafts- und Sozialgeschichte, in Sowjetsystem und demokratische Gesellschaft, Bd. VI, 1972, Sp. 33.

21 Vgl. K. Marx, Das Kapital, Erster Band, in: MEW, Bd. 23, Berlin 1969, S. 90–98.

22 Marx kritisierte die bürgerlichen Ökonomen, daß sie „das *Gemeinwesen* des Menschen . . . unter der Form des *Austauschs* und des *Handels*" auffaßten (K. Marx, Auszüge aus James Mills Buch Eléments d'économique politique", in: MEW, Ergänzungsbd., 1. Teil, Berlin 1968, S. 451).

23 C. Warnke, Dialektik und Systemdenken in der Gesellschaftserkenntnis, in: Dt. Z. Philos. 7/1977, S. 800.

24 K. Marx, Grundrisse der Kritik der Politischen Ökonomie, a. a. O., S. 166.

dologische Wurzel.[25] In der gegenwärtigen Epoche manifestiert sich diese Idee in der Auffassung, daß Kapitalismus und Kommunismus nicht zwei gesetzmäßig aufeinanderfolgende Gesellschaftsformationen, sondern zwei nebeneinander existierende Varianten ein und derselben Sache, nämlich der „industriellen Gesellschaft" sind. Gesellschaftskritik wie die der „historisch-kritischen Sozialwissenschaft" muß Kritik im Rahmen des Kapitalismus bleiben, solange sie in den Denksystemen der bürgerlichen Ökonomie befangen bleibt.

Eine *vierte* Ursache der Ontologisierung – ihre erkenntnistheoretische – bilden die Besonderheiten der Genese des industriellen Kapitalismus. Im Unterschied zu vorhergehenden Ablösungen von Gesellschaftsformationen durch höhere bedeutete die Ablösung der feudalen durch die kapitalistische Gesellschaftsformation nicht allein die Errichtung der Herrschaft einer neuen Klasse und entsprechender Eigentumsverhältnisse. Die durch die industrielle Revolution in England eingeleitete Herausbildung des industriellen Kapitalismus stellte vielmehr die bis dahin fundamentalste Revolutionierung der Produktivkräfte dar. Damit trat die kapitalistische Gesellschaftsformation in die zweite Phase ihrer Entwicklung ein: Der Manufakturkapitalismus wurde durch den industriellen Kapitalismus abgelöst. Der letztere führte zu tiefgreifenden Veränderungen der Arbeit, die nunmehr gesellschaftlichen Charakter annahm, der Lebensweise und des Denkens. Es entstanden die beiden Grundklassen der kapitalistischen Gesellschaft, die Industriebourgeoisie und das moderne Industrieproletariat. „Der Prozeß der Industrialisierung der kapitalistischen Gesellschaft ist organisch mit der Einführung industrieller Arbeitsformen verbunden, die tiefgreifende Veränderungen sozialer, ökonomischer und kultureller Art bedingen. Die traditionelle Lebensordnung des Individuums, die auf patriarchalischen Verhältnissen beruht, wird zerstört, es werden prinzipiell neue Normen für die Produktionstätigkeit und das tägliche Leben entwickelt, und die Stadt verwandelt sich in ein Orientierungszentrum der sozialen und kulturellen Werte. Alle diese Veränderungen greifen stark in den Prozeß der sozialökonomischen Differenzierung ein, der durch die neue Produktionsstruktur der Gesellschaft bedingt ist und im Rahmen der Institutionen des Privateigentums einen sozialdesintegrativen antihumanistischen Charakter offenbart."[26] Die Herausbildung der kapitalistischen Gesellschaftsformation, insbesondere seit der industriellen Revolution in England und der französischen Revolution von 1789 wurde nicht nur in der zeitgenössischen bürgerlichen Ideologie[27] als die gravierendste und im Prinzip letzte Zäsur der Mensch-

25 C. Warnke, Dialektik und Systemdenken in der Gesellschaftserkenntnis, a. a. O., S. 802 f.

26 Die Zukunft im theoretischen Denken. Kritik gegenwärtiger bürgerlicher philosophischer und sozialpolitischer Konzeptionen, Berlin 1975, S. 141.

27 So entwickelte C. H. de Saint-Simon (1760–1825) in seiner Sozialphilosophie die Auffassung von einer Gesellschaftsordnung des „Industrialismus", in der der Mensch nicht mehr über den Menschen herrsche (vgl. C.-H. de Saint-Simon, Die Zukunft der Industrie, in: ders., Ausgewählte Texte, Berlin 1957). Zur Einschätzung

heitsgeschichte reflektiert. Die bürgerliche Ordnung schien die sinnvollste und natürliche Bedingung der Vervollkommnung des gesamten Menschengeschlechts zu sein. So brachte Hegel mit enthusiastischen Worten das Zeitgefühl zum Ausdruck, das die Französische Revolution bei den fortschrittlichen Kräften ausgelöst hatte: „Es war dieses somit ein *herrlicher Sonnenaufgang. Alle denkenden Wesen haben diese Epoche mitgefeiert.* Eine erhabene Rührung hat in jener Zeit geherrscht, ein Enthusiasmus des Geistes hat die Welt durchschauert, als sei es zur wirklichen Versöhnung des Göttlichen mit der Welt nun erst gekommen."[28] Die Zäsur der „Doppelrevolution" wurde im bürgerlichen sozialtheoretischen Denken als derart tiefgreifend empfunden, daß die Entwicklung von vorkapitalistischen zu kapitalistischen gesellschaftlichen Verhältnissen mit dem am Gegensatzpaar „Traditionalität/Modernität" orientierten Dichotomienapparat beschrieben und der mit der industriellen Produktion identifizierte Kapitalismus als das letzte Stadium der Menschheitsgeschichte begriffen wurde. Diese Denkweise stellt die erkenntnistheoretische Wurzel der antihistorischen Ideologie des Industrialismus, der zweiten wesentlichen Gemeinsamkeit von Industriegesellschaftslehre und Modernisierungskonzeption dar.[29] In der Ideologie des Industrialismus wird die gesamte Entwicklungsgeschichte der menschlichen Gesellschaft weitgehend auf den Unterschied der vorindustriellen Entwicklungsetappe der Menschheit zur industriellen reduziert.[30] Der „traditionellen" wird die „moderne" Gesellschaft in ihren gegenwärtig angeblich existierenden Hauptvarianten, der kapitalistischen und der sozialistischen „Industriegesellschaft" gegenübergestellt. Beiden seien neben der gleichen Produktionstechnologie das Prinzip der „formalen Rationali-

der sozialpolitischen Ideen Saint-Simons vgl. J. Höppner/W. Seidel-Höppner, Von Babeuf bis Blanqui. Französischer Sozialismus und Kommunismus vor Marx, Leipzig 1975, Bd. I: Einführung, S. 111–126.

28 G. W. F. Hegel, Vorlesungen über die Philosophie der Geschichte in: Sämtliche Werke, Bd. 11, Stuttgart 1949, S. 557/558.

29 W. Rathenau gebrauchte den Begriff des „Industrialismus" als psychologische Geisteshaltung. Vgl. ferner H. Raupach Industrialismus als Wirklichkeit und Wirtschaftsstufe, Berlin (West) 1954. Raupach, führt zahlreiche Beispiele für die Verdrängung der Begriffe Kapitalismus und Sozialismus durch den Begriff „Industrialismus" besonders seit dem zweiten Weltkrieg an (S. 29 ff.). Bereits 1933 spricht G. H. D. Cole in seinem für die „Encyclopaedia of Social Sciences" geschriebenen Artikel „Industrialism" von einem in positivem Sinne gemeinten „Socialist Industrialism" in der Sowjetunion. Der „Große Brockhaus" von 1931 definiert „Industrialismus" als „Inbegriff aller privat- und volkswirtschaftlichen, wirtschaftspolitischen, sozialethischen und weltanschaulichen Fragen, die sich aus der wachsenden Industrialisierung eines Landes ergeben."

30 Die Zukunft im theoretischen Denken, a. a. O., S. 142 Vgl. auch G. Bohring, Technik im Kampf der Weltanschauungen. Ein Beitrag zur Auseinandersetzung der marxistisch-leninistischen Philosophie mit der bürgerlichen „Philosophie der Technik", Berlin 1976, S. 76–107, 205–214.

tät" (M. Weber) und die Tendenz zur Bürokratisierung gemeinsam, die sie von allen „traditionellen" Gesellschaften grundsätzlich unterscheiden würden.

Trotz der Distanzierung von wesentlichen Elementen der traditionellen Industriegesellschaftslehre bleiben die Modernisierungstheoretiker in allen diesen Grundannahmen der Ideologie des Industrialismus befangen. Das kommt auch deutlich in der Erhebung der industriellen Revolution zur „gründlichste(n) Umwälzung menschlicher Existenz in der Weltgeschichte, die jemals in schriftlichen Dokumenten festgehalten wurde"[31] zum Ausdruck. In der neueren US-amerikanischen Literatur wird die industrielle Revolution in wachsendem Maße als die „einzige Revolution" in der Weltgeschichte dargestellt. „In keinem Lande vollzog sich mehr als eine Revolution, oder jedenfalls in keinem Lande gab es mehr als zwei Revolutionen, die man in befriedigender Weise als bürgerliche und proletarische Revolution hätte beschreiben können."[32] Indem die „einzige Revolution" über die sozialistische Revolution gestellt bzw. diese zum bloßen Auftakt jener degradiert wird, soll die qualitative Verschiedenheit von Kapitalismus und Kommunismus in einem überhistorischen „industriellen" Gesellschaftsmodell aufgelöst werden. An dieser politisch-ideologischen Hauptaussage halten ebenfalls die Modernisierungstheorien fest, wenn auch in ihr eine Neubewertung der industriellen Revolution und eine Relativierung im Verhältnis zur bürgerlichen politischen Revolution vorgenommen werden.

3. Theoretische Struktur und Methodologie der Modernisierungskonzeption

Gegenstand nachfolgender Untersuchung sind Modernisierungstheorien und -forschung, sofern sie sich auf die Geschichte bzw. die historische Erklärung gegenwärtiger Prozesse und Erscheinungen beziehen, nicht „separate" historische, soziologische oder politologische Modernisierungstheorien. Das interdisziplinäre Herangehen, eine Grundanforderung jeglicher Auseinandersetzung mit der bürgerlichen Ideologie überhaupt,[33] wird bei der historischen Modernisierungskonzeption zur unabdingbaren Voraussetzung, zum einen wegen der Komplexität der Geschichte, zum anderen wegen der in diesem Bereich besonders stark ausgeprägten Integration der bürgerlichen Sozialwissenschaften. Innerhalb dieses weitgesteckten Rahmens steht die historische Modernisierungsforschung im Mittel-

31 E. J. Hobsbawn, Industrie und Empire. Britische Wirtschaftsgeschichte seit 1750, (2 Bde.), Frankfurt am Main 1969, Bd. 1, S. 11.

32 M. Walzer, The Only Revolution, in: Dissent, 1964, Bd. XI, Nr. 4, zit. nach: Die Zukunft im theoretischen Denken, a. a. O., S. 145.

33 Vgl. M. Buhr, Über die historische Notwendigkeit des ideologischen Klassenkampfes, in: M. Buhr/A. Gedö, Über die historische Notwendigkeit des ideologischen Klassenkampfes. Von der bürgerlichen Philosophie zum Marxismus, (Zur Kritik der bürgerlichen Ideologie, Bd. 75) Berlin 1976, S. 15.

punkt. Methodisch wird unter Anknüpfung an die Kritik an der traditionellen Industriegesellschaftslehre von einem Vergleich mit der Modernisierungskonzeption ausgegangen: Um das „Neue" zu erkennen, soll es dem „Alten" gegenübergestellt werden.

3.1. Zur Definition von „Modernisierung" und „Modernität": Komplexität statt technologischer Determinismus

Die Modernisierungskonzeption legt andere Kriterien und Parameter zur Bestimmung des Entwicklungsstandes von Gesellschaft zugrunde als die Industriegesellschaftslehre, und sie gibt eine andere Definition des historischen Prozesses, in dem diese Kriterien erworben werden, des Modernisierungsprozesses. In der Industriegesellschaftslehre wurde und wird der Entwicklungsstand von Gesellschaften teils mit der vulgär-materialistisch gefaßten Art und Weise der Produktion der Güter des materiellen Lebens, teils mit vulgärsoziologisch abgeleiteten Überbauerscheinungen der kapitalistischen Gesellschaft definiert. Als Kriterien gelten daher ökonomische und/oder ideologische Strukturparameter wie das Dominieren der industriellen gegenüber der agrarischen Produktion, die Herrschaft der mechanisierten Güterproduktion in Fabriken und Betrieben (Dahrendorf), speziell die Verteilung der Arbeitskräfte auf den primären, sekundären und tertiären Sektor (Fourastié), die rationelle Berechnung der Wirtschaftlichkeit (M. Weber, Aron), das sich selbst erhaltende Wirtschaftswachstum (Rostow), ein bestimmter Stand der Pro-Kopf-Produktion (namentlich in der US-amerikanischen Ökonomie: W. A. Lewis), sowie des Pro-Kopf-Einkommens (namentlich in der Theorie der „post-industriellen Gesellschaft"), technisch-ökonomische Kennziffern wie der Anteil der Akkumulation des Kapitals am Nationaleinkommen (Rostow), der Wissenschaft und der Technik, der Technologie und der Organisation der Produktion (Galbraith), der Konsumtion (Rostow) und/oder die Herrschaft der „Technokratie" bzw. der „Manager" (Burnham), die „Technostruktur" (Galbraith), die „Vermassung", Entfremdung, „Verapparatlichung" (Freyer, Gehlen), die Sachzwänge (Schelsky). Gesellschaften, die diese Merkmale aufweisen, gelten *per se* als „industrielle" oder „postindustrielle" Gesellschaften bzw. als „moderne Industriegesellschaften. Das Kriterium der „Modernität" – sofern es überhaupt herangezogen wurde – galt durch diese Merkmale als erfüllt und wurde nicht näher problematisiert und definiert. Es wurde angenommen, daß sich die soziale Struktur und die politische Verfassung der „industriellen Gesellschaft" im Sinne des Industrialisierungs/Demokratisierungs-Theorems mit einer gewissen Zwangsläufigkeit aus der „Logik der Industrialisierung" ergeben. Der reale Sozialismus und der Faschismus wurden als irritierende Sonderfälle entweder im Sinne der Totalitarismus-Doktrin oder der Konvergenz- bzw. der Evolutionstheorie als mehr oder weniger kurzlebige Abweichungen vom „normalen" Weg betrachtet. Ihren konzentrierten Ausdruck findet die industrie-gesellschaftstheoretische Bestimmung des Entwicklungsstandes von Gesellschaften im universalhistorischen Drei-Stufen-Schema: Agrargesellschaft (bzw. präindustrielle Gesellschaft) – Industriegesellschaft – postindustrielle Gesellschaft als retrospektiver und perspektivischer Maßstab der geschichtlichen Gesamtentwicklung.[34]

In der Modernisierungskonzeption wird dagegen der Entwicklungsstand von Gesellschaften nach dem Grad der „Modernität" bestimmt. Das industriegesellschaftstheoretische Drei-Stufen-Schema wird auf zwei, die „traditionelle" und die „moderne" Gesellschaft, verkürzt, die neuzeitliche Weltgeschichte als „Modernisierung", d. h. auf die Umwandlung „traditioneller" in „moderne" Gesellschaften begriffen. Damit stellen sich die Fragen: Wann ist eine Gesellschaft „modern"? Was sind die Kriterien der „Modernität"? Was heißt „Modernisierung"? Beim gegenwärtigen Stand der Profilierung der Modernisierungskonzeption existiert keine allgemein akzeptierte Antwort auf diese Fragen. In allen Modernisierungstheorien wird jedoch anstelle der ein- oder zweidimensionalen Bestimmungskriterien der Industriegesellschaftslehre die Unterscheidung von „traditionellen" und „modernen" Gesellschaften nach einer Vielzahl von Strukturparametern vorgenommen. Die Modernisierungstheoretiker wenden sich gegen den „technologischen Determinismus" der Industriegesellschaftslehre.[35] Sie distanzieren sich ausdrücklich von der Methode, den Entwicklungsstand einer Gesellschaft an einer einzigen, letztlich aus dem Industrialisierungsgrad abgeleiteten Größe bzw. der optimistischen oder pessimistischen weltanschaulichen Reflexion der „Logik der Industrialisierung" zu messen.

Die Modernisierungstheoretiker wollen den vulgärmaterialistischen ökonomistisch-technizistischen Determinismus der Industriegesellschaftslehre überwinden und den geschichtlichen Prozeß in seiner Komplexität und Totalität erfassen. Aufgrund ihrer idealistischen weltanschaulichen und methodologischen Position vermögen sie jedoch das gesellschaftliche Ganze ebensowenig als Totalität zu begreifen wie die Industriegesellschaftstheoretiker. Daher gelangen sie zur Wiederholung der alten, gegen die letzten Endes bestimmenden sozialökonomischen Triebkräfte der Geschichte gerichteten Faktorentheorie, wobei einige der früher vernachlässigten Faktoren stärker berücksichtigt und in die Gesamtinterpretation einbezogen werden. In der Praxis läuft der modernisierungstheoretische Pluralismus auf eine vorrangige Bewertung politischer, soziologischer, sozialpsychologischer und behavioristischer Interpretationsmuster hinaus.

Die Wiederbelebung des Faktorenpluralismus führt mit Notwendigkeit zur Verstärkung des Theorien- und des Methodenpluralismus, wobei aus der Not eine Tugend gemacht wird: Der pluralistische Elektizismus wird in den Vorzug der Flexibilität und der Offenheit gegenüber diversen objektbezogenen sozialwissenschaftlichen Theorien und Methoden verwandelt und zum Prinzip erhoben. Wehler

34 Unbewältigte Vergangenheit, S. 24.

35 Vgl. u. a. R. J. Skinner, Technological Determinism: A Critique of Convergence Theory, in: Comparative Studies in Society and History, Vol. 18, 1/1976, S. 2–25.

beispielsweise stellt den „weiten Interpretationsrahmen", die Flexibilität in der „bisher entwickelten Typologie von Lösungsmöglichkeiten" und die „Elastizität in der Offenheit gegenüber speziellen Konzepten der Gesellschafts- und Humanwissenschaften" als Vorzüge der historisch-komprativen Modernisierungsforschung heraus, die ihr ein „gewisses Plus an Synthesekraft ... für die Zwecke einer Gesellschaftsgeschichte" verschaffen.[36]

In der Geschichte der Modernisierungstheorien sind verschiedene Bestimmungen von *Modernität* und *Modernisierung* gegeben worden. Von der konzeptionellen Konfusion der ursprünglichen Modernisierungstheorien zeugen die Inflation konkurrierender Auffassungen und der definitorische Wirrwarr auf dem Höhepunkt ihrer Entwicklung in den sechziger Jahren. L. Pye zählte 1965 nicht weniger als zehn verschiedene Modelle der politischen Entwicklung auf, die man ohne größeren Verlust an Klarheit auch unter fünf oder fünfzehn Überschriften bringen könnte.[37] Für den Bereich der Entwicklungsländerforschung unterschieden 1968 C. Schuhler[38] und W. Bühl[39] je drei völlig verschiedene theoretische Ansätze. L. M. Salamon schrieb 1971 sarkastisch: „In Abhängigkeit von der Perspektive eines jeden ist der Prozeß der Modernisierung entweder primär ökonomisch, oder politisch, oder psychologisch, oder sozial, oder technologisch, oder alles zusammen. Wie der Elefant in dem alten Märchen verändert sich das Tier, je nachdem wer es wo berührt."[40]

In der historischen Modernisierungsforschung der BRD haben zwei Modernisierungsmodelle als „Problem"-Theorien und „Lösungs"-Typologien bestimmenden Einfluß erlangt: das Modernisierungsmodell, das seit Anfang der sechziger Jahre von der im „Committee on Comparative Politics of the Social Science Research Council" (im folgenden CCP)[41] an der Universität Princeton zusammenwirkenden Gruppe US-amerikanischer Sozialwissenschaftler unter dem Vorsitz von L. W. Pye mit G. A. Almond als *spiritus rector*, D. Rustow, J. S. Coleman, S. Verba, L. Binder, J. LaPalombara, M. Weiner u. a. ausgearbeitet worden ist, und die von B. Moores Studie „Social Origins of Dictatorship and Democracy"[42] ausgehenden „Lösungs"-Typologien zur Erklärung alternativer Entwicklungswege im Prozeß

36 H.-U. Wehler, Vorüberlegungen zu einer modernen deutschen Gesellschaftsgeschichte, a. a. O., S. 9.

37 L. Pye, The Concept of Political Development, in: ders., Aspects of Political Development, Boston 1966, S. 31–48.

38 Das Evolutions-, das Alternativ- und das Akkulturationsmodell. Vgl. C. Schuhler, Zur politischen Ökonomie der armen Welt, a. a. O., S. 32 ff.

39 Das Evolutions-, das Konversions- und das Rückkopplungsmodell. Vgl. W. Bühl, Evolution und Revolution, a. a. O., S. 75 ff.

40 L. M. Salamon, Comparative History and the Theory of Modernization, in: World Politics, Vol. 23, Princeton, Oct. 1970–July 1971, S. 83.

41 Speziell zum CCP: D. L. Merrit, Systematic Approaches to Comparative Politics, Chikago 1969.

42 Boston 1966.

der „Modernisierung". Dagegen stieß das von W. W. Rostow 1971 entwickelte Modernisierungsmodell[43] bei den Historikern und Politologen auf wenig Gegenliebe. Zum einen weil er sein bekanntes Stadienmodell der mechanistischen Abfolge ökonomischer Entwicklungsstufen nicht wesentlich verändert hat: Er fügte lediglich ein sechstes Stadium hinzu – die „Suche nach der Lebensqualität". Dieses Stadium folge mit Notwendigkeit aus der großen Kapitalverschwendung während des fünften Stadiums des „Massenkonsums". Zum anderen, weil er „weder durch die Desintegration der amerikanischen Gesellschaft noch durch den weltpolitischen Prestigeverlust der USA irritiert",[44] nach wie vor die USA zur ökonomischen und politischen „Leitnation" erhebt. Als theoretische Hauptschwäche wird Rostow angelastet, daß er keine befriedigende Erklärung für die divergierenden Entwicklungswege von Gesellschaften gleichen ökonomischen Niveaus und damit der Alternativen historischer Entwicklung gibt. Daran wird deutlich, daß die 1960 aus der Stadientheorie abgeleitete und fast ein Jahrzehnt die imperialistischen Sozialismusprognosen beherrschende Schlußfolgerung von einer zwangsläufigen Angleichung des Sozialismus an den Kapitalismus in der gegenwärtigen Welt nicht mehr aufrechterhalten werden kann.

Von den Traditionen der „Comparative Politics" beeinflußt und von den Problemen der „Dritten Welt" vorangestoßen, hat das CCP zwischen 1963 und 1971 bei konzentriertem Einsatz des Forschungspotentials in sieben „Studien zur politischen Entwicklung"[45] eine speziell auf die Staaten- und die Nationenbildung der Neuzeit bezogene Modernisierungskonzeption entwickelt, die in der bürgerlichen Historiographie in bisher wohl umfassendster Weise die Komplexität des Geschichtsprozesses zu erfassen sucht. Dabei wurden die wichtigsten konzeptionsbildenden Arbeiten von A. Gerschenkron und R. Bendix sowie andere theoretische Ansätze verarbeitet und z. T. auch integriert, wie die Theorien über Stadien der politischen Entwicklung von A. F. K. Organski[46], C. E. Black[47] und S. P. Hun-

43 W. W. Rostow, Politics and the Stages of Growth, Cambridge/Mass. 1971.

44 H. Schissler, Theorien des sozialen Wandels, a. a. O., S. 182.

45 Vgl. Communications and Political Development, hg. von L. W. Pye, Princeton 1963; Bureaucracy and Political Development, hg. von J. LaPalombara, Princeton 1963; Political Modernization in Japan and Turkey, hg. von R. E. Ward/D. A. Rustow, Princeton 1964; Education and Political Development, hg. von J. C. Coleman, Princeton 1965; Political Culture and Political Development, hg. von L. W. Pye/S. Verba, Princeton 1965; Political Parties and Political Development, hg. von J. La Palombara/M. Weiner, Princeton 1966; Crises and Sequences in Political Development, hg. von L. Binder u. a., Princeton 1971. Vgl. als letzten Band: The Formation of the National States in Western Europe, hg. von C. Tilly, Princeton 1975. Den Erkenntnisstand von 1968 gibt am konzentriertesten das Stichwort Modernization: Political Aspects von J. S. Coleman wieder (vgl. IESS, Bd. 10 a. a. O., S. 395–400).

46 A. F. K. Organski, The Stages of Political Development, New York 1967.

47 C. E. Black, The Dynamics of Modernization, New York 1967.

tington[48], das Demokratisierungsmodell von S. M. Lipset/St. Rokkan[49] und den sozialpsychologischen, die soziale Mobilisierung mit der psychischen Mobilisierung (d. h. die Annahme „moderner" Werte und Verhaltensweisen) verknüpfenden Erklärungsansatz D. Lerners[50]. Das vom CCP entwickelte Modernisierungsmodell stellt in gewissem Sinne die Summe der bisherigen historisch-soziologischen Modernisierungstheorien und den „derzeit vielleicht wichtigsten und sicher ambitionösesten Versuch (dar), eine allgemeine Theorie der politischen Entwicklung zu entwerfen".[51]

Das CCP-Modell[52] geht von den aus der Entwicklungsländer- und der historisch-komparativen Modernisierungsforschung gewonnenen Erfahrungen aus, daß jedes politische System im Verlauf der „Modernisierung" sechs „Krisen" bewältigen, sechs Herausforderungen beantworten muß:

1. die *Penetrationskrise* d. h. Aufbau einer zentralisierten Regierungsgewalt und eines effektiven Verwaltungsapparats in allen Bereichen staatlicher Kompetenz gegen der Widerstand bisher autonomer oder privilegierter Gruppen;

2. die *Integrationskrise,* d. h. Kampf um die Überwindung regionaler, ethnischer oder religiöser Unterschiede bzw. die Abwehr „desintegrativer" Tendenzen infolge der Klassenspaltung (Penetration und Integration werden als Aufgabe der *Staatenbildung* definiert);

3. die *Legitimitätskrise,* d. h. Legitimierung der Herrschaft der neuen Klassen durch Schaffung einer neuen Loyalitätsbasis;

4. die *Identitätskrise,* d. h. Überwindung bisher herrschender Stammestraditionen durch Schaffung eines Nationalbewußtseins und nationaler Kommunikationssysteme (Legitimitäts- und Identitätsbildung werden als Aufgabe der *Nationenbildung* definiert);

5. die *Partizipationskrise,* d. h. Einbeziehung bisher unterprivilegierter Gruppen in das gesellschaftlich-politische Leben durch Ausdehnung des Wahlrechts und die Institutionalisierung des politischen Einflusses;

6. die *Distributionskrise,* d. h. Umverteilung des Sozialprodukts und Errichtung dafür geeigneter Institutionen (Partizipation und Distribution werden als Probleme der *Konsolidierung* definiert).

Ein politisches System, das diese sechs Krisen erfolgreich lösen kann, gilt als

48 S. P. Huntington, Political Order in Changing Societies, New Haven/London 1968.

49 Party Systems and Voter Alignement, hg. von S. M. Lipset/St. Rokkan, New York 1967.

50 D. Lerner, The Passing of Traditional Society, a. a. O.

51 P. Flora, Modernisierungsforschung, a. a. O., S. 89.

52 Die Skizze des CCP-Modells stützt sich auf die Kurzfassungen: Modernization: Political Aspects, in: IESS, Bd. 10, a. a. O., S. 395–400; G. A. Almond, Politische Systeme und sozialer Wandel, in: Theorien des sozialen Wandels, a. a. O., S. 211 bis 227; St. Rokkan, Die vergleichende Analyse der Nationbildung, in: Ebenda, S. 28–52 und folgt den präzisen Zusammenfassungen durch W. Zapf, Modernisierungstheorien, a. a. O., S. 305–307 und P. Flora, Modernisierungsforschung, a. a. O., S. 89–92.

ein „modernes" politisches System, d. h. als ein leistungsfähiges und von Konsensus getragenes System, das durch folgende Kriterien charakterisiert wird:

– die Fähigkeit, nationale Ressourcen zu mobilisieren, die öffentliche Ordnung aufrechtzuerhalten und kollektive Aufgaben zu organisieren;

– die Sicherung einer zunehmenden politischen Beteiligung, eines „Einbezogenseins in den politischen Prozeß" für die „Auswahl der politischen Führung, der politischen Zielsetzungen" und deren Ausführung;

– durch die Integrationskraft, die ausreicht, bei gegebener politischer Beteiligung „Spannungen, die sich aus dem Differenzierungsprozeß" sowie aus der unterschiedlichen Entwicklung der gesellschaftlichen Sphären ergeben, zu bewältigen – die Lösung wird in der „Institutionalisierung der wachsenden politischen Beteiligung" und der Konflikte gesehen;

– durch ein stark politisch motiviertes und geprägtes nationales Gemeinschaftsgefühl;

– durch die Begründung der Legitimität der Eliten aus Leistung;

– durch die „wachsende Bedeutung des Staates als Verteiler von Werten im weiteren Sinne und von materiellen Gütern im engeren sowie Veränderungen in der Verteilungsgrundlage dieser Werte und Güter."[53]

Es ist unschwer zu erkennen, daß die sechs „Modernisierungskrisen" der Herausbildung der kapitalistischen Gesellschaftsformation, insbesondere der bürgerlichen Staaten- und Nationenbildung abgelesen sind, unter Abzug oder Entschärfung aller für die reaktionär gewordene Bourgeoisie gefährlichen Elemente. So erscheinen die Klassenkämpfe als Anpassungsprobleme, die Revolutionen als Entwicklungskrisen. Die Volksmassen als Sturmtruppen bürgerlicher Revolutionen werden völlig ausgeblendet. „Modernisierung" erscheint als autonome Leistung der Bourgeoisie, mißlungene Modernisierungsprozesse als Ergebnis mangelnder Lernfähigkeit von Eliten.

Die sechs Kriterien politischer „Modernität" entsprechen den Bedürfnissen der in entwickelten kapitalistischen Ländern mit parlamentarischen Herrschaftssystemen angestrebten staatsmonopolistischen Krisenbewältigung unter den Bedingungen der Aufrechterhaltung des parlamentarischen Systems. „Modernisierung" wird demnach im Unterschied zur Industriegesellschaftslehre nicht nur als ein im wesentlichen abgeschlossener historischer Vorgang, der lediglich Raum für weitere Vervollkommnungen läßt, angesehen, sondern als historischer *und* gegenwärtiger Prozeß, als eine immer aufs neue auftretende Herausforderung verstanden, da man von einer „Gleichzeitigkeit der Probleme ausgehen muß, die niemals als endgültig ‚gelöst' betrachtet werden können, und auch von einem Ineinandergreifen mehrerer Probleme in historischen Krisenfällen".[54] Da die sechs Entwicklungskrisen nacheinander, alle zusammen als „kumulative Revolution" oder teilweise gleichzeitig auftreten, aber „nur im extremen Ausnahmefall ‚gelöst' werden können", müsse der „Modernisierungsprozeß, in den diese Krisen alle ein-

53 Nach: P. Flora, Modernisierungsforschung, a. a. O., S. 91. 54 Ebenda, S. 92.

gebettet sind . . ., sehr viel vorsichtiger und realitätsadäquater als bei den Theoretikern einer zwangsläufig aufwärtsgericheten, linearen Evolution als eine ,Herausforderung', als eine historische Möglichkeit verstanden" werden. Die Wechselwirkungen der einzelnen Dimensionen des Modernisierungsprozesses und ihre Einwirkung auf das traditionale Erbe führten zu starken Spannungen und immanenten Widersprüchen, „die die moderne Entwicklung vieldeutig und unabschließbar halten".[55]

Der Begriff der „Modernisierung" dürfe daher die Bewegung auf das derzeitige Niveau westlicher Industrieländer „auf gar keinen Fall nur als strahlenden Aufstieg idealisieren. Voll sattem Selbstbewußtsein die Gegenwart als das Non-Plus-Ultra der Gattungsgeschichte zu erklären, bringt nur den ,Vested Interests', dem wissenschaftlichen Vorhaben aber gar nichts ein."[56] Mithin wird, überspitzt gesagt, keinem der heute existierenden gesellschaftlichen Systeme oder gar einem bestimmten Land das Attribut der „Modernität" zuerkannt. Sie befänden sich vielmehr auf unterschiedlichen Stufen des „Modernisierungsprozesses" und hätten mehr oder weniger ausgeprägte Züge an „Modernität".

3.2. Veränderungen im Verhältnis von Ökonomie und Politik

Das CCP-Modell der politischen „Modernisierung" spiegelt mit einer in bürgerlichen Gesellschaftstheorien selten anzutreffenden Klarheit und Direktheit die neuen Bedürfnisse der staatsmonopolistischen Krisenbewältigung wider. Es markiert den Abschied von einer Anzahl illusionärer Grundannahmen und Aussagen der traditionellen Industriegesellschaftslehre, so von der sich angeblich spontan regulierenden kapitalistischen Ökonomie bzw. ihrer Programmierung, vom Wachstumsfetischismus, von der Steuerung sozialer Konflikte mittels geeigneter „Sozialtechniken", vom Industrialisierungs/Demokratisierungs/Harmonisierungs-Theorem, von der Sachzwangideologie, von der monokausalen Erklärung geschichtlicher Prozesse, vom unilinearen Entwicklungsdenken und von dem in der Stadientheorie Rostows behaupteten antikommunistischen Immunisierungseffekt des Massenkonsums. Alle diese Thesen erweisen sich angesichts der Zuspitzung und der Vertiefung der allgemeinen Krise des Kapitalismus als nicht haltbar. Das CCP-Modell trägt dem *politisch* durch folgende neue Momente und Akzentverschiebungen Rechnung:

Erstens wird die Rolle der Politik im „Modernisierungsprozeß" ungleich stärker betont. Im Unterschied zur Industriegesellschaftslehre wird die „Modernisierung" nicht als ein in erster Linie *ökonomischer* Vorgang gesehen, der mit Zwangsläufigkeit gleiche oder ähnliche politische Strukturen hervorbringe, sondern wesentlich als *politischer* Vorgang. Politik wird nicht als „untergeordnetes

55 H.-U. Wehler, Modernisierungstheorie und Geschichte, a. a. O., S. 35/36.

56 H.-U. Wehler, Vorüberlegungen zu einer modernen deutschen Gesellschaftsgeschichte, a. a. O., S. 7.

Subsystem des ‚sozialen Systems' begriffen, sondern als relativ autonomes, wenn nicht gar vorrangiges System betrachtet".[57] Damit korrespondiert die Ablehnung systemtheoretischer Modelle – wie dem AGIL-Schema von Parsons –, die gesellschaftliche Entwicklungen statt aus Situationen und Handlungen allein aus der Dynamik von selbstgeregelten Systemen erklären.[58]

Bendix wendet sich gegen die Methode, die Stabilität von gesellschaftlichen Strukturen mit Gleichgewichtsvorstellungen der Systemtheorie zu erklären, „weil die soziale Struktur oder das ‚System' sich nicht selbst im Gleichgewicht erhalten ..., sondern weil es Menschen sind, die durch ihre wie immer bedingten Handlungen einen bestimmten Grad von Stabilität erzielen oder nicht erzielen ... So betrachtet, ist die Stabilität einer sozialen Struktur nicht ein Gleichgewicht, das einem System zugesprochen werden kann, sondern das Ergebnis ständigen Bemühens, Stabilität zu erhalten."[59] Bei der Anwendung des CCP-Modells auf die Geschichte des deutschen Kaiserreichs thematisiert Wehler Systemprobleme als Aufgaben, die durch ihre Akteure gelöst oder vertagt wurden und projiziert sie somit auf die Handlungsebene: „Gewiß gehören Industrialisierung und Demokratisierung nicht notwendig zusammen. Das zeigt die Geschichte Deutschlands, Japans, Rußlands und der meisten Entwicklungsländer. Eher trifft es zu, daß Industrialisierung und Bürokratisierung in funktioneller Abhängigkeit gekoppelt sind. Insofern ist Demokratisierung kein unmittelbares Ergebnis von Industrialisierung ..., sondern das jeweils mühsam zu erringende Ergebnis politischer und sozialer Kämpfe, um die bisher angemessenste Verfassung für Industriestaaten zu entwickeln und zu erhalten."[60] Die stärkere Betonung des Politischen, ein Merkmal nicht nur des CCP-Modelles, sondern aller neueren Modernisierungstheorien stellt ein notwendiges Moment aktueller bürgerlicher Ideologieproduktion dar. Darin reflektiert sich die veränderte Klassenkampfsituation in der kapitalistischen Welt nach einer fast zwanzigjährigen Periode anhaltenden, nur durch kurze Rezessionen unterbrochenen wirtschaftlichen Aufschwungs, der in dieser Zeit ein Abflauen der Klassenkämpfe und – besonders in der BRD – eine konservative politische Stabilität entsprach.

Zweitens wird die Rolle des Staates im kapitalistischen Reproduktionsprozeß hervorgehoben. Die Rolle des Staates bei der Verteilung und Umverteilung von Werten und Gütern gehört zu den Definitionskriterien eines „modernen" politischen Systems. Wehler begründet die Hinwendung zur Analyse staatlicher Politik mit der gewachsenen „Bedeutung der staatlichen Entscheidungsfunktionen ... in modernen Gesellschaften" und dem sich „empirisch aufdrängenden Gewicht des

57 H.-U. Wehler, Modernisierungstheorie und Geschichte, a. a. O., S. 35.

58 J. Habermas, Zum Thema: Geschichte und Evolution, in: Gesch. u. Gesell., 3/1976, S. 329.

59 R. Bendix, Die vergleichende Analyse historischer Wandlungen, in: Theorien des sozialen Wandels, a. a. O., S. 183.

60 H.-U. Wehler, Das deutsche Kaiserreich 1871–1918, a. a. O., S. 233.

Staatsapparats",[61] J. Habermas mit der Konzentration der „Selbststeuerungskapazitäten der Gesellschaft" im Staat, so daß dieser „Ordnungsleistungen" für die übrigen Lebensbereiche übernimmt[62]. In der politologischen Literatur werden die ökonomischen Funktionen des Staates als Elemente der „Prozeßfunktionen" (darunter die Aggregation von Interessen) und „Leistungsfunktionen" (darunter die Mobilisierung von Ressourcen) beschrieben. Ebenso wie die Betonung des Politischen im „Modernisierungsprozeß" ist auch die Hervorhebung der Rolle des Staates im Reproduktionsprozeß ein Merkmal aller neueren Modernisierungstheorien. Darin spiegeln sich weit stärker als das bei der Industriegesellschaftslehre der Fall war die Veränderungen der Reproduktions-, Kapitalverwertungs- und Profitrealisierungsbedingungen des gegenwärtigen Kapitalismus wider. Neu daran ist nicht so sehr die Hervorhebung der ökonomischen Rolle des Staates an sich, die in der bürgerlichen politischen Ökonomie mit dem Übergang vom Kapitalismus der freien Konkurrenz zum Monopolkapitalismus aufkam und seitdem in vielen Varianten vertreten wird,[63] sondern die Orientierung auf eine komplexe, alle Bereiche des gesellschaftlichen Lebens erfassende und in sie eingreifende Staatspolitik als Voraussetzung nicht allein für das Funktionieren der Wirtschaft, sondern des Überlebens des kapitalistischen Systems.

Drittens werden dem „modernen" politischen System Legitimierungs- und Integrationsfunktionen zugesprochen. Die „Legitimitätskrise", in der historischen Modernisierungsforschung ursprünglich als Wandel der „traditional-charismatisch-religiösen" zu einer „rational-legal-säkularisierten"[64] Legitimitätsbasis der Bourgeoisie beim Übergang vom Feudalismus zum Kapitalismus thematisiert, ist heute zu einem Dauerthema der bürgerlichen politisch-soziologischen Literatur geworden.[65] Davon zeugen die vom CCP angeregten Studien z. B. über Eliteanalysen (Eliterekrutierung als wesentliche Funktion des politischen Systems, Eliten als Modernisierungsträger, Eliten in Legitimitätskrisen usw.), aber auch die in der BRD anhaltende staatstheoretische und staatssoziologische Diskussion über die Legitimationsproblematik. „Im 20. Jahrhundert", schreibt z. B. H. Tetsch, „trägt eine Reihe von Gesellschaften unübersehbar die Signatur von Legitimitätskrisen aller Art, und es erscheint nicht übertrieben, dieses Jahrhundert als das der Jahrhundert der Revolution einzustufen."[66] Die Diskussion über die Legiti-

61 H.-U. Wehler, Modernisierungstheorie und Geschichte, a. a. O., S. 34.
62 J. Habermas, Zum Thema: Geschichte und Evolution, a. a. O., S. 327.
63 Vgl. Geschichte der politischen Ökonomie. Grundriß, Berlin 1978, S. 461–472; 493 bis 508; 570–583.
64 H.-U. Wehler, Modernisierungstheorie und Geschichte, a. a. O., S. 36.
65 Vgl. dazu aus einer wachsenden Literatur: J. Habermas, Legitimationsprobleme im Spätkapitalismus, Frankfurt a. M. 1973; C. Offe, Strukturprobleme des kapitalistischen Staates, Frankfurt a. M. 1973; Politische Systemkrisen, hg. von M. Jänicke, Köln 1973 (darin bes. die Beiträge v. S. Verba, S. P. Huntington und S. C. Flanagan); H. Tetsch, Die permanente Revolution, Opladen 1973.
66 H. Tetsch, Die permanente Revolution, a. a. O., S. 11.

mierungsproblematik reflektiert das offenkundige Versagen des Kapitalismus vor gesellschaftlichen Grundproblemen wie die Erhaltung des Friedens, die Gewährleistung einer krisenfreien Wirtschaft, die Sicherung der Arbeitsplätze, die Herstellung eines ausgewogenen Verhältnisses zwischen Gesellschaft und Natur, die Lösung des Widerspruchs zwischen öffentlicher Armut und privater Verschwendung usw. „Wenn das staatliche Krisenmanagement versagt", schreibt Habermas, „fällt es hinter *selbstgesetzte* programmatische Ansprüche zurück, worauf als Strafe Legitimationsentzug steht." Als Folge des Versagens vor einer Reihe grundlegender Aufgaben seien die „spätkapitalistischen Gesellschaften in Legitimationsnöte geraten".[67] Der drohende Verlust der Massenloyalität erscheint in den Modernisierungstheorien als ernste Gefahr für den Kapitalismus in seiner parlamentarischen Herrschaftsform, da die anderen Varianten bürgerlicher Herrschaft, die „eines konservativ-autoritären Wohlfahrtsstaats, der die politische Beteilung der Bürger auf ein risikoloses Maß reduziert" oder eines „faschistisch-autoritären Staates, der die Bevölkerung auf einem relativ hohen Niveau der Dauermobilisierung bei der Stange hält . . . , mit dem entwickelten Kapitalismus auf die Dauer weniger verträglich sind als die Verfassung einer parteistaatlichen Massendemokratie".[68]

Die Suche nach einer neuen Legitimitätsbasis ist in den US-amerikanischen Modernisierungstheorien weit weniger ausgeprägt als in denen der BRD, was offensichtlich Ausdruck unterschiedlich starker Bedürfnisse ist. Während in den ersteren in der Hauptsache neben der Berufung auf die traditionellen Werte der amerikanischen Demokratie die wirtschaftliche Leistungsfähigkeit, der angebliche Interessenpluralismus, die sog. friedliche Konfliktbewältigung, der wechselseitige Zusammenhang zwischen wirtschaftlicher Leistungsfähigkeit und funktionsfähiger Demokratie, aber auch nach wie vor das freie Unternehmertum hoch bewertet werden,[69] erblicken die namentlich zum Sozialreformismus tendierenden Vertreter einer „historisch-kritischen Sozialwissenschaft" in der BRD im „massendemokratischen Sozialstaat", in dem die „industrielle Welt" humanisiert und „planrationaler Kontrolle" unterworfen werde, die geeignete Legitimationsbasis für den Kapitalismus. Ähnlich wie bei der Legitimationsproblematik hat sich auch die Integrationsproblematik von ihrem historischen Bezug gelöst. Während in der historischen Modernisierungsforschung unter der „Integrationskrise" im wesentlichen die Überwindung des feudalen Partikularismus und die Schaffung des zentralisierten bürgerlichen Nationalstaats verstanden wird, beziehen sich die „Integrationsfunktion" der politologischen Modernisierungsmodelle für den gegenwärtigen Kapitalismus in der Hauptsache auf die Integration der Arbeiterklasse in die bürgerliche Gesellschaft. Insofern korrespondieren sie mit der bürgerlichen Integrations-Konzeption in der Historiographie der BRD.

67 J. Habermas, Legitimationsprobleme im Spätkapitalismus, a. a. O., S. 98, 103.
68 Ebenda, S. 105.
69 Vgl. S. M. Lipset, The First New Nation, New York 1963.

3.3. Aufwertung ideologischer und sozialpsychologischer Faktoren

Nächst der Politik als Kern der „Modernisierung" werden ideologische und sozialpsychologische Faktoren weitaus stärker berücksichtigt als in der traditionellen Industriegesellschaftslehre. Die Modernisierungskonzeption unterscheidet sich von der Industriegesellschaftslehre wesentlich dadurch, daß die gesellschaftliche Entwicklung als ein *komplexer* Prozeß betrachtet wird, und sie umfaßt daher gleichermaßen Prozesse des wirtschaftlichen Wachstums und des technischen Fortschritts wie den Wandel der politischen Ordnung, die Wandlungen der Sozialstruktur, Veränderungen der Persönlichkeitsstruktur, der kulturellen und der religiösen Wert- und Glaubenshaltungen. Innerhalb dieses Faktoren-Spektrums fungiert die Industrialisierung nicht mehr als *prima causa* der gesellschaftlichen Entwicklung, sondern als sektorale ökonomische „Modernisierung", deren Entwicklung und Funktion von politischen und sozialpsychologischen Faktoren abhängig ist oder von diesen hervorgerufen wird. Charakteristisch dafür sind die in der „International Encyclopaedia of the Social Sciences" genannten Kriterien der „Modernität":

1. in der Wirtschaft ein erhebliches Maß sich selbst tragenden Wachstums;
2. in der Politik ein bestimmtes Maß öffentlicher Beteiligung oder wenigstens die demokratische Vertretung bei der Definition und der Wahl zwischen politischen Alternativen;
3. in der Kultur die Verbreitung säkular-rationaler Normen;
4. in der Gesellschaft die Steigerung der Mobilität, verstanden als persönliche Freiheit der geographischen, der sozialen und der psychischen Beweglichkeit;
5. schließlich eine entsprechende Veränderung der Modalpersönlichkeit, eine Persönlichkeitsveränderung, die durch „Leistungsbedürfnis" (McClelland), „Außenorientierung" (Riesman) und „Empathie" (Lerner)[70] eine Steigerung der eigenen Leistungs- und Kooperationsfähigkeit erlangt.

Behauptet wird, daß eine möglichst synchrone Entwicklung in sämtlichen Dimensionen die gesamtgesellschaftliche Leistungsfähigkeit wie die Wohlfahrt des einzelnen und der verschiedenen Gruppen optimiert. Ebenso wie jene Kriterien der politischen „Modernität" sind auch diese Kriterien einer gesamtgesellschaftlichen „Modernität" der Herausbildung der kapitalistischen Gesellschaftsformation unter Abzug der die historisch überlebte bürgerliche Ordnung gefährdenden Elemente abgelesen. Es verwundert daher nicht, daß alle Meßverfahren, die sich an diesem Modell orientieren, die angelsächsischen, westeuropäischen und skan-

70 Unter „Empathie" wird die Fähigkeit von Individuen verstanden, sich mit neuen Aspekten ihrer Umwelt zu identifizieren: „Empathie ist der psychische Mechanismus, der jemand befähigt, sich in die Lage eines anderen zu versetzen – sich mit einer Rolle, Zeit oder einem Ort zu identifizieren, die von seiner eigenen verschieden sind." IESS, Bd. 10, a. a. O., Stichwort Modernization, Social Aspects S. 391.

dinavischen Länder als die „modernsten" Gesellschaften ausweisen.[71] Dagegen kommen in diesem 1968 fixierten Modell die Bedürfnisse staatsmonopolistischer Krisenbewältigung weniger zum Ausdruck als im CCP-Modell und in der Modernisierungskonzeption der „historisch-kritischen Sozialwissenschaft".

Unter den ideologischen und den sozialpsychologischen Faktoren spielt der Wandel der sog. Normen und Werte eine zentrale Rolle. Darin kommt ebenso wie bei der Akzentverschiebung von der Ökonomie auf die Politik die Abkehr vom Vulgärmaterialismus der Industriegesellschaftslehre und die Hinwendung zum Idealismus zum Ausdruck. Während sich hinter der Ablehnung der monokausalen, „monistischen" Erklärung geschichtlicher Prozesse aus der Industrialisierung die Furcht vor der materialistischen Implikation des Primats der Ökonomie verbirgt und – besonders ausgeprägt im CCP-Modell – das Primat der Politik behauptet wird, soll in dieser Variante der Modernisierungskonzeption mit der Verabsolutierung der Normen und der Werte die Basis/Überbau-Dialektik im ganzen angegriffen und das Primat der Ideologie begründet werden.

Aufschlußreich dafür war die Diskussion zum übergreifenden Thema I „Normen und gesellschaftlicher Wandel" und in der Vortragsreihe „Probleme der Modernisierung" auf dem 30. Historikertag der BRD 1974 in Braunschweig. R. Trauzettel war bemüht, geschichtliche Prozesse in letzter Instanz aus dem Bewußtsein zu erklären: „Sich modernisierende Gesellschaften sind stets auch solche, in denen ein Bewußtsein von ‚Modern' sich entwickelt, dessen allgemeinste Form die Kategorie des ‚Neuen' oder auch als dessen Negation."[72] Der Österreicher H. Lutz legte ein Drei-Phasen-Modell der Periodisierung der europäischen Geschichte vom 14. Jh. bis zur Französischen Revolution unter der Fragestellung des Wandels der Normen vor: 1. Renaissance und Humanismus „als ein eigenständiger Abschnitt in der Geschichte der neuzeitlichen Normensysteme" unter Einschluß des italienischen Quattrocento als „regionaler Antizipation" der Neuzeit; 2. das konfessionelle Zeitalter ab etwa 1520 als „neue Phase der Normengeschichte"; 3. die Aufklärung als dritte Phase der „vorrevolutionären neuzeitlichen Normgeschichte."[73] Daß soziologische, speziell modernisierungstheoretische Fragestellungen auch in die Mediävistik einzudringen beginnen, zeigte der Vortrag von R. Sprandel. In der erklärten Absicht, sich als Mediävist indirekt bei der Erforschung der Vorgeschichte der „Modernisierung" nützlich zu machen, ging er der Frage nach dem Zusammenhang zwischen „kollektiven Einstellungen und sozialem Wandel" im Mittelalter nach, da kulturelle und andere Wertvorstellungen den Prozeß der „Modernisierung" mitbestimmen könnten und formal die „Modernisierung" überhaupt dadurch getragen werde, „daß es Menschen

71 W. Zapf, Modernisierungstheorien, a. a. O., S. 311. Vgl. auch P. Flora, Indikatoren der Modernisierung, a. a. O.

72 R. Trauzettel, Probleme der Modernisierung in Ostasien, in: Saeculum, Jg. 26, 1975, S. 191.

73 H. Lutz, Normen und gesellschaftlicher Wandel zwischen Renaissance und Revolution. Differenzierung und Säkularisierung, ebenda, S. 167.

gibt, die in ihren Einstellungen eine hohe Wahrnehmungs- und Reaktionselastizität besitzen". An fünf Beispielen der mittelalterlichen Geschichte suchte Sprandel ein Modell „des Zusammenhangs von kollektiven Einstellungen und sozialem Wandel ... weiter auszubauen": den Lernchancen in Kulturkontakten am Beispiel des 6. Kreuzzugs (1248–1254), dem Selbstverständnis der Bürgeropposition in den städtischen Auseinandersetzungen des Spätmittelalters, der Säkularisierung des Friedensbegriffs, den Wandlungen in den Einstellungen der Genter Kaufleute zum Geld „bis hin zur Zuschreibung eines Selbstwertes" und der Kritik an kollektiven Einstellungen, die einen sozialen Wandel tragen am Beispiel der mittelalterlichen Hexenverfolgungen.[74] Der Schweizer J. F. Bergier behandelte den „Normenwandel im industriellen Zeitalter", insbesondere die „explosionsartige Mannigfaltigkeit" und den raschen Wandel der Normen.[75] Vom gleichen methodologischen Ansatz ausgehend, sich dabei auf eine angebliche Ähnlichkeit von Marx und M. Weber berufend, erblickt Wehler unter den „Bedingungskonstellationen für den Aufstieg des okzidentalen Industriekapitalismus" wesentlich geistige und institutionelle Faktoren wie die individualisierte Grundeinstellung gegenüber Eigentum und Produktion, die Institutionalisierung privater Verfügungsrechte, die Bedeutung des römischen, überhaupt des abendländischen Rechts, das Vordringen universalistischer und leistungsorientierter Werte, die wachsende Beherrschung der Umwelt als Folge der „Rationalisierung" und „Entzauberung" der Welt u. a.[76]

Zur Veranschaulichung werden die wichtigsten Kriterien, mit denen in den neueren Modernisierungstheorien „traditionelle" und „moderne" Gesellschaften unterschieden werden, nachfolgend in einem Schema zusammengefaßt, wobei eine Vereinfachung differenzierter und im Fluß befindlicher Vorgänge, in diesem Falle der mehr oder weniger scharfen Distanzierung von den dichotomischen Begriffskonstruktionen der älteren Modernisierungstheorien, den Unterschieden bzw. unterschiedlichen Akzentsetzungen der verschiedenen Modernisierungsmodelle sich nicht vermeiden läßt. Auch werden die unterschiedlichen gesellschaftspolitischen Implikationen damit nicht erfaßt.

Traditional	*Modern*
	Wirtschaft
agrarische Subsistenzwirtschaft, geringe Arbeitsteilung, niedrige Produktivität	auf industrielle Technologie gegründetes, sich selbst erhaltendes Wachstum mit hoher Arbeitsteilung und Produktivität

74 R. Sprandel, Über sozialen Wandel im Mittelalter, ebenda, S. 205, 207.

75 J.-F. Bergier, Normen und Gesellschaft in den Wandlungen des industriellen Zeitalters, ebenda, S. 181.

76 H.-U. Wehler, Vorüberlegungen zu einer modernen deutschen Gesellschaftsgeschichte, a. a. O., S. 18.

niedriges Einkommensniveau, große Unterschiede	hohes Einkommensniveau, tendenzielle Angleichung

Sozialstruktur

Stratifikation in Ständen, Ständeordnung	Stratifikation in Klassen, Schichten und Gruppen
geringe soziale Differenzierung und Mobilität	hohe soziale Differenzierung und Mobilität
direkte personale soziale Kontrolle	indirekte bürokratische Kontrolle

Politisches System

lokale, partikulare Herrschaft und Regierungsgewalt	zentrale, anonyme, bürokratische Herrschaft und Regierungsgewalt
geringe politische Partizipation	hohe politische Partizipation
niedriger, informeller Organisationsgrad	hoher, formeller Organisationsgrad
	Integration divergierender Interessengruppen
offene, disruptive Konflikte	institutionalisierte Konflikte
charismatisch-religiöse Legitimitätsbasis	rational-leistungsorientierte Legitimitätsbasis
	Synchronisierung der Entwicklung in den gesellschaftlichen Sphären, hohe Regelungs- und Steuerungskapazität des Staates

Geistige Kultur

geringe Alphabetisierung	hohe Alphabetisierung, Wissensexplosion, Bildung als allgemeines Gut
personale Kommunikation	Kommunikation über Medien
religiöse Dogmatik mit staatlicher Sanktionierung,	Säkularisierung, Trennung von Kirche und Staat
religiöses, personalistisches Recht	abstraktes Recht, formelle Verträge
innengesteuertes Verhalten	außengesteuertes Verhalten
konsistente Normen	inkonsistente Normen
partikularistische Werte	universalistische Werte
	Rationalisierung
	Entzauberung
	Empathie

Derartige Versuche zur Aufschlüsselung gesellschaftlicher aus sozialpsychologischen Veränderungen orientieren sich an dem von der bürgerlichen Soziologie hervorgebrachten Begriff der „Sozialisation", der die individuelle Aneignung jener Werte und Normen beinhaltet, die für ein rollengerechtes Verhalten entsprechend den funktionalen Bedingungen eines gegebenen Interaktionszusammenhangs erforderlich sind (Parsons). Hierbei tritt ein gewisser Unterschied zwischen den Modernisierungstheorien und den konservativ-anthropologischen Auffassungen zutage. Während letztere den Ursprung der Normen und Werte in der geschichtlichen Praxis leugnen, die bürgerlichen Normen und der Werte zur biologischen Ausstattung des Menschen rechnen und sie so zu übergeschichtlichen zeitlosen Konstanten erheben,[77] betonen erstere den historisch gewordenen Charakter der Normen und der Werte, um sie jedoch zugleich ihres historischen Charakters, d. h. nicht nur ihres gewordenen, sondern auch ihres vergänglichen Charakters zu entkleiden und zu verewigen. Auf diese Weise werden die Klasseninteressen der Bourgeoisie in Gestalt von „modernen" Normen und Werten in Attribute „moderner" Gesellschaften verwandelt.

Die marxistisch-leninistische Soziologie begreift Normen als „notwendige gesellschaftliche Erscheinungen und Instrumente des gesellschaftlichen Zusammenlebens und -wirkens der Menschen, die aus den gesellschaftlichen Bedürfnissen hervorgehen".[78] Normen ergeben sich mithin aus dem realen geschichtlichen Prozeß, tragen historischen Charakter und wirken als Hebel oder Hemmnisse der praktischen Tätigkeit der Menschen. Im Prozeß ihrer gesellschaftlichen Tätigkeit werden sich die Menschen auf der Grundlage ihrer eigenen Erfahrungen auch bewußt, welche Erscheinungen der Natur und der Gesellschaft für die Befriedigung ihrer Bedürfnisse und Interessen bedeutsam sind. Bestimmte gesellschaftliche Erscheinungen werden als erstrebenswerte, zu erkämpfende oder zu verteidigende Güter begriffen und als Werte fixiert. Werte stellen somit die Verdichtung des praktisch-geistigen Verhältnisses des Menschen zu seiner Umwelt dar, das durch eine jeweilige Gesellllschaftsformation und damit durch bestimmte Klasseninteressen geprägt wird. Werte stellen ebenso wie Normen historische Produkte dar; sie sind historisch veränderlich und bringen in der Klassengesellschaft gegensätzliche soziale Existenzbedingungen, Bedürfnisse und Interessen zum Ausdruck.[79] Normen und Werte stellen Verhaltensdeterminanten dar; einmal entstanden, wirken sie als effektiver und mächtiger Regelmechanismus des sozialen Verhaltens.[80]

Nur unter Beachtung der materiellen Determiniertheit, des Klassencharakters

77 E. Hahn, Werte – Klassenstandpunkt – Weltanschauung, in: Einheit, 7–8/1978, S. 810 f.

78 Wörterbuch der marxistisch-leninistischen Soziologie, a. a. O., S. 458/459.

79 Ebenda, S. 717/718.

80 G. Kwassow, Die Soziologie und der sittliche Fortschritt, in: Gesellschaftswissenschaften. Moskau, 3/1978, S. 140/141.

und der Historizität der Normen und der Werte, insbesondere ihrer Verwurzelung in einer jeweiligen Gesellschaftsformation, sind die entsprechenden Handlungsmotivationen und Verhaltensweisen richtig zu erfassen, ist die Bedeutung des norm- und des wertorientierten Handelns im Geschichtsprozeß erkennbar. Der Mensch ist nicht nur kraft der objektiven gesellschaftlichen Notwendigkeit, sondern auch auf Grund eines Systems sozialer, geistiger und praktischer Orientierungen und Überzeugungen sozial tätig. W. I. Lenin schrieb in diesem Zusammenhang: „Der Gedanke von der Verwandlung des Ideellen in das Reale ist *tief:* sehr wichtig für die Geschichte."[81] Und die zielbewußte Tätigkeit rechnete er zu den Formen des objektiven Prozesses.[82] Er forderte, sozialpsychologische Faktoren im menschlichen Handeln aufzudecken, zu analysieren und für die politische Praxis nutzbar zu machen.[83]

3.4. Pseudoalternativen zum Geschichtsmodell der Industriegesellschaftslehre

Als ein theoretisches Hauptproblem der Modernisierungskonzeption erweist sich die Notwendigkeit, die Konstruktion Allgemeingültigkeit beanspruchender Kriterien der „Modernität" mit der qualitativ verschiedenartigen Formationsentwicklung sowie mit politisch-gesellschaftlichen Verhältnissen, die von den als Norm gesetzten bürgerlich-parlamentarischen Verhältnissen abweichen, in Übereinstimmung zu bringen. Diese Notwendigkeit ergibt sich in erster Linie aus dem wachsenden Widerspruch zwischen dem Geschichtsmodell der traditionellen Industriegesellschaftslehre, in dem die Herausbildung der kommunistischen Gesellschaftsformation, sowie die nichtkapitalistische bzw. sozialistische Orientierung in einer Anzahl von Entwicklungsländern als mehr oder weniger kurzlebige Abweichungen vom normalen Weg der Geschichte begriffen werden, und dem realen Geschichtsverlauf. Die Untauglichkeit des Geschichtsmodells der Industriegesellschaftslehre wird aber auch in der seit mehr als einem Jahrzehnt in den bürgerlichen Sozialwissenschaften wiederbelebten Diskussion um eine theoretische Neuinterpretation und weltgeschichtliche Einordnung des Faschismus evident. P. Flora bezeichnet als die „vielleicht zentrale Aufgabe der Modernisierungsforschung ... die offensichtlichen Gemeinsamkeiten der Modernisierungsprozesse in aller Welt mit den ebenso augenfälligen Divergenzen in einen theoretischen Einklang zu bringen."[84]

81 W. I. Lenin, Konspekt zu Hegels „Wissenschaft der Logik", in: Werke, Bd. 38, Berlin 1973, S. 106.

82 Ebenda, S. 178.

83 Vgl. B. P. Porschnew, Lenin i Problemy socialnoi psychologii, Moskva 1969. Auf diesem Gebiet steht die marxistische Geschichtswissenschaft noch vor wichtigen Forschungsaufgaben.

84 P. Flora, Modernisierungsforschung, a. a. O., S. 78.

Alle neueren Modernisierungstheorien distanzieren sich mehr oder weniger scharf vom Geschichtsmodell der Industriegesellschaftslehre wie auch von dem „optimistischen Schema" der älteren Modernisierungstheorien, in denen „Evolution häufig als linearer Aufstieg verstanden" wurde.[85] Als eine theoretische Hauptschwäche wird ihnen angelastet, daß sie keine befriedigende Erklärung für die divergierenden gesellschaftlichen und politischen Entwicklungen von Gesellschaften gleichen ökonomischen Niveaus und damit der Alternativen der historischen Entwicklung geben. Die neuere historisch-komparative Modernisierungsforschung schenkt der Alternativstruktur der Geschichte verstärkte Aufmerksamkeit. Sie ist bemüht, die Alternativität der Geschichte, d. h. Formen und Wege, Möglichkeiten und Varianten der geschichtlichen Entwicklung zu erfassen. Diese erscheinen nicht mehr als bloße Abweichungen von einer angenommenen Norm; ihre Eigenständigkeit wird stärker hervorgehoben. Den methodologischen Ausgangspunkt bildet dabei die Frage nach den Grundlagen und den Ursachen für die Vielfalt der alternativen Entwicklungsmöglichkeiten. Diese werden nach wie vor jedoch auf die Kriterien der „Modernität" bezogen und als Varianten eines übergreifenden Modernisierungsprozesses aufgefaßt. Zwar wird eingeräumt, daß die Wege der „Modernisierung" nicht identisch sind, doch seien sie nur funktionell adäquate Lösungen der *einen* geschichtlichen Grundaufgabe – Schaffung der „modernen Gesellschaft". Davon ausgehend, wird zwischen Problem-Theorien und Lösungs-Typologien unterschieden. „Dieser Unterscheidung liegt die Annahme zugrunde, daß Gesellschaften im Laufe ihrer Modernisierung vor ähnlichen Problemen stehen, aber sehr verschiedene ‚Lösungen' für sie finden."[86] Es konturieren sich drei verschiedene, z. T. jedoch aufeinander aufbauende theoretische Ansätze zur Erfassung der Alternativstruktur der Geschichte. Neben den bereits skizzierten Auffassungen Gerschenkrons, insbesondere der „Substitutionstheorie", und von Bendix Theoremen über Modernisierungsprozesse in „Nachzüglergesellschaften" hat der von B. Moore ausgehende Ansatz der drei Wege zur „Modernität" in der historischen Modernisierungsforschung weite Verbreitung gefunden.

Der US-amerikanische Historiker und Politologe B. Moore jr. unternahm in seinem Buch „Social Origins of Dictatorship and Democracy"[87] den Versuch, die Ursachen der Herausbildung des Kapitalismus in seiner bürgerlich-parlamentarischen und in seiner antidemokratischen, zum Faschismus führenden Erscheinungsform sowie der kommunistischen Gesellschaftsformation zu analysieren. Dieses Buch ist in mancherlei Hinsicht als Gegenentwurf zu Rostows Stadientheorie zu verstehen. An die Stelle eines unilinearen Geschichtsmodells tritt die Alternativität der Entwicklungswege als Ausgangspunkt und Problemstellung. Weder England noch die in der Industriegesellschaftslehre für das 20. Jh. als

85 H.-U. Wehler, Modernisierungstheorie und Geschichte, a. a. O., S. 23.
86 P. Flora, Modernisierungsforschung, a. a. O., S. 78.
87 Boston 1966. (dt.: Soziale Ursprünge von Diktatur und Demokratie, a. a. O.).

Leitnation und Zukunftsmodell ausgegebene USA stehen in Moores Untersuchung im Vordergrund, sondern die vergleichende Analyse dreier Entwicklungstypen. Gegen den ökonomischen Determinismus Rostows, in dem die Entstehung von Faschismus und Sozialismus lediglich aus der subjektiv-idealistischen Konstruktion der „Wahlmöglichkeiten" von Gesellschaften im Reifestadium abgeleitet werden, wird die Verschiedenartigkeit der Entwicklungswege aus der Unterschiedlichkeit der Konstellation der Klassenkräfte, der Klassenbündnisse und des Verlaufs der Revolutionen abgeleitet. Dementsprechend bemüht sich Moore um die Verbindung von ökonomischer, soziologischer und historischer Analyse. Das zentrale Problem erblickt er in der Überwindung der traditionalen Agrarstruktur, die ökonomisch die Beschaffung von Kapital für die Finanzierung der Industrialisierung und die Herausbildung des kapitalistischen Marktes erforderlich macht. Die Lösung dieser Probleme erfolgt in den einzelnen Ländern in unterschiedlichen Kombinationen der Klassen- bzw. politischen Bündnisse der herrschenden Dynastie einschließlich ihres bürokratischen Apparats, mit der Bourgeoisie, dem Adel bzw. den Großgrundbesitzern und mit der Bauernschaft. Hierbei gebe es drei Typen der „Modernisierung":

Im ersten Fall würden die Großgrundbesitzer im Ergebnis der bürgerlichen Revolution entweder zu untergeordneten Verbündeten der Bourgeoisie oder als Klasse liquidiert, wodurch der Weg für eine bürgerlich-demokratische Entwicklung frei sei. Das sei die „Straße der bürgerlichen Revolutionen", die nacheinander England, Frankreich und die Vereinigten Staaten eingeschlagen hätten und an derem Ende die liberale Demokratie entstanden sei. Siege jedoch die Koalition von herrschender Dynastie und Großgrundbesitz, wie in Preußen-Deutschland und Japan, so komme es zur „Modernisierung" von oben. Die Konservierung der Machtpositionen vorindustrieller Klassen und Herrschaftsstrukturen lege den Grund für die Entstehung faschistischer Regime. Rieben sich Dynastie und Bürokratie, Landadel und Bourgeoisie gegenseitig auf, wie in Rußland und China, dann würden Revolutionen, „die in der Hauptsache, aber nicht ausschließlich ihre Wurzeln in der Bauernschaft" hätten, „die kommunistische Variante möglich"[88] machen. Die Sieger seien indes nicht die Bauern, sondern die kommunistischen Revolutionäre, die ihr Programm durch eine zweite Revolution vollenden würden, indem sie die Bauern „zur Grundlage und zu den Opfern der sozialistischen Version der primären kapitalistischen Akkumulation" machten.[89]

Diese drei Wege stellen nach Moore gleichzeitig Alternativen und aufeinanderfolgende historische Stadien der „Modernisierung" im weltgeschichtlichen Maßstab dar: „Die Methoden der Modernisierung, die in einem Land gewählt werden, verändern die Dimensionen des Problems für die nächsten Länder ... Ohne die vorhergehende demokratische Modernisierung Englands wären die in Deutschland und Japan angewandten reaktionären Methoden schwerlich möglich

88 Ebenda, S. 475 (deutschsprachige Ausgabe).
89 Ebenda, S. 522.

gewesen. Ohne die kapitalistischen und die reaktionären Erfahrungen wäre die kommunistische Methode eine ganz andere gewesen, wenn es sie überhaupt gegeben hätte."[90]

Moores historische Modernisierungskonzeption stellt eine verzerrte Reflexion realer Prozesse des Übergangs vom Feudalismus zum Kapitalismus, wie eine abstruse Interpretation des Übergangs vom Kapitalismus zum Sozialismus dar. Tatsächlich läßt sich der Übergang vom Feudalismus zum Kapitalismus auf zwei Grundtypen historischer Entwicklung zurückführen: auf den reformerischen und den revolutionären Weg.[91] Der „preußische" Weg der Entwicklung des Kapitalismus in der Landwirtschaft ist Teil des reformerischen, der „amerikanische" bzw. „englische" des revolutionären Typs der bürgerlichen Umwälzung. Zur Charakterisierung der Art und Weise der Durchsetzung des Kapitalismus in der Landwirtschaft schrieb Lenin: „Entweder Evolution nach preußischem Typ: der Gutsbesitzer, der Fronherr wird zum Junker. Die gutsherrliche Macht im Staate ist für Jahrzehnte gefestigt. Monarchie. Ein mit parlamentarischen Formen verbrämter Militärdespotismus an Stelle von Demokratie. Größte Ungleichheit unter der ländlichen und der übrigen Bevölkerung. Oder Evolution nach amerikanischem Typ: Beseitigung der gutsherrlichen Wirtschaft. Der Bauer wird freier Farmer. Volksherrschaft. Bürgerlich-demokratische Ordnung. Größte Gleichheit unter der ländlichen Bevölkerung als Ausgangspunkt und Voraussetzung für den freien Kapitalismus."[92]

Der „preußische" Weg in der deutschen Geschichte ist *einer* jener historischen Prozesse, die die sozialökonomischen Grundlagen schufen, auf der der besonders reaktionäre Charakter des „junkerlich-bürgerlichen Imperialismus"[93] erwuchs. Moore – diesen Aspekt nicht berücksichtigend – knüpft an die 1915 erschienene Studie des US-amerikanischen Soziologen Th. Veblen „Imperial Germany and the Industrial Revolution"[94] an, in der wohl zum ersten Male der besonders antidemokratische und aggressive Charakter des deutschen Imperialismus *allein* aus der Vorherrschaft Preußens, des „aggressivsten und unverantwortlichsten, im wesentlichen des archaischsten" Staates in Deutschland abgeleitet wurde. Ebenfalls auf Veblen geht das Paradigma des für die „kaiserliche Industriegesellschaft" (R. Dahrendorf) charakteristischen Widerspruchs zwischen der „fast ungebrochenen Mittelalterlichkeit der institutionellen Struktur" und dem von den fortgeschritteneren Nachbarn übernommenen „höchst effizienten Zustand der industriellen Entwicklung" zurück,[95] an das die historische Modernisierungsfor-

90 Ebenda, S. 476.

91 Vgl. dazu W. Schmidt, Zu den Wegen der bürgerlichen Umwälzung, in: ZfG, 6/1978, S. 497 ff.

92 W. I. Lenin, Stärke und Schwäche der russischen Revolution, in: Werke, Bd. 12, Berlin 1959, S. 353.

93 W. I. Lenin, Über die Naturalsteuer, in: Werke, Bd. 32, Berlin 1972, S. 346.

94 New York 1954.

95 Ebenda, S. 220, 249/250.

schung anknüpfte. Alle negativen Erscheinungen der folgenden Geschichte in Ländern mit „preußischem" Weg einschließlich des Faschismus ursächlich aus der Konservierung vorindustrieller Klassen und Machtpositionen abzuleiten, erweist sich als wissenschaftlich nicht haltbar. Der „preußische" Weg war weder von konstitutiver Bedeutung für den deutschen Faschismus noch für den japanischen Militarismus. Beide verkörperten vielmehr den Kapitalismus in seinem monopolistischen Stadium; in beiden Ländern war die Monopolbourgeoisie die führende ökonomische und politische Kraft, erlangte der Imperialismus seine besondere Aggressivität in erster Linie aus der Tatsache des Zuspätgekommenseins bei der Aufteilung der Welt.

Moores Erklärungsversuch der Ursprünge von Diktatur und Demokratie in der kapitalistischen Welt ist wissenschaftlich falsch und apologetisch, vor allem weil er die Rolle der Dynastie und des Adels maßlos überhöht und die Monopolbourgeoisie als soziale Wurzel von Imperialismus und Faschismus ignoriert. Die Monopolbourgeoisie erscheint in diesem Konzept vielmehr als Modernisierungskraft und als Träger der Demokratie. Ungeachtet ihrer wissenschaftlichen Schwächen[96] ist Moores Grundthese, daß die unterschiedliche politische Verfassung „moderner" Gesellschaften wesentlich durch vorindustrielle Faktoren bestimmt wird, zu einem Gedankenmodell der bürgerlichen Sozialwissenschaften geworden, vor allem deshalb, weil sich mit ihr sowohl eine Apologetik des Monopolkapitals verbindet als auch eine liberale bzw. sozialreformistische Kritik an bestimmten Erscheinungen des Imperialismus begründen läßt. Widerspiegelt Moores Interpretation der Wege bürgerlicher Umwälzung verzerrt Elemente des realen Geschichtsprozesses, so geht der Realitätsbezug in seiner Deutung der sozialistischen Revolution fast völlig verloren.

Die weltgeschichtliche Rolle der Arbeiterklasse wird nicht nur schlechthin geleugnet, was jede Erscheinungsform der bürgerlichen Ideologie kennzeichnet, sie wird als soziale Kraft überhaupt liquidiert. Der Sozialismus wird als einer der drei Wege in die „Modernität" begriffen, als Resultat des Versagens der herrschenden Klassen und als alternative Folgeerscheinung der vorangegangenen kapitalistischen und reaktionären Erfahrungen. Von der Massenbasis der sozialistischen Revolutionen in Rußland und China wird auf ihren sozialen Inhalt geschlossen, wobei die unterschiedliche Sozialstruktur und damit das unterschiedliche Verhältnis von Arbeiterklasse und Bauernschaft in beiden Ländern ignoriert werden.

96 P. Flora charakterisiert Moores Arbeit als einen „Höhepunkt und gleichzeitig als eine Sackgasse historisch-soziologischer Analyse ... weil sie keinen Ansatzpunkt für eine Lösung des Problems wissenschaftlicher Akkumulation im Bereich der Modernisierungsforschung bietet" (P. Flora, Modernisierungsforschung, a. a. O., S. 88/89).

3.5. Zur weltgeschichtlichen Einordnung von Kapitalismus und Sozialismus

Die modernisierungstheoretischen Erklärungen für die Entstehung des realen Sozialismus sind ein Ausdruck der Verschärfung des Dilemmas, in das die bürgerliche Ideologie seit der Großen Sozialistischen Oktoberrevolution 1917 geraten ist: einerseits das Bedürfnis nach ideeller Verewigung des Kapitalismus befriedigen zu müssen, andererseits der immer offenkundiger werdenden Verschiedenheit der Formationsentwicklung Rechnung zu tragen.

Zwischen den beiden Weltkriegen herrschte unter den bürgerlichen Ideologen die Auffassung vor, daß der Sozialismus in der UdSSR eine zufällige Entgleisung der Geschichte und auf Grund der ökonomischen Rückständigkeit sowie seiner systembedingten Mängel früher oder später zum Scheitern verurteilt sei.[97] Die bürgerlichen Ideologen meinten, daß allein der Kapitalismus zu einer den modernen Produktivkräften entsprechenden rationellen Wirtschaft imstande sei. Dementsprechend verneinten sie die Möglichkeit einer Alternative zum Kapitalismus und behaupteten, daß das System der kapitalistischen Produktion auf die Dauer durch kein anderes lebensfähiges System abgelöst werden könne.

Der Sieg der Sowjetunion im zweiten Weltkrieg, die Entstehung des sozialistischen Weltsystems und seine Erfolge sowie das weitere Voranschreiten des revolutionären Weltprozesses machten es unmöglich, diese Argumentation unverändert aufrechtzuerhalten. Die bürgerliche Ideologie geriet in den Zwang, die Möglichkeit und die Realität des Sozialismus erklären und sich über die Perspektiven von Kapitalismus und Sozialismus äußern, gleichzeitig aber die Notwendigkeit des Sozialismus verneinen zu müssen. Es wurde eine Vielzahl bürgerlicher Sozialismus-Theorien und -konzeptionen entwickelt, die sich jedoch bei näherer Betrachtung auf zwei Grundmuster reduzieren lassen: auf die bereits in den zwanziger Jahren entstandene Totalitarismus-Doktrin und auf die Industriegesellschaftslehre. In der Totalitarismus-Doktrin wird der tatsächlich bestehende unversöhnliche *politische Gegensatz* zwischen Kapitalismus und Sozialismus hervorgehoben, um diesen jedoch in ein mit antonymen Wortpaaren wie Freiheit/Unfreiheit, totalität/demokratisch bzw. pluralistisch, Christ/Antichrist usw. beschriebenes Todfeind-Verhältnis aufzublähen und den realen Sozialismus und die revolutionäre Arbeiterbewegung zu verketzern, zu dämonisieren und zu kriminalisieren. Dagegen hebt die Industriegesellschaftslehre die angeblich grundsätzliche *gesellschaftliche Gemeinsamkeit* zwischen Kapitalismus und Sozialismus hervor: ihre Qualität als „industrielle Gesellschaft". Freilich stellen Totalitarismus-Doktrin und Industriegesellschaftslehre keine einander ausschließenden Alternativen, sondern einander ergänzende Ansätze dar: Die sozialistische Gesellschaft erscheint als die negative Übersteigerung und Vollendung von gesell-

97 Zu den Wandlungen des imperialistischen Sozialismusbildes vgl. G. Rose, „Industriegesellschaft" und Konvergenztheorie, a. a. O., S. 67–83; neuerdings G. Ripp, Monopolideologie in der Krise, Berlin 1978, S. 12–35.

schaftlichen Tendenzen, die der „Industriegesellschaft" immanent seien, aber von der kapitalistischen Gesellschaft auf Grund ihres angeblich freiheitlichen und pluralistischen Charakters vermieden oder zumindest gedämpft würden: der „Vermassung", der „Bürokratisierung", der „Herrschaft der Apparate", der „Technokraten" usw. In der Konzeption H. Freyers wurden beide Ansätze verbunden: „So steht also das industrielle System in der gegenwärtigen Phase seiner Geschichte in einer doppelten Ausformung da: als Sozialstaat westlicher Prägung, der sich nach den Spielregeln der Demokratie aus dem Pluralismus der frei vertretenen Gruppeninteressen integriert – und als totalitärer Kommunismus."[98]

Während in den vierziger und fünfziger Jahren die Totalitarismus-Doktrin dominierte, begann die Industriegesellschaftslehre Ende der fünfziger Jahre die führende Rolle zu spielen; seit Ende der sechziger Jahre fand ein „gemischter" totalitarismustheoretischer und industriegesellschaftstheoretischer Ansatz Verbreitung. „Jede theoretische Entwicklungsstufe stellt dabei eine Reaktion auf das Scheitern der vorhergehenden dar."[99]

Mit der Industriegesellschaftslehre wurde jenes Denkschema geschaffen, das den o. g. Bedürfnissen am ehesten entspricht: Mit der Erhebung der neolithischen und der industriellen Revolution zu den beiden entscheidenden weltgeschichtlichen Zäsuren wurde der Ansatz gegeben, der objektiven Gesetzmäßigkeit der Formationsfolge das universalhistorische Drei-Stufen-Modell (Agrargesellschaft – Industriegesellschaft – postindustrielle Gesellschaft) entgegenzusetzen. Damit konnte eine neue bürgerliche Fortschrittskonzeption begründet werden, die dem Schein nach mit der Entwicklung der Produktivkräfte übereinstimmte und in den fünfziger und sechziger Jahren die Möglichkeit bot, unter Bezugnahme auf die ökonomische Expansion der entwickelten kapitalistischen Länder, das Abflauen der Klassenkämpfe und die konservative politische Stabilität in den meisten Ländern zu behaupten, die dem Kapitalismus immanenten Widersprüche seien überwunden und die entwickelten kapitalistischen Länder seien gegen eine revolutionäre Veränderung immun. Gegenüber dem real existierenden Sozialismus wurde argumentiert, daß Kapitalismus und Kommunismus nicht zwei gesetzmäßig aufeinanderfolgende Stufen der Menschheitsgeschichte, sondern zwei nebeneinander existierende Varianten einer „Industriegesellschaft" seien. Wie R. Aron bekannte, sei die Industriegesellschaftslehre „ein Mittel, um von Anfang an dem Konflikt Sozialismus-Kapitalismus auszuweichen und um Sozialismus und Kapitalismus als zwei Modalitäten einer Gattung, z. B. der Industriegesellschaft, zu betrachten".[100] Indem die Herausbildung der „Industrie-

98 H. Freyer, Entwicklungstendenzen und Probleme der modernen Industriegesellschaft, in: Die Industriegesellschaft in Ost und West. Konvergenzen und Divergenzen, Mainz o. J., S. 15.

99 O. Cless, Sozialismusforschung in der Bundesrepublik. Das herrschende DDR-Bild und seine Dogmen, Köln 1978, S. 152/153.

100 R. Aron, Le dévéllopment de la société industrielle et la stratification sociale, Paris 1957, S. 25.

gesellschaft" zur übergreifenden Gesetzmäßigkeit erklärt wurde, konnte der historische Platz des Sozialismus als Methode der Industrialisierung rückständiger Länder relativiert und in Verbindung mit der Totalitarismus-Doktrin zur „anormalen" Form des Übergangs zur „Industriegesellschaft" erklärt, die Divergenz zwischen den beiden Gesellschaftssystemen auf einen Phasenunterschied reduziert werden. Schließlich bot die in der Industriegesellschaftslehre implizit enthaltene Idee der Konvergenz bzw. der Evolution des Sozialismus in Richtung auf eine Angleichung an den Kapitalismus die Möglichkeit, die Irreversibilität und die Endgültigkeit des Sozialismus in Frage zu stellen. An der Erwartung des Zusammenbruchs des Sozialismus wurde festgehalten, „wenngleich dieser nun nicht mehr aus dem Scheitern des Wirtschaftssystems, sondern gerade durch seinen Erfolg in freilich kapitalistischen Produktionsverhältnissen entnommenen Mustern erwartet wird".[101] An die Stelle politisch subjektiven Wollens trat die „objektive Logik technologischer Rationalität" als „Exekutor der Geschichte".[102] Die Konzeption der postindustriellen Gesellschaft verkörperte die teils optimistisch, teils pessimistisch gefärbte Zukunftsvision einer von Leistungseliten und Computern beherrschten einheitlichen bürgerlichen Standardwelt. Sie soll die angebliche historische Überlegenheit des Westens begründen, indem behauptet wird, die entwickelten kapitalistischen Länder befänden sich an der Schwelle eines technologisch-wissenschaftlichen Innovationsschubes, der sie in das postindustrielle, technetronische Zeitalter katapultiere, was ihre führende Rolle in der gesellschaftlichen Entwicklung begründe.[103]

Die Verschärfung der allgemeinen Krise des Kapitalismus zu Beginn der siebziger Jahre erforderte Korrekturen an diesem Bild. Erklärungen des Sozialismus als mehr oder weniger kurzlebige Abweichungen vom „normalen" Weg der Geschichte stellen in der gegenwärtigen Welt weder plausible Erklärungsmuster für das bürgerliche Selbstverständnis, noch glaubwürdige Denkschablonen für die ideologische Manipulation, noch brauchbar erscheinende Orientierungshilfen für die imperialistische Politik dar. Der verloren gegangene Realitätsbezug des bürgerlichen Kapitalismus- und Sozialismusbildes – Voraussetzung für seine Massenwirksamkeit – mußte wiederhergestellt werden. Im Ergebnis der Veränderung des Kräfteverhältnisses und der Existenzbedingungen des Kapitalismus werden die in den fünfziger und sechziger Jahren ausgearbeiteten Argumentationen über die Perspektiven von Kapitalismus und Sozialismus im Rahmen der allgemeinen Denkkonstanten der Industriegesellschaftslehre den neuen Bedingungen angepaßt, modifiziert, z. T. umgekehrt.[104] Das geschieht in sehr differen-

101 C. v. Braunmühl, Kalter Krieg und friedliche Koexistenz, Frankfurt a. M. 1973, S. 73.

102 B. Greiner, Amerikanische Außenpolitik von Truman bis heute. Grundsatzdebatten und Strategiediskussionen, Köln 1980, S. 110.

103 Ebenda, S. 111/112.

104 Zu den Veränderungen im bürgerlichen ökonomischen Denken vgl. Bürgerliche Ökonomie ohne Perspektive, hg. von H. Meißner, Berlin 1976, S. 425 ff.; Geschichte der politischen Ökonomie. Grundriß, Berlin 1978, S. 653 ff.

zierter Weise, in Gestalt heftiger Kontroversen und Fraktionskämpfe, in denen bald die eine, bald die andere Tendenz dominiert. Die Wende vom kalten Krieg zur friedlichen Koexistenz zwingt das bürgerlich politische Denken, die Existenz von zwei alternativen Systemen als irreversibel hinzunehmen. Als Folge dieser Entwicklungen verstärkt sich die Tendenz, das kapitalistische System nicht mehr wie früher als geschichtliche Norm zu begreifen, sondern nur noch als das von zwei alternativen Systemen vorteilhaftere herauszustellen, wobei beide als reformbedürftig, das kapitalistische System aber als das reformfähigere ausgegeben wird.

Im Ergebnis dessen sowie der Ernüchterung über die Liberalisierungs- und die Aufweichungsillusionen der sechziger Jahre wird den Unterschieden in den politischen Systemen erneut verstärkte Aufmerksamkeit geschenkt. Dabei kommt es bei einem Teil der bürgerlichen Ideologen zur Wiederbelebung der Totalitarismus-Doktrin in modifizierter Form.

Das Kapitalismus- und das Sozialismusbild der neueren Modernisierungstheorien folgt im allgemeinen diesen Tendenzen des Argumentationswechsels. Ohne die industriegesellschaftstheoretische Ontologisierung des Kapitalismus aufzugeben – sie ist, wie gezeigt wurde, für die bürgerliche Ideologie unverzichtbar –, werden z. T. erhebliche Veränderungen vorgenommen.

An die Stelle einer für alle Länder gültigen simultanen Stufenfolge der „Logik der Industrialisierung" – am schärfsten ausgeprägt in der Stadientheorie Rostows – tritt die Auffassung von der Vielfalt alternativer Entwicklungspfade. Dies trägt den vergangenen und gegenwärtigen gesellschaftlichen Entwicklungsprozessen stärker Rechnung als das Geschichtsmodell der Industriegesellschaftslehre und eröffnet scheinbar die Möglichkeit, die marxistisch-leninistische Auffassung von der Gesetzmäßigkeit der Formationsfolge gewissermaßen von der anderen Seite her anzugreifen: nicht mit einem pseudomaterialistischen ökonomisch-technizistischen Determinismus, sondern mit einem gesellschaftlichen Indeterminismus. Im Zusammenhang mit dem Abrücken vom unilinearen Entwicklungsdenken wurde zunächst die Präsentation der USA als Zukunftsmodell der Menschheitsgeschichte, die in der Konzeption der „postindustriellen Gesellschaft" nach wie vor existiert, aufgegeben. Sodann erfolgte eine Relativierung des zuvor als normativ und allgemeingültig angesehenen westeuropäisch-nordamerikanischen Entwicklungsweges. Die Fixierung der „Modernisierung" auf die westeuropäisch-nordamerikanischen „Bezugsgesellschaften" wie sie noch in den frühen Modernisierungstheorien üblich gewesen war, hatte andere Entwicklungswege zu Abweichungen von der „Norm" degradiert und ihnen lediglich die Rolle des Kopierens der „Bezugsgesellschaften" zugestanden. In den neueren Modernisierungstheorien wird dagegen die historische Eigenständigkeit und Gleichberechtigung anderer Entwicklungswege im Rahmen der modernisierungstheoretischen Gesamtperspektive zugestanden. Charakteristisch dafür ist die Kritik an der „universale(n) Einseitigkeit" der Ein-Gesellschafts-Modelle à la Rostow in der herkömmlichen bürgerlichen Soziologie und die Hinwendung zu Mehr-Gesellschafts-

Modellen bzw. zur multilinearen Analyse der Geschichte.[105] Dabei wird auf die Sozialismus-Interpretation Gerschenkrons zurückgegriffen. Ausgehend von seiner Substitutionstheorie wird den Entwicklungsländern die Möglichkeit schöpferischer Innovationen und abgekürzter Entwicklungswege, die Legitimität abrupter Entwicklungsbrüche und die Fähigkeit zugestanden, durch die Synthese von „Traditionalität" und „Modernität" selbst originäre Beispiele mit Modellcharakter zu schaffen. Den entwickelten sozialistischen Ländern wird der Rang zuerkannt, selbst „Pioniergesellschaften" geworden zu sein, die eigene „Nachfolgegesellschaften" gefunden hätten. So schreibt z. B. R. Bendix: „Frühere Nachzügler wie Rußland und China sind heute selbst entwickelte Gesellschaften und gelten inzwischen selbst als Modelle beispielsweise für die osteuropäischen Satellitenländer und für eine ganze Reihe afrikanischer und asiatischer Länder, die nach dem zweiten Weltkrieg ihre Unabhängigkeit erlangten."[106]

3.6. Historische Modernisierungstheorie und Periodisierung

Obwohl beim gegenwärtigen Stand der Profilierung der Modernisierungskonzeption noch keine einheitliche, allgemein anerkannte universalhistorische Periodisierung existiert, lassen sich bestimmte Veränderungen im Vergleich mit der Periodisierungskonzeption der Industriegesellschaftslehre feststellen. Sie gehen in die Richtung einer vorsichtigen Lösung vom Drei-Stufen-Schema (vorindustrielle Gesellschaft – industrielle – postindustrielle Gesellschaft). Dieses Schema wird zunehmend in mehrfacher Hinsicht in Frage gestellt.

Zum einen wird in der modernen bürgerlichen Sozialgeschichte der BRD, Großbritanniens und z. T. auch der USA den Zeitkategorien langer Dauer, wie sie die Kategorie „Agrargesellschaft" mit ihrer über Jahrhunderte gleichbleibenden Struktur oder die „quasi-immobilen" geographischen Zeiten Braudels darstellen, Mißtrauen entgegengebracht, da sie die Gefahr in sich bergen, „als Sachzwang ontologisiert, als Determinante der Geschichte verabsolutiert und somit historischem Wandel gerade wieder entzogen zu werden".[107]

Zum anderen erfolgt eine Neubestimmung und Neuformulierung von Kategorien der Industriegesellschaftslehre. Das betrifft zunächst den Begriff „Industriegesellschaft" selbst, neben den die Kategorien „moderne Gesellschaft" bzw. „Mo-

105 F. H. Tenbruck, Die Soziologie vor der Geschichte, in: Soziologie und Sozialgeschichte, Aspekte und Probleme, hg. von P.-C. Ludz, Kölner Zeitschrift für Soziologie und Sozialpsychologie, Sonderheft 16, Opladen 1972, S. 36/38.

106 R. Bendix, Modernisierung in internationaler Perspektive, in: Theorien des sozialen Wandels, a. a. O., S. 511.

107 H.-U. Wehler, Geschichte als historische Sozialwissenschaft, a. a. O., S. 19; D. Groh, Strukturgeschichte als „totale" Geschichte?, in: Vierteljahrsschrift für Sozial- und Wirtschaftsgeschichte, Jg. 58, 1971, S. 289–322.

dernität" treten. Die historische Drei-Phasen-Einteilung in der Genesis der „Industriegesellschaft" – die Entwicklung von der „Klassenkampfgesellschaft des 19. Jahrhunderts" über die „pluralistische Verbandsgesellschaft" der ersten Hälfte des 20. Jahrhunderts zur heutigen „modernen, nichttotalitären Industriegesellschaft"[108] – taucht in den Modernisierungstheorien und der Modernisierungsforschung überhaupt nicht auf, ebensowenig wie die Kategorien „Zweite industrielle Revolution" und „postindustrielle Gesellschaft", die teils als Inkarnation vordergründiger Apologetik, teils der in „Sachzwängen" erstarrten Geschichte von den Modernisierungstheoretikern einhellig abgelehnt bzw. ignoriert und nicht verwendet werden. Schließlich wird eine Neubewertung und Relativierung der industriellen Revolution vorgenommen. Die Modernisierungstheoretiker halten zwar an der Erhebung der industriellen Revolution zur bedeutendsten Umwälzung in der neuzeitlichen Menschheitsgeschichte fest, nehmen jedoch an ihrer industriegesellschaftstheoretischen Überhöhung Korrekturen in drei Richtungen vor.

Erstens wird der Modernisierungsprozeß vorverlegt und der Beginn der „Moderne" früher angesetzt, nämlich mit jenen geistigen, sozialen und politischen Wandlungen seit dem Ausgang des Mittelalters, die die Voraussetzungen für die industrielle Revolution und die politischen Revolutionen der Neuzeit waren: den Veränderungen der kulturellen und der religiösen Wert- und Glaubensvorstellungen, insbesondere der Universalisierung der Werte und Normen, der Säkularisierung, der Rationalisierung und der „Entzauberung der Welt" (M. Weber), der Durchsetzung des abstrakten Rechts, der individualisierten Einstellung gegenüber Eigentum, Geld und Produktion, der Institutionalisierung privater Verfügungsrechte, den Veränderungen in der Legitimitätsbasis, der wachsenden politischen Partizipation und der Urbanisierung. Die zeitliche Vorverlegung des Beginns des Modernisierungsprozesses ergibt sich aus der Auflösung der Identität von „Modernisierung" und Industrialisierung und folgt den Definitionskriterien einer „modernen" Gesellschaft. Ein von Wehler herangezogenes Beispiel soll dies verdeutlichen:

„London (oder Amsterdam) zeigte zu Beginn des 18. Jahrhunderts nicht wenige Züge von Modernität, ohne industrialisiert zu sein. Den neuen großen Konglomeraten der Industriestädte und Industriesiedlungen im englischen Norden und in den ‚Midlands' dagegen fehlten im selben Jahrhundert zeitweilig nicht wenige Charakteristika von ‚Modernisierung': Analphabetentum war weit verbreitet, und es gab hohe Sterblichkeitsziffern ... geringen Konsumgüterverbrauch und wenig Raum für Rationalität und aufgeklärtes Eigeninteresse."[109] In der anhaltenden Periodisierungsdiskussion in bezug auf den Beginn der „Moderne" zeichnen sich differenzierte Standpunkte ab. Die Mehrheit der Modernisierungstheoretiker folgt der von Bendix vorgenommenen Datierung des Ursprungs des Modernisierungsprozesses mit der industriellen Revolution in England (1760–1830), der

108 Unbewältigte Vergangenheit, a. a. O., S. 33.

109 H.-U. Wehler, Modernisierungstheorie und Geschichte, a. a. O., S. 47.

politischen Revolution in Frankreich (1789–1794) und der sich daran anschließenden Ausbreitung der „Modernisierung" in den „Nachzüglergesellschaften."[110] Aber auch sie messen der Entstehung der Vorbedingungen der „Modernisierung" seit der Renaissance ein ungleich größeres Gewicht zu als die Industriegesellschaftslehre[111] und betrachten die Revolutionen an der Wende des 18. zum 19. Jahrhundert als „Kulmination jahrhundertelanger, ganz spezifisch europäisch-amerikanischer Entwicklungen".[112] S. N. Eisenstadt verlegt die Anfänge der „Modernisierung" in das 17. Jahrhundert. Er unterscheidet zwei Phasen der „Modernisierung" – ihre Herausbildung in Westeuropa und Nordamerika vom 17. bis 19. Jahrhundert und ihre anschließende weltweite Verbreitung.[113] „Historisch ist Modernisierung der Veränderungsprozeß zu jenen Typen von sozialen, ökonomischen und politischen Systemen, der sich in Westeuropa und Nordamerika vom 17. bis 19. Jahrhundert entwickelt und sich im 19./20. Jahrhundert in den anderen europäischen Ländern und auf dem südamerikanischen, asiatischen und afrikanischen Kontinent ausgebreitet hat."[114] C. E. Black setzt den Beginn der modernen Geschichte um das Jahr 1500 an.[115] L. White jr. erblickt die Ursprünge der modernen Technik im 13. Jahrhundert: „Damals, um die Mitte des 13. Jahrhunderts, hat eine große Schar erleuchteter Geister ... angefangen, die Vorstellung von einer Welt der Technik zum Allgemeingut zu machen ... ohne ihre Verzückung und ohne ihre hochfliegenden Pläne hätte das technische Zeitalter der westlichen Welt nicht entstehen können."[116] Noch weiter zurück geht St. Rokkan, der bis auf die frühmittelalterlichen Grundlagen der „Modernisierung" zurückgreift.[117]

Einen extremen und vorerst vereinzelten Standpunkt vertritt I. Geiss, der als Konsequenz der Trennung von „Modernisierung" und Industrialisierung die „Modernisierung" zu einer zentralen und gewissermaßen ewigen Kategorie der Menschheitsgeschichte ausweitet: „Modernisierung läßt sich nicht einfach mit Industrialisierung oder industrieller Revolution mit all ihren umwälzenden Konsequenzen gleichsetzen. Vielmehr ist stets ein viel älterer, großer Modernisierungsschub mit zu berücksichtigen, der sich in Wellen immer wieder von seinem ursprünglichen Ausgangszentrum fortsetzte: Das Entstehen der großen antiken Hochkulturen auf der Grundlage der agrarischen Revolution von Ägypten bis China war der erste große Modernisierungsakt der Weltgeschichte." Die Mensch-

110 Vgl. R. Bendix, Modernisierung in internationaler Perspektive, a. a. O., S. 506.

111 R. Bendix, Modernisierung und soziale Ungleichheit, in: Wirtschafts- und sozialgeschichtliche Probleme der frühen Industrialisierung, hg. von W. Fischer, Berlin (West) 1968, S. 179, 222, 227.

112 H.-U. Wehler, Modernisierungstheorie und Geschichte, a. a. O., S. 48.

113 S. N. Eisenstadt, Modernization: Protest and Change, a. a. O., S. 51 ff., 83 ff.

114 Ebenda, S. 1.

115 C. E. Black, The Dynamics of Modernization, a. a. O., S. 6.

116 L. White jr., Die mittelalterliche Technik und der Wandel der Gesellschaft, München 1968, S. 107.

117 St. Rokkan, Die vergleichende Analyse der Staaten- und Nationenbildung: Modelle und Methoden, in: Theorien des sozialen Wandels, a. a. O., S. 228 ff.

heitsgeschichte wird von Geiss sodann in eine unendliche Kette von Modernisierungsakten, bezogen auf den jeweils früheren Enwicklungsstand, verwandelt. „,Modernisierung' darf also nicht einfach auf ‚Industrialisierung' begrenzt bleiben oder mit ihr identfiziert werden. Vielmehr muß ‚Modernisierung' eine sowohl universale als auch relative Kategorie werden."[118] Als derzeit letzter Stand der Diskussion und zugleich gemeinsamer Nenner in der Periodisierungsfrage kann das von Wehler 1978 formulierte „Periodisierungsraster" der historisch-komparativen Modernisierungsforschung angesehen werden. Es faßt „1. einen überaus langen Zeitraum als die Phase zusammen, in der sich die eigentümlichen okzidentalen Voraussetzungen von Modernisierung herausgebildet haben"; 2. das Zeitalter der „Doppelrevolutionen", die der „Modernisierung auf breiter Front zum Durchbruch verhalfen"; davon wird 3. die nachfolgende „Weltgeschichte Europas" abgehoben, in der im Verein mit der amerikanischen die „Modernisierung auf den ganzen Erdball einwirkte".[119]

Zweitens erfolgt eine Neubewertung der industriellen Revolution. Sie ist eine unmittelbare Folge des durch die Verschärfung der allgemeinen Krise des Kapitalismus herbeigeführten und durch die Ökologie-Diskussion ausgelösten Zusammenbruchs des Wachstumsfetischismus und knüpft an die kulturpessimistische Variante der Industriegesellschaftslehre an. Die Bindung des Fortschritts an das ökonomische Wachstum wird aufgegeben. Dies läßt die industrielle Revolution in einem anderen Licht erscheinen als bisher. Charakteristisch dafür ist der o. g. Aufsatz von I. Geiss mit bezeichnendem Titel „Prometheus und Pandora. Zur Stellung der industriellen Revolution in der Weltgeschichte." Auf die befreiende Tat des Prometheus – einer durch die industrielle Revolution bewirkten ungeahnten Steigerung von Produktion und Produktivität – folge, wie in der griechischen Mythologie, Pandora mit ihrer berüchtigten Büchse, aus der sie alle Plagen auf die Menschheit losläßt. „Die ‚Dialektik der Natur' (Engels) hat den ‚Fortschritt' eingeholt und ist dabei, ihn in sein Gegenteil zu verkehren. Max Webers Rationalisierung schlägt um in eine neue Irrationalität." Die sich gegenwärtig abzeichnenden negativen Konsequenzen der industriellen Revolution erforderten die Neubestimmung ihres Platzes in der Weltgeschichte: „Der jubelnde Aufbruch zur prometheisch-faustischen Befreiungstat in die Morgenröte einer neu aufgehenden Menschheitssonne verbietet sich angesichts der in aller Welt auftauchenden Probleme, die die Industrialisierung schon selbst aufwirft. Die industrielle Revolution erweist sich immer weniger als Durchgangsstufe zur materiellen Fülle und geistigen Erfüllung für alle, sondern, um es zurückhaltend zu formulieren, als schweres Problem für die gesamte Menschheit."[120]

118 I. Geiss, Prometheus und Pandora. Zur Stellung der industriellen Revolution in der Weltgeschichte, in: Industrielle Gesellschaft und politisches System, a. a. O., S. 32/33.

119 H.-U. Wehler, Vorüberlegungen zu einer modernen deutschen Gesellschaftsgeschichte, a. a. O., S. 10.

120 I. Geiss, Prometheus und Pandora, a. a. O., S. 34–36.

Damit wird die bereits in der kulturpessimistischen Variante der Industriegesellschaftslehre enthaltene zwiespältige Bewertung der industriellen Revolution weiter nach der negativen Seite verschoben und ihre historische Bedeutung relativiert.

Drittens wird eine Neubestimmung des Verhältnisses der industriellen Revolution zu den politischen Revolutionen vorgenommen, die gravierender erscheint als der Streit, ob der französischen oder der amerikanischen Revolution das Primat bei der Konstituierung der „modernen Welt" zukomme. Der Aufwertung von Politik und Ideologie sowie der Trennung von Industrialisierung und „Modernisierung" folgend, werden im Vergleich zur Industriegesellschaftslehre die politischen Revolutionen generell höher bewertet. Als gemeinsame Plattform kann die von der bürgerlichen Historiographie weitgehend akzeptierte Formel der „Doppelrevolution" (E. Hobsbawm), in der die industrielle Revolution in England und die politischen in den USA und in Frankreich zusammengezogen wurden, angesehen werden.

4. Das Dilemma der historischen Modernisierungstheorie

Die Historisierung der Modernisierungstheorien und die Betonung der Einmaligkeit und der Einzigartigkeit des westeuropäisch-nordamerikanischen Entwicklungsweges bergen die fatale Konsequenz der Aufgabe einer allgemein-gültigen Theorie der „Modernisierung" in sich. Während die älteren ökonomisch-soziologischen Modernisierungstheorien „Modernisierung" als Entfaltung immanenter Kräfte in Richtung auf einen scheinbar fixierten Endpunkt der Entwicklung auffaßten, heben die an R. Bendix orientierten Modernisierungstheorien hervor, daß der Modernisierungsprozeß kein universeller, allen Gesellschaften naturgemäß inhärenter Prozeß ist, „sondern daß er tatsächlich eine einmalige historische Situation verkörpert ... er ist im Grunde ein einmaliger historischer Vorgang, beruhend auf der Ausbreitung der westlichen Kultur in der Welt und den Versuchen der Nachzügler, diese ersten Modelle der Industrialisierung, politischen Einigung und dergleichen nachzuahmen."[121]

Für die Historisierung der Modernisierungsforschung sprachen sich weitere bürgerliche Sozialwissenschaftler aus,[122] jedoch nicht in jedem Falle für die Fi-

121 S. N. Eisenstadt, Studies of Modernization and Sociological Theory, a. a. O., S. 241, 245.

122 So u. a. S. N. Eisenstadt, Modernization: Protest and Change, Englewood Cliffs, N. J. 1966; Rokkan, Die vergleichende Analyse der Staaten- und Nationenbildung, in: Theorien des sozialen Wandels, a. a. O.; R. Lepsius, Demokratie in Deutschland als historisch-soziologisches Problem, in: Spätkapitalismus oder Industriegesellschaft, a. a. O., S. 197–213; ders., Soziologische Theoreme über die Sozialstruktur der „Moderne" und die „Modernisierung", in: Studien zum Beginn der modernen Welt, hg. von R. Kosseleck, Stuttgart 1977, S. 10–20; W. Zapf, Modernisierungstheorien, in: Prismata, Dank an Bernhard Hanssler, a. a. O.

xierung der „Modernisierung" auf die westeuropäisch-nordamerikanischen „Bezugsgesellschaften".[123] Die Auffassung von der Exklusivität der westeuropäisch-nordamerikanischen Entwicklung geht auf M. Webers Theorie von der Entstehung des okzidentalen Kapitalismus, namentlich der Sonderstellung der „modernen westlichen Kultur" zurück. Sie stellt eine Variante der Max Weber-Renaissance dar.[124] Mit ihr sind zwei gravierende theoretisch-weltanschauliche Implikationen verbunden. Auf der einen Seite handelt es sich um die Rückkehr zu einem prononcierten Europazentrismus, einer Konsequenz, die in Webers Werk enthalten ist, und die er gelegentlich selbst explizit gezogen hat, indem er sich scharf gegen die Anerkennung der prinzipiellen Gleichberechtigung und Geschichtsfähigkeit außereuropäischer Völker wandte: „es wäre dann in der Tat nicht abzusehen, weshalb wir sie (nämlich unersetzliche Kulturwerte) nicht mit einer Prügelei zwischen zwei Kaffern- oder Indianerstämmen gleich werten –."[125] Der Gefahr, „die Entwicklungen der Dritten Welt als Abweichungen vom Originalprozeß negativ zu akzentuieren" möchte H.-U. Wehler durch die Aktivierung des „Problembewußtseins des okzidentalen Historismus" begegnen.[126]

Auf der anderen Seite stehen die rigorose Ablehnung einer universellen Entwicklungs- und Systemtheorie und die Hervorhebung der Einmaligkeit des okzidentalen Weges im Widerspruch zu den erklärten Absichten der Vertreter der historischen Modernisierungstheorie, über die sog. Theorien mittlerer Reichweite hinauszugehen und eine tragfähige Gesellschaftstheorie als Theorie des universalhistorischen Prozesses seit Entstehung des Kapitalismus auszuarbeiten. Eine Theorie der Geschichte ist jedoch nicht von der Gesetzesproblematik zu trennen – im Gegenteil, sie setzt die Anerkennung der Gesetzmäßigkeit des Geschichtsverlaufs voraus. Nun schließt aber die These von der Exklusivität des okzidentalen Weges die Anerkennung von allgemeingültigen Gesetzen, nach denen die geschichtlichen Prozesse ablaufen, sowie der Wiederholbarkeit autochthoner Entwicklungsprozesse mit Notwendigkeit aus. Hier wird ein unlösbares Dilemma spätbürgerlicher historischer Theorienbildung deutlich: Einerseits entsteht durch die Klassenauseinandersetzung im Weltmaßstab fortwährend das zwingende Bedürfnis, „über das Individuelle hinaus das Allgemeine und Universelle ... zu erfassen", andererseits stößt sie dabei „rasch auf die Grenzen, über die hinaus für die Bourgeoisie als Klasse historische Erkenntnisse über den weltgeschichtlichen

123 So u. a. A. F. K. Organski, The Stages of Political Development, a. a. O.

124 H.-U. Wehler macht darauf aufmerksam, daß es in der Modernisierungsdebatte mindestens zwei von Weber herkommende Schulen gibt: die „hochabstraktiv-verallgemeinernde von Parsons und die historisch-restriktive von Bendix ... Beide können legitim an zwei bei Weber vorhandene Komponenten anknüpfen: an den Allgemeinheitsanspruch der soziologischen Kasuistik des Spätwerks bzw. an die historisch-vergleichenden Studien vorher". H.-U. Wehler, Modernisierungstheorie und Geschichte, a. a. O., S. 80.

125 Max Weber, Gesammelte Aufsätze zur Wissenschaftslehre, Tübingen 1951, S. 274.

126 H.-U. Wehler, Modernisierungstheorie und Geschichte, a. a. O., S. 48.

Prozeß und seine (vergangenen und gegenwärtigen) Gesetzmäßigkeiten gefährlich werden".[127] Das zeigt sich mit aller Deutlichkeit in den Versuchen, mit Hilfe der Historisierung der Modernisierungstheorien die Unfruchtbarkeit der soziologischen Modernisierungstheorien zu überwinden: Während sich der Allgemeingültigkeitsanspruch dieser in abstrakt soziologische Leerformeln des „sozialen Wandels" auflöste, ziehen jene den Verlust der Allgemeingültigkeit nach sich. Daher tendieren die historischen Modernisierungstheorien zur Wiederbelebung des Singularitäts- und des Individualitätsaxioms des reaktionären deutschen Historismus, das endgültig zu überwinden ihre erklärte Absicht ist. „Als Reaktion auf das häufig empirisch leere ‚Modernisierungs'-Wortgeklingel mit höchstem theoretischen Anspruch," schreibt Wehler, „verspürt der Historiker vermutlich zuerst eine heftige Neigung zum Individualitätsprinzip".[128] Dies ist eine der Ursachen für die Tendenz zur Wiederbelebung einiger Wesensmerkmale des Historismus in den historischen Modernisierungstheorien.

Führt man diese Problematik auf die sozialen Grundlagen der Erkenntnis zurück, so zeigt sich, daß dieses Dilemma aus der Unmöglichkeit resultiert, von der Klassenbasis der Bourgeoisie in ihrem historischen Untergangsstadium aus eine mit dem wirklichen Geschichtsverlauf übereinstimmende Theorie des weltgeschichtlichen Prozesses zu begründen. Methodologisch spiegelt sich dieses Dilemma im Auseinanderfallen der historischen und der logischen Analyse wider. Während noch Hegel den Anspruch auf die Verbindung beider als allgemeines methodologisches Prinzip forderte, trennen sich in der heutigen bürgerlichen Ideologie beide Methoden der Analyse voneinander: „Die Geschichtlichkeit bleibt im Empirismus stecken, das Logische ‚erhebt' sich in die jedes konkreten Wirklichkeitsinhalts beraubten Regionen des ‚abstrakt-allgemeinen'. Der Idealtypus, zeitgemäß ausgedrückt: das ‚Modell' – wird zu einer rein logischen Konstruktion, die ihre Berechtigung ... auf keinen Fall aus irgendeinem objektiven historischen Inhalt" herleitet.[129] Die rigorose Ablehnung einer allgemeingültigen Entwicklungstheorie und die prononcierte Betonung der Exklusivität des okzidentalen Weges reflektieren das gebrochene Verhältnis der spätbürgerlichen Ideologie zur Gesetzes- und zur Fortschrittsproblematik, zugleich aber auch die Unvereinbarkeit mit der maxistisch-leninistischen Auffassung von der Geschichte als einer gesetzmäßigen Abfolge fortschreitender Gesellschaftsformationen. Die Anerkennung allgemeingültiger Gesetzmäßigkeiten, selbst in Gestalt der abstrakt-soziologischen Evolutions- und Systemtheorien, ist dem spätbürgerlichen Geschichtsdenken wesensfremd. Daß dies ein allgemeines Problem der spätbürgerlichen Ideologie ist, zeigen u. a. auf der Ebene der Philosophie die von K. R. Popper

127 Hans Schleier, Theorie der Geschichte – Theorie der Geschichtswissenschaft, a. a. O., S. 29.

128 H.-U. Wehler, Modernisierungstheorie und Geschichte, a. a. O., S. 74.

129 G. Ripp, Politische Ökonomie und Ideologie. Kritische Betrachtungen zur ökonomischen Ideologie des gegenwärtigen Kapitalismus, Berlin 1974, (Zur Kritik der bürgerlichen Ideologie, Bd. 45), S. 37.

geführten Attacken gegen das „Elend des Historizismus", den er als den in der Tradition von Hegel und Marx stehenden falschen Glauben an die Gesetzmäßigkeit der Geschichte und die Möglichkeit der Voraussicht im gesellschaftlichen Leben definiert.[130]

Die Vertreter der historischen Modernisierungstheorie sind sich des Dilemmas von Allgemeinem und Besonderem mehr oder weniger bewußt. Sie suchen ihm zu entfliehen, indem sie – wie P. Flora – fordern, daß die „Hervorhebung der historischen Einmaligkeit und der spezifischen Entwicklungswege nicht dazu führen" darf, „die Systematik und Allgemeinheit des Modernisierungsprozesses zu übersehen".[131] Für W. Zapf ist „Modernisierung" sowohl als ein systematischer „Prozeß, in dem sich generelle Probleme stellen" als auch ein historischer Prozeß, „der ganz unterschiedliche Lösungen produziert".[132] Wehler sieht zu der umfassenden, „Theorie und Empirie verschmelzenden ... historisch-komparativen Richtung der gegenwärtigen Modernisierungsforschung" keine überzeugende Alternative.[133] Nur die Geschichtswissenschaft könne den Aufbau einer historischen Modernisierungstheorie gewährleisten. „Denn sie ist von allen Humanwissenschaften diejenige, die dank bestimmter Interessen und Methoden, Techniken und Ausbildungsziele am ehesten das spezifische Leistungsvermögen gewinnen kann, das für die genaue Erfassung langfristigen sozialen Wandels in der Zeit notwendig ist ... da alle triftige Sozialtheorie in letzter Instanz auch auf historisch-empirisch zuverlässigen Grundlagen beruhen muß, besitzen Historiker mit theoretischen Interessen bei einem solchen Unternehmen sogar einen gewissen Vorsprung." Es empfehle sich „ein allgemeiner Begriff der Modernisierung, der die Bewegung in den Grunddimensionen der Gesellschaftsgeschichte zusammenzufassen vermag."[134] Hierin zeigt sich der enge Zusammenhang zwischen der Suche nach einer umfassenden Theorie der Gechichte und der Ausweitung der Sozialgeschichte zur „Gesellschaftsgeschichte": Soll eine solche Theorie Geschichte in ihrer Komplexität und Totalität erfassen, dann kann sie dies nur in Gestalt der „Gesellschaftsgeschichte" auf der Grundlage einer Theorie des Geschichtsprozesses. Das Dilemma der historischen Modernisierungstheorie zeigt jedoch, daß die bürgerliche Historiographie dieser Aufgabe nicht gewachsen ist.

130 Vgl. K. R. Popper, The Open Society and Its Enemies, Vol. II: The High Tide of Prophecy: Hegel, Marx and the Aftermath, London 1945 (dt.: Falsche Propheten. Hegel, Marx und die Folgen, Bern 1958). Vgl. zur Gesamtproblematik: I. S. Kon, Die Geschichtsphilosophie des 20. Jahrhunderts, Bd. I, Die Geschichtsphilosophie der Epoche des Imperialismus, Berlin 1964, bes. S. 275–285; D. Bergner/R. Mocek, Bürgerliche Gesellschaftstheorien, a. a. O., bes. S. 95–112.

131 P. Flora, Modernisierungsforschung, a. a. O., S. 15.

132 W. Zapf, Die soziologische Theorie der Modernisierung, in: Soziale Welt, Jg. 26, 1975, S. 213.

133 H.-U. Wehler, Modernisierungstheorie und Geschichte, a. a. O., S. 57.

134 ders., Vorüberlegungen zu einer modernen deutschen Gesellschaftsgeschichte, a. a. O., S. 7/8.

Personenregister

FSC
www.fsc.org
MIX
Papier | Fördert
gute Waldnutzung
FSC® C083411

Kolibri 360 GmbH
Ferdinand-Jühlke-Straße 7
99095 Erfurt, Deutschland
produktsicherheit@kolibri360.de